영어책 1천 권으로 끝내는
영어 읽기 독립

일러두기

1. 영어 원서명은 단행본과 시리즈 모두 영문자 그대로 표기했습니다.
2. 단행본 도서명은 시리즈명과 구분하기 위해 겹낫표를 넣었습니다.

✦ 딱 3년, '헬로'밖에 모르던 아이가 해리포터를 원서로 읽기까지 ✦

영어책 1천 권으로 끝내는

영어 읽기 독립

황현민·강은미 지음

카시오페아
Cassiopeia

✦ 2부 ✦
2차 영어 읽기 독립

STEP 3

중·고급 리더스 읽기_의미를 이해하는 독서를 시작할 시간

STEP 4

챕터북 읽기_자기 주도적 영어책 읽기의 시작

영어 읽기 독립,
당신의 아이도 가능합니다

사례 1

"엄마표 영어 4년 차, 이제 외국인과 막힘없이 대화를 해요."

__초6 서윤이 이야기

아이가 초등학교 입학 후 영어 공부를 어떻게 시작해야 할지 고민이 정말 많았어요. 그리고 학원이 아닌 엄마표로 영어책 읽기를 시작한 것은 탁월한 선택이었습니다. 대형 어학원을 다니면서 감당하기 어려울 만큼 많은 숙제와 잦은 테스트로 인한 스트레스를 받지 않고, 영어책 읽기로 재미있게 영어 공부를 하다 보니 이제는 영어를 무척 좋아하는 아이가 됐거든요.

물론 아이가 처음부터 영어책 읽기를 좋아한 것은 아니었어요. 아이가 놀고 있을 때나 밥을 먹을 때, 차로 이동할 때마다 늘 MP3 플레이어로 영어 음원을 들려주었어요. 직장맘이라 퇴근 후에는 좀 쉬고 싶었지만 피곤한 몸을 이끌고 아이에게 매일 영어 그림책을 읽어주면서 아이가 영어책의 재미에 푹 빠져들 수 있도록 최선을 다했어요.

그랬더니 어느 순간, 제가 말하지 않아도 아이 스스로 읽고 싶은 영어책을 골라서 가져오고, 책에 나온 단어와 내용을 기억하고 말하면서 영어 실력도 점점 올라갔어요. 아이가 영어책 읽는 재미에 빠지고 나니 하루에 10권, 20권 이상 읽는 날도 많아지더라고요. 그렇게 읽어간 책들이 1천 권, 2천 권씩 점점 쌓이더니 5천 권이 넘는 수준까지 다다랐습니다. 그 결과, 글 한 줄짜리 그림책부터 읽기 시작했던 아이가 지금은 챕터북을 재미있게 읽고 있어요.

영어로 말할 줄 알아야 진짜라고 생각하기에 영어책 읽기와 더불어 영어 말하기 연습도 꾸준히 하고 있는데요. 평소에는 영어로 말할 기회가 거의 없기 때문에 집에서라도 영어를 사용할 수 있는 환경을 지속적으로 만들어줄 필요가 있더라고요. 그래서 영어 음원을 들으면서 한 문장씩 정확하게 따라 말하기, 쉬운 영어책을 반복해서 소리 내어 읽기 등을 했는데, 덕분에 영어 발음과 억양을 잘 익힐 수 있었을 뿐만 아니라 영어 문형을 저절로 외우게 되다 보니 자기만의 영어 말주머니가 생기게 되어 영어 말하기도 점점 잘하게 됐습니다.

그리고 매일 외국인과 즐겁게 화상 영어를 하면서 영어로 말할 수 있는 기회를 꾸준히 만들어주었더니 외국에 한 번도 나가지 않고도 외국인 선생님과 토론 수업을 할 수 있는 영어 말하기 실력을 가질 수 있게 됐어요. 학기 초에는 학교 영어 선생님께서 서윤이의 영어 발음과 말하기 실력이 너무 좋다면서 외국에서 살다 왔냐고 물으실 정도였답니다. 작년에는 온라인 영어 도서관 리틀팍스에서 진행하는 스피치 콘테스트에도 도전했는데 단시간에 준비했음에도 불구하고 우승을 하는 좋은 결과를 얻기도 했어요. 학원에 다닌 적도 없고 초2부터 영어 공부를 시작했는데 이런 결과들이 감사하기만 합니다.

이런 경험이 쌓이니 이것 하나만큼은 자신 있게 말씀드릴 수 있게 됐어요. 영어 때문에 스트레스를 받으며 공부하지 않아도 좋은 영어책들을 읽으면서 아이와 재미있게 영어 공부도 하고 영어 실력도 쌓을 수 있다고요. 이를 위해서는 어머님들께서 우선 '나도 할 수 있다'는 확신을 가지셔야 한다고도 말씀드리고 싶어요. 엄마의 욕심이나 옆집 아이와의 비교는 내려놓고 내 아이의 눈높이에 맞춰 영어책 읽기를 차근차근 해나가다 보면 좋은 결과는 반드시 따라옵니다. 영어는 절대 단기간에 결과가 나오지 않기 때문에 최소 2~3년 동안은 주위의 이야기에 흔들리지 말고 각 가정에서 세운 원칙에 따라 꾸준히 엄마표 영어를 해나가시라고 당부하고 싶어요. 소중한 우리 아이들을 위해 고군분투하시는 멋진 부모님들을 응원합니다!

사례 2

"영어를 거부하던 아이가 지금은 영어가 재미있다고 해요."

__초4 라윤이 이야기

라윤이가 초등학교 1학년이 됐을 때 나는 모든 면에서 마음이 급해지기 시작했다. 그때까지 나름의 소신으로 학습지 한 번 안 시켰지만, 막상 아이가 초등 입학을 하고 나니 여러모로 불안해지기 시작했다. 특히 영어 교육을 어디서부터 어떻게 시작해야 할지 무척 막막했다. 몇 날 며칠 인터넷 검색을 하고 책을 찾아보면서 엄마표 영어를 해보자고 마음먹었지만 워낙 자료들이 방대하다 보니 첫 단추를 어떻게 꿰어야 할지 고민만 하다가 한 달이 지났다. 그 무렵 네이버에 있는 '엄실모(엄마표영어실천모임)' 카페를 알게 됐고, 이후 카페에 올라온 글들을 차분히 살펴봤다. 이윽고 나는 '영어책 100권 도전', '읽기유창성연습' 등의 코너부터 따라서 시작해보기로 마음을 먹었다.

하지만 몇 달간 고민한 엄마의 마음을 아는지 모르는지, 라윤이가 영어를 강하게 거부하기 시작했다. 지금 생각해보면 라윤이는 엄마의 의도가 영어 학습이라는 것을 단번에 알아차렸던 것 같다. 무슨 말인지 알아듣지도 못하는 아이를 앉혀놓고 영어책을 읽어주겠다면서 남들이 많이 읽는다는 영어책 음원을 강제로 듣게 하고, 읽지도 못하는 영어 문장을 한두 번만 들려주고서 따라 읽으라고 했으니 아이가 거부할 만도 했다. 그렇게 매일 밤 둘이서 목소리를 높이며 옥신각신하던 날들이 지나갔다. 나는 또다시 이 방법이 맞는 것인지 고민에 빠지게 됐다.

그러다가 라윤이와 집 근처 도서관에 갔던 어느 날, 돌파구가 보였다. 끝도 없이 한글책을 읽어달라고 하던 라윤이에게 나는 한 가지 제안을 했다. "라윤아, 한글책 5권 읽으면 영어책 1권 읽어줄게. 대신 영어책은 저 책장에 꽂혀 있는 책 중 네가 원하는 걸로 골라 와." 그랬더니 라윤이는 별 말 없이 영어책 2권을 골라왔다. 한글책을 10권 읽어달라는 뜻이었다. 라윤이가 골라온 영어책은 내가 봤을 때 생각보다 너무 유치하고 수준이 낮은 유아용 책이었다. 하지만 나는 약속대로 한글책을 10권을 읽어주었고, 집으로 돌아오는 길에 대출한 책들 중에는 영어책이 3권이나 포함되어 있었다. 이 책들은 라윤이가 스스로 고른 책이라 그랬는지 내가 집에 와서 읽어주자 거부감 없이 귀를 기울여주었다.

그렇게 우여곡절 끝에 영어책을 1권씩 읽어주던 중 지인에게 Elephant & Piggie 시리즈를 선물받았다. 그날 밤 그 책들을 라윤이에게 몇 번이나 반복해서 읽어주었는지 모른다. 내가 아주 코믹하게 연기를 하며 읽어준 덕분이기도 하지만, 엄마인 내가 읽어도 이 시리즈는 쉬우면서 또 너무 재미있었다. 이후 라윤이는 밤마다 자기 전에 이 책을 읽어달라고 졸랐고, 그 뒤로 나는 라윤이가 좋아할 만한 내용의 영어책들을 찾아서 1권, 2권 권수를 늘려가며 읽어주기 시작했다.

'엄실모' 카페에서 알게 된 온라인 영어 도서관 리틀팍스도 아주 큰 도움이 됐다. 리틀팍스에서 라윤이가 좋아하는 시리즈를 선택해서 보여주었더니 나중에는 스스로 리틀팍스를 틀어놓고 스토리를 따라 말하고 영어 노래도 부르기 시작했다. 영어를 강하게 거부하던 라윤이에게 놀라운 변화가 일어난 것이다.

이후 매일 가랑비에 옷 젖듯이 영어책을 읽어온 지도 어느덧 2년이 흘렀다. 학교에서 본격적으로 영어를 배우는 3학년이 되자 나는 라윤이의 영어 실력이 궁금했다. 또한, 영어책 읽기만으로 부족한 부분들을 채워줘야 할 필요성도 느꼈다. 그래서 여기저기 학원을 알아보게 됐는데, 지역에서 가장 유명하다는 학원에서 레벨 테스트를 받았더니 1~11단계 중

꽤 높은 단계인 7단계를 받아서 깜짝 놀랄 수밖에 없었다. (구체적으로 말하자면 듣기 레벨은 아주 높았고 말하기 레벨도 괜찮았는데 문법 레벨이 낮아서 7단계를 받았다.)

그 후 6월부터 학교 근처 영어 학원을 보내기로 결심했고, 그 학원에서도 3개 반 중 가장 레벨이 높은 반으로 배정을 받았다. 처음에는 같은 반 친구들이 모두 7~8세 때부터 학원을 쭉 다녀온 데다 영어로 프레젠테이션까지 하는 수준이라 걱정이 많았다. 하지만 내 걱정은 기우였다. 영어책 읽기로 영어 읽기 근육을 단단히 키워온 덕분일까? 라윤이는 친구들이 프레젠테이션 하는 것을 옆에서 몇 번 듣고 오더니 혼자서 줄줄 프레젠테이션을 하고, 학원에서 주기적으로 보는 단어 시험도 늘 만점을 받는 등 기특하게도 학원 수업도 힘들어하지 않고 잘 따라가는 중이다. 학원 선생님들께서 라윤이에게 단어 공부를 하는 비결이 따로 있냐고 물어보실 정도다.

내 생각에는 아마도 그동안 꾸준히 영어책을 읽으면서 억지로 외우지 않아도 눈으로 단어를 사진 찍듯 익히고 문맥에 따라 의미를 파악하는 것이 훈련된 덕분인 것 같다. 얼마 전에는 태권도 학원에 새로 들어온 외국인 친구의 통역까지 도맡아 해줬다고도 하는데, 이 모든 일이 불과 2년여 만에 일어난 기적이다.

라윤이의 눈부신 성장을 보면서 나는 영어책 읽기가 당장에 결과를 보여주지는 않지만, 영어책을 한 권 한 권 읽어나가는 시간들이 쌓여서 아주 놀라운 결과를 만들어낸다는 사실을 깨달았다. 엄마의 욕심으로 아이의 성향을 무시한 채 남들과 무작정 같은 방식으로 영어 공부를 시키지 않아도 된다. 그보다는 아이가 좋아하는 영어책을 엄마 아빠가 함께 읽어주다 보면 분명 아이가 영어와 친해지게 된다고 확신한다. 또한, 영어책 읽기를 꾸준히 하다 보니 많은 책을 읽어주는 것도 중요하지만 아이가 좋아하는 책을 여러 번 반복해서 읽어주는 것이 더 중요함을 느꼈다. 앞으로도 라윤이와 함께 영어책 읽기를 멈추지 않고 매일 조금씩이라도 해나갈 것이다. 앞으로 경험하게 될 즐거운 기적들을 기대하면서 말이다.

사례 3

"파닉스도 모르던 아이가 이젠 영어책을 스스로 읽어요!"

__초2 이현이 이야기

이현이가 일곱 살이 되던 해, 아이의 영어 공부를 어떻게 시켜야 할지를 두고 고민이 깊어졌어요. 그래서 동네에 있는 영어 유치원을 비롯해 방과 후 과정의 영어 학원, 온라인 영어 학원 등을 차례로 알아보았습니다. 그러다가 엄마표 영어라는 것을 접하게 됐지요. 그전까지 여러 기관들을 검색해보기는 했지만 큰 틀에서는 아이가 영어를 모국어 습득하듯 자연스럽게 배웠으면 하는 마음이 있었기에 저는 엄마표 영어를 택하게 됐어요.

어릴 때부터 이현이는 잠자리 독서로 동화책 3권을 매일 읽어왔는데, 엄마표 영어를 하기로 결심한 뒤로 여기에 영어책 2권을 추가해서 읽기 시작했습니다. '이렇게 차근차근 권수를 늘려서 우선 100권까지 읽어보자!' 영어라는 언어가 낯설었는지 처음에는 이현이가 영어책을 전혀 가져오지 않았어요. 그런데 매일 영어책 읽기를 하고 어느 순간 그동안 읽은 영어책이 100여 권이 넘어가자 자연스레 이현이가 좋아하는 책이 생기기 시작했어요. 그러면서 책 속의 문장을 외우기도 하고, 영어책의 제목과 문장들을 술술 말하기도 했습니다. 200권 읽기에 성공했을 즈음에는 반복하며 읽었던 책은 내용 전체를 통으로 외우기도 했어요. 그렇게 아이가 영어책을 스스로 읽을 날을 손꼽아 기다리며 1천 권 읽기를 목표로 삼고 매일 열심히 영어책을 읽어나갔습니다.

때로는 엄마의 욕심으로 하루에 읽어야 할 책 권수를 추가하기도 했는데 그럴 때는 여지없이 거부를 해서 '아이가 원하는 만큼 무리하지 말고 천천히 가야겠구나' 다짐을 하기도 했어요. 이처럼 어떤 날은 아이의 작은 성취에 기뻐하고, 어떤 날은 시행착오를 거듭하며 매일 영어책 읽기를 해나갔습니다. 그러자 500권 읽기를 달성했을 무렵에는 영어에 대한 아이의 감정이 무척 긍정적으로 바뀌었음을 실감할 수 있었어요. 심지어 1년간 책장에만 처박혀 있던 Oxford Reading Tree 시리즈를 아이가 스스로 꺼내 와서 읽기 시작하더니 어떨 때는 깔깔대며 읽더라고요.

800권 읽기를 끝냈을 무렵에는 드디어 영어책 제목을 스스로 읽기 시작하더니 영어 자신감이 생겼는지 100% 정확하지는 않았지만 예전보다는 훨씬 자연스럽게 영어 문장을 말하기 시작했어요. 900권 읽기를 마쳤을 즈음에는 내용을 이해하며 읽게 되자 책 읽는 재미에 푹 빠져서 더 이상 엄마 아빠가 읽어주지 않아도 스스로 영어책을 읽기 시작했고요. 그리고 드디어 1천 권 읽기에 성공하는 순간을 맞이하게 됐습니다. 현재 이현이는 2천 권 읽기를 넘어선 상태인데, AR 2~3점대 수준의 영어책 읽기가 가능할 뿐만 아니라 얼리 챕터북 등도 술술 읽어나갈 수 있게 됐어요. 영어책 읽기를 꾸준히 반복하다 보니 단어 암기를 따로 한 적이 없는데도 스스로 단어의 뜻을 이해하고 철자를 적어내기도 한답니다.

이현이는 영어책 읽기 외에도 영어 영상 시청을 여섯 살부터 꾸준히 3년간 해왔는데요. 어느 주말에 아빠랑 영화관에 가서 애니메이션을 보고 돌아와서는 "엄마, 나 자막 안 봐도 이제 영어 다 들려!"라고 이야기해주더라고요. 3년 동안 매일 1시간씩 영어 영상을 본 덕분에 이제 어느 정도 영어 귀가 트인 것 같았습니다. 이제는 한글 자막은 전혀 찾지 않고 영어 영상을 편하게 보고 있어요.

현재 이현이의 목표는 챕터북인 Magic Tree House 시리즈를 스스로 읽는 것입니다. 이를 위해 다시 또 3천 권 읽기, 4천 권 읽기에 도전하며 꾸준히 영어책 읽기를 이어나가려고 해요. 그러다 보면 혼자서 해리포터를 즐겨 읽게 될 날도 다가오겠지요?

사례 4

"영어책 읽기로 영어 말문이 트였어요."

__초6 지유&초4 지아 이야기

두 딸이 초등 고학년이 된 지금, 아이들의 영어 학습 수준을 파악하기 위해서 가끔 대형 어학원 레벨 테스트에 응시하면 늘 이런 말을 듣곤 합니다. "어머니!! 아이들 영어 유치원 출신인가요?" 그때마다 저는 속으로 이렇게 대답합니다. '아니에요~ 우리 아이들은 엄마표 영어 출신이랍니다!'

2년 전, 1권의 책으로 시작했던 엄마표 영어 덕분에 두 아이 모두 지금은 영어로 의사소통이 가능한 수준까지 도달하게 됐습니다. 첫째 딸 지유의 경우, 같은 반 친구들 사이에서 영어 회화를 가장 잘하기로 소문이 나서 영어와 관련해서는 친구들이 모두 자기에게 먼저 물어보러 온다고 합니다. 둘째 딸 지아의 경우에는 학교 수업 중에 한글보다 영어식 표현이 먼저 떠올라서 자기도 모르게 선생님께 영어로 질문을 한 적도 있다고 합니다.

저희 집에서 영어는 더 이상 성적을 받기 위해 공부해야 하는 부담스러운 과목이 아닙니다. 아이들은 영어를 의사소통을 위해 사용할 수 있는 제2의 언어로 생각합니다. 이 모두가 지유가 3학년 때, 지아는 1학년 때부터 꾸준히 실천해온 엄마표 영어책 읽기가 일구어낸 값진 성과입니다. 또한, 엄마표 영어는 아이들의 자존감 형성에도 긍정적인 영향을 주었습니다. 아이들과 영어책 읽기를 함께 하면서 그간 많은 대화를 나눌 수 있었는데요. 덕분에 서로를 인정해주고 존중해주면서 형성된 자존감으로 두 아이 모두 낯선 외국 문화나 타인과의 만남도 긍정적으로 받아들이고 즐길 수 있게 됐습니다. 엄마표 영어는 전문가만 할 수 있는 것이 아니라고 생각합니다. 아이를 사랑하는 마음만 있다면 어떠한 부모님들이라도 충분히 해내실 수 있습니다.

"영어책을 읽으니까 어휘와 배경지식을 덤으로 얻었어요."

_초5 병우 이야기

병우에게 처음 영어책을 읽히기 시작한 것은 병우가 초등학교에 입학하고 나서부터다. 병우가 영어를 잘하기를 바라는 마음에 시작한 일이다. 그렇게 병우가 영어책을 읽기 시작한 지도 어느덧 3년이 지났다. 그동안 병우는 영어 학원에 다녀본 적이 한 번도 없다. 대신 나는 병우가 영어책을 많이 읽을 수 있도록 계속 재미있는 영어책을 찾아서 제공해주고 영어 말소리 환경에 아이를 노출시켜주었다. 또한, 아이가 읽은 책이 100권 단위를 넘길 때마다 보상으로 병우가 갖고 싶어 하는 영어책을 선물해주는 등 아이가 영어책 읽기에 빠져들 수밖에 없는 환경을 만들어주려고 노력했다. 그러다 보니 어느새 아이가 읽은 영어책이 1천 권을 넘기에 이르렀다.

영어책을 많이 읽자 아이의 어휘 실력이 부쩍 느는 것이 보였다. 그뿐만이 아니었다. 아이의 배경지식까지 튼튼해지는 것을 알 수 있었다. 일례로 병우가 읽었던 챕터북 시리즈 중 하나인 Magic Tree House에는 미국의 독립전쟁과 남북전쟁, 노예해방에 대한 이야기가 나온다. 그전까지 병우는 미국 역사에 대한 배경지식이 전혀 없었다. 하지만 Magic Tree House를 원서로 읽으면서 링컨 대통령을 암살한 사람이 누구인지 스스로 검색해보기도 하고, 독립전쟁이 일어나게 된 이유도 이해하게 됐다. 좋은 문장으로 쓰인 영어책을 읽으면서 어휘와 배경지식, 여기에 스스로 생각하는 힘까지 얻게 된 것이다.

　이 모든 것이 하루아침에 쉽게 이루어진 것은 아니었다. 처음 영어책 낭독을 시작할 때 병우는 '이걸 왜 읽어야 하나' 싶은 투로 문장을 참 건조하게 읽었다. 그래서 궁여지책으로 병우가 좋아하는 Oxford Reading Tree 시리즈를 거실 한가운데에 30권 정도 쌓아두었더니 아이가 오며 가며 눈에 보일 때마다 집어 들어 읽었다. 아이가 다양한 책을 접할 수 있도록 가장 위에 놓이는 책은 물론이고 책장에 꽂힌 책들도 주기적으로 바꿔주었다.

　그러다가 어느 날, '엄실모' 카페에서 황현민 선생님의 아들 동빈이가 성우처럼 영어책을 낭독하는 영상을 병우와 함께 보게 됐다. 그 모습에 자극을 받았던 것일까? 그때부터 병우가 영어책을 낭독하는 목소리가 바뀌었다. 마치 자신이 등장인물인 양 책 내용에 동화되어 다채로운 목소리로 영어 문장을 재미있게 읽기 시작했다. 그 모습을 영상으로 담아 '엄실모' 카페에 올렸는데 칭찬 댓글이 달리는 기쁨에 병우가 더 신이 나서 영어책을 낭독했다.

　영어책 낭독을 시작하고 나서 1년이 지난 후부터는 내용 요약(서머리)을 시작했다. 지금도 영어책을 읽거나 집중듣기를 한 후에 일주일에 한 번씩 서머리 연습을 1번 하고, 그다음에는 낭독 영상을 찍어서 올리는 루틴을 꾸준히 진행 중이다. 그러다 보니 그동안 읽었던 영어책 내용이 한결 자연스럽게 정리가 되는 것 같다고 한다. 현재 병우는 AR 4점대 초반의 챕터북을 한글책 읽듯 본다. 영어 글쓰기는 그동안 시도해본 적이 없었는데 며칠 전 Magic Tree House Merlin Missions를 읽고 영어 독서록을 쓰고 싶다며 1쪽 이상을 술술 써 내려갔다. 원서를 많이 읽어서인지 영어 글쓰기가 처음인데도 수월하게 해내는 듯하다. 병우의 영어 수준이 궁금해서 호기심에 4학년 2학기 말 무렵에 동네 도서관에서 하는 AR 테스트를 봤는데, 4.5가 나왔다. 앞으로도 병우가 좋아하는 책 위주로 계속 영어책 읽기를 해나가려고 한다. 오늘도 책장 옆 소파에 앉아 Magic Tree House 시리즈를 혼자 묵독하면서 아직 나오지 않은 『169층 나무집』 원서를 기다리는 병우(병우 어머님께서 이 글을 쓰신 시점에는 『169층 나무집』 원서가 출간되기 전이었으나 현재는 출간된 상태입니다). 아이의 놀라운 성장을 볼 때마다 엄마표 영어는 꾸준함이 답이라는 생각을 한다.

사례 6

"어느덧 책 읽기가 습관이 됐어요."

__ 초2 소율이 이야기

소율이가 영어책 1천 권 읽기에 도전하기 시작한 것은 짧은 문장을 읽기 시작할 때부터였습니다. 쉽고 짧은 문장의 영어책을 시간을 재며 3번씩 읽기, 잠자리에 들기 전 음원이나 엄마의 목소리로 영어책 내용을 들으면서 눈으로 따라 읽기, 읽고 싶은 영어책을 골라 소리 내어 읽고 녹음하기 등 여러 방법으로 영어책 다독에 도전했지요. 영어책을 많이 읽히고 싶은 욕심은 컸지만 사실 꾸준히 매일 읽는다는 것이 생각처럼 쉽지는 않았습니다. 그래도 소율이는 매일 자신이 읽은 영어책을 사진으로 찍어 '엄실모' 카페에 올렸고 다 읽은 영어책 권수가 늘어날 때마다 매우 기뻐했습니다. 그러한 아이의 모습을 보니 힘들더라도 이왕 시작한 도전을 흐지부지 끝내버리고 싶지 않았습니다. 그렇게 '일단 천 권만 인증하자!'라는 마음으로 영어책 읽기를 꾸준히 해나갔습니다.

그리고 이제 소율이는 읽은 권수에 집착하지 않고 습관처럼 영어책을 읽습니다. 물론, 조금씩 글밥을 늘려가며 취향에 맞는 책을 찾아주는 수고로움이 있기는 합니다. 하지만 아이의 수준에 맞춰 난이도를 조절할 수 있는 것 또한 엄마표 영어만의 장점이 아닐까 싶습니다. 그리고 단어를 따로 외우지 않아도 책을 읽으며 자연스럽게 익히게 되는 어휘와 구문들이 아웃풋으로 나오는 것을 보면 그러한 수고가 결코 헛되지 않다고 믿게 됩니다.

아직도 소율이는 여전히 얼리 챕터북을 낭독하고, Magic Tree House 시리즈처럼 그림보다 글이 많은 책은 집중듣기를 하며 영어책을 읽습니다. 이렇게 느리더라도 꾸준히 영어책 읽기를 하다 보면 언젠가는 영어 소설도 읽을 수 있는 날이 오리라고 기대합니다.

사례 7

"꾸준히 영어책 읽기를 하니 쓰기는 저절로 됐어요."

__초6 혜강이 이야기

"어머니, 앤(딸아이 영어 이름)이 쓴 라이팅writing은 고칠 게 거의 없다는 게 심사를 한 선생님들의 공통 의견이에요. 군더더기가 없고 필요한 핵심 내용이 잘 들어가 있는 데다가 표현과 어휘도 거의 정확하게 잘 썼다고 하셨어요!" 얼마 전 대형 어학원 레벨 테스트 라이팅 부분에 대해 혜강이는 이러한 피드백을 받았습니다. 사실 저는 혜강이에게 라이팅을 따로 가르친 적이 없습니다. 그래서 '어떻게 이런 결과가 나왔지?' 하고 곰곰이 생각하게 됐습니다. 그리고 '꾸준한 영어책 읽기가 답이었나 보다'라는 결론에 이르렀습니다.

저는 딸아이가 초등학교에 입학할 즈음부터 꾸준히 영어책을 읽어주었습니다. 당시 혜강이는 영어뿐만 아니라 한글도 읽지 못하는 상태였습니다. 그래도 한글책을 꾸준히 읽다 보면 한글을 터득할 수 있을 것이라는 믿음이 있었기에 영어도 같은 방식으로 접근했습니다. 영어책을 꾸준히 읽으면 영어도 자연스럽게 읽고 쓸 수 있을 것이라고 생각했지요. 결과적으로 제 예상은 크게 빗나가지 않았습니다.

이후 3년간 꾸준히 그야말로 닥치는 대로 영어책을 읽어주었습니다. 때로는 '이게 맞나?' 하며 불안과 걱정이 밀려오기도 했습니다. 그럴 때마다 읽어준 영어책을 아이가 잘 이해하고 있는지 궁금해 아이에게 책 내용을 살짝 물어보기도 했습니다. 딸아이가 들려주는 대답을 들어보면 제 염려보다 내용을 잘 이해하고 있는 듯 보였습니다. 거실에서도 영어 책장은 소파에서 가장 가까운 곳에 마련해주고 아이도 저도 손만 뻗으면 닿을 수 있는 곳에 배치를 해서 언제든 영어책을 고르고 읽을 수 있게 해주었습니다. 영어책은 한글책보다 가격이 비싼 편이라 주로 중고로 사거나 지인들에게 물려받아 다양한 책을 접할 수 있도록 해주었습니다. 아이의 수준을 고려해 책의 수준을 조금씩 올려주는 일도 잊지 않았고요.

그렇게 영어책 읽어주기를 꾸준히 하던 중 언제부터인가 아이는 저의 발음과 읽어주는 속도가 답답했는지 제게 더 이상 책을 읽어달라고 하지 않았습니다. 대신 스스로 묵독으로 영어책을 읽기 시작했습니다. 이때부터 혜강이는 훨씬 더 많은 영어책을 빠른 속도로 읽어나가기 시작했습니다. 그리고 한글책만큼은 아니지만 영어책도 마치 한글책을 읽듯 술술 읽었습니다. 좋아하는 책은 여러 번 반복해서 읽다 보니 영어책 읽기 수준이 점점 향상되어가는 것이 눈에 보였습니다. 아이가 제게 더 이상 책을 읽어달라고 하지 않으니 '이제 내 할 일은 끝났구나!' 싶어 안도감이 들기도 했지만 한편 아쉬운 마음도 들었습니다. 그러고 보면 아이의 독립을 바라보는 엄마의 마음은 홀가분함과 아쉬움 사이에 있는가 봅니다.

영어책 읽기를 꾸준히 하면서도 라이팅 부분을 어떻게 공부시켜야 할지 막연히 고민이 많았는데 결국 꾸준한 리딩이 모든 것을 다 이루어주는 힘이었다는 생각이 듭니다. 영어책 읽기를 통해 길러진 배경지식, 사고력, 표현력 등이 결국 영어 쓰기 실력으로 이어진다는 사실을 새삼 깨닫게 됐습니다. 영어책 읽기는 영어 학원에 대해서도 다시 생각하는 계기가 됐습니다. 대형 어학원 레벨 테스트 결과, 딸아이는 1년 만에 6단계나 레벨 업을 했는데요. 학원 선생님께서는 보통 한 학원을 1년 정도 꾸준히 다니는 학생들도 2단계 정도의 레벨 업만 된다며 저와 혜강이에게 많은 칭찬과 격려를 해주셨습니다.

이러한 결과들을 경험하며 저는 영어 교육에 있어서 중심은 언제나 엄마표로 잡고, 학원 수업은 보조적으로 활용하는 것이 좋겠다는 결론을 내리게 됐습니다. 이것은 현재 아이를 동네 영어 학원에 보내면서도 엄마표 영어를 절대 내려놓지 않는 가장 큰 이유이기도 합니다. 모쪼록 아이 영어에 걱정과 고민이 많은 부모님들께서 엄마표 영어와 영어책 꾸준히 읽기의 힘을 꼭 경험하시고 아이의 놀라운 성장을 지켜보실 수 있기를 희망합니다.

사례 8

"학원에서 배울 땐 싫어했던 영어의 재미를 되찾았어요!"

___초4 예원이 이야기

아이 영어 공부는 영어책 읽기가 답이라는 것을 그동안 읽은 여러 자녀 교육서를 통해 머리로는 이해하고 있었습니다. 그래서 잠자리 독서로 아이에게 영어책도 읽어주고 흘려듣기도 시켜보았지요. 하지만 그럴수록 아이는 영어에 대한 흥미가 떨어졌습니다. 제가 영어 CD를 틀면 끄면 안 되냐고 하고, 영어책 대신 한글책을 읽으면 안 되냐고 이야기했습니다. 지금 생각해보면 너무 일찍 영어책 읽기를 시키려고 했던 것이 제 욕심은 아니었을까 싶었습니다.

하지만 아이가 초등학교에 입학하고 나니 다시 마음이 조급해졌습니다. 결국 이대로 있을 수 없다는 생각에 영어책으로 수업을 진행하는 강남 소재 영어 논술학원에 아이를 보내게 됐습니다. 커리큘럼이 탄탄한 곳이었지만 갈수록 많아지는 숙제로 인해 아이는 학원 수업 전날이면 저와 실랑이를 벌였습니다.

　이런 일이 반복되자 '어떻게 해야 즐거움도 놓치지 않으면서 영어 공부를 지속 가능하게 할 수 있을까?', '언제까지 학원 도움을 받아야 하는 걸까?' 고민하게 됐습니다. 그러던 중 네이버 '엄실모' 카페를 통해 온라인 영어 도서관(라즈키즈)을 활용한 영어책 읽기, 그리고 이와 연계해 영어 말하기까지 해결할 수 있는 방법을 알게 됐습니다.

　학원에서는 한 달에 2권의 책을 정해서 정독하게 했습니다. 하지만 제가 새롭게 알게 된 방법의 핵심은 아이가 원하는 책을 원하는 만큼 읽히는 것이었습니다. 아이에게 선택의 자유를 주자 놀랍게도 아이가 양질의 영어책을 즐거워하며 읽기 시작했습니다. 그 모습이 너무 낯설고 신기해 어리둥절할 정도였지요. 결국 아이는 보름도 안 되는 시간 동안 한 레벨에 해당하는 60권이 넘는 책을 모두 읽어냈습니다. 영어책 읽기와 더불어 읽었던 책의 주제를 바탕으로 원어민 선생님과 영어로 대화와 토론을 하는 화상 영어도 병행했는데, 그 덕분인지 아이가 영어 말하기에 한층 더 자신감을 갖게 됐습니다.

　어느 날 예원이가 영어책 레벨을 업그레이드하면서 이렇게 말했습니다. "엄마, 꾸준히 책을 읽다 보니 느낀 건데 레벨이 올라갈 때는 잠시 힘들지만 결국 쉬워지더라고." 이제 예원이는 영어 학원을 다니지 않습니다. 그 대신 늘 해오던 것처럼 자신이 좋아하는 영어책을 꾸준히 매일 읽는 중입니다. 결국 아이 영어 공부는 바른 방향을 설정하고 매일 꾸준히 해나가는 것이 답이라는 생각이 듭니다.

"영어 거부증에서 영어를 좋아하기까지"

_초3 은수 이야기

저는 아기를 낳고 육아를 하며 체력이 바닥이었습니다. 반면, 아이는 엄청난 에너자이너였습니다. 그러다 보니 머리로는 '어릴 때부터 영어 노출을 해줘야 한다던데……'라고 생각하면서도 늘 힘에 부쳐서 책 읽기 등을 제대로 해주지 못했습니다. 그러다가 아이가 일곱 살이 되던 해 봄부터 '계속 이러고 있을 수는 없다'는 걱정이 들어 아이에게 본격적으로 한글 그림책은 물론이고, 영어책 읽어주기도 시도해보았습니다. 그러나 영어책은 아이가 거부를 해서 제대로 읽어주지 못했지요.

그렇게 1년여의 시간이 지난 뒤, 아이가 초등학교에 입학하자 다시 심각하게 아이 영어 공부에 대한 걱정이 들기 시작했습니다. 저는 한동안 발길이 뜸했던 '엄실모' 카페를 다시 기웃거리며 엄마표 영어를 잘하고 계신 분들의 글들을 집중해서 읽었습니다. 성공 사례들을 볼 때마다 부러움과 동시에 '꾸준함이라고는 없는 엄마인데 과연 내가 엄마표 영어를 할 수 있을까?' 싶었습니다.

고민 끝에 다시 아이에게 영어책을 조금씩 읽어주고, 여름방학에는 집 근처 영어 학원에도 등록했습니다. 하지만 학원에서 아이에게 내주는 숙제가 결국은 엄마 숙제가 되어버리더군요. 제가 챙기지 않으면 숙제를 자주 깜빡하는 아이를 보고 있자니 저도 스트레스였고, 그런 엄마를 보면서 아이도 스트레스를 받게 됐습니다. 영어 공부를 하려다 아이와의 관계가 나빠지는 것 같았습니다. 결국 영어 학원은 한 달 만에 그만두었습니다.

이렇게 꾸준함 없이 하다 말다 하다 말다 하기를 여러 번 반복하던 제게 놀라운 변화의 계기가 찾아왔습니다. 바로 온라인 영어 도서관이었습니다. '엄실모' 카페를 통해 리틀팍스를 알게 된 후 저는 아이에게 리틀팍스를 활용해 영어책 읽어주기를 시작했습니다. 시각적인 영상과 더불어 영어책 읽기를 하게 되니 아이는 이제 주말 아침마다 알아서 리틀팍스를 틀어놓고 그림을 그리고 자기만의 시간을 보냅니다. 심지어 영상을 보다가 화장실에 가야 하면 노트북을 들고 갈 정도입니다. 그 결과, 지금까지 아이는 2천 권이 넘는 영어책을 읽게 됐습니다.

물론, 아직도 가야 할 길이 멀고, 아이의 영어 수준도 현재는 초보적인 단계입니다. 하지만 이것만은 확실합니다. 영어책 읽기를 통해 아이의 영어에 대한 호감도가 매우 긍정적으로 변했다는 사실이요. 앞으로도 아이가 영어책 읽기와 영어 영상 보기를 매일 해야 하는 루틴으로 여기고 꾸준히 할 수 있도록 제 힘이 닿는 데까지 곁에서 도우려고 합니다. 엄마표 영어를 혼자 해내려고 했다면 조금은 힘들었을 것 같습니다. 하지만 '엄실모' 카페에 아이의 활동 사진을 올리고 인증하며 함께 엄마표 영어를 하는 분들의 격려와 지지를 받으니 지치지 않고 더욱 꾸준히 해나갈 수 있는 것 같습니다. 대한민국의 엄마표 영어를 하는 부모님들, 모두 화이팅입니다!

"'희망'의 또 다른 이름, 엄마표 영어 함께해요."

__ 초2 하야 이야기

10여 년 전, 첫째가 여섯 살이 되던 해, 저는 엄마표 영어라는 것을 처음 알게 됐습니다. '엄마가 조금만 노력하면 집에서도 아이에게 영어 공부를 잘 시킬 수 있구나!' 그 뒤로 '영알못' 엄마의 좌충우돌 엄마표 영어가 시작됐습니다.

집에서는 영어 영상만 보기, 영상으로 듣는 시간 채우기, 하루에 영어책 3~5권 읽어주기, 소리 내어 읽게 하기, 집중듣기 등 대부분의 엄마표 영어를 진행하는 가정처럼 저도 제 나름대로 열심히 아이의 영어 공부를 위해 최선을 다했습니다. 아이가 힘들어 할 때는 아이의 속도에 맞춰 학습의 수위를 조절해가며 아이가 영어를 공부해야 하는 과목이 아닌 언어로 여길 수 있도록 노력했지요. 그 덕분이었을까요? 감사하게도 중학생이 된 첫째와 둘째는 영어 학원을 한 번도 다니지 않고도 (완벽하진 않지만) 본인의 생각을 영어로 자연스럽게 말할 줄 알게 됐습니다.

문제는 늦둥이 셋째였습니다. 어느 정도 컸다고 해도 학령기인 두 아이의 교육을 신경 쓰면서 일을 병행하는 직장맘으로서 막내의 영어까지 엄마표 영어로 커버하기란 여간 어려운 일이 아니었습니다. 그래도 다행이었던 것은 셋째의 경우 태어날 때부터 영어 말소리에 노출되어 자랐기 때문에 영어 발음도 우리 집에서 가장 좋았고, 영어책을 읽어주면 이야기에 곧잘 귀를 기울이는 등 영어에 대한 거부감이 없었습니다. 이런 성향을 교육적으로 잘 이끌어주면 좋았을 텐데, 제 상황이 녹록치 않아 안타까워하던 중 황현민 선생님께서 운영하시는 '엄실모' 카페에서 매주 1번씩 줌으로 원서 읽기 수업을 하는 '엄실모 키즈 클래스'를 모집한다는 소식을 듣고 바로 신청하게 됐습니다.

결론부터 말하자면 이제 초등학교 2학년인 셋째는 3개월 만에 짧은 영어책을 외우고 그것을 스토리로 만들어서 자기 생각을 영어로도 말합니다. 또한, 매일 자기 전 꼭 영어책을 읽고 이야기를 나누다가 잠들고, 눈을 뜨면 스스로 영어책을 찾아 읽습니다. 얼마 전에는 '엄실모' 카페에서 진행하는 영어책 100권 읽기에 도전하고 성공해내면서 이제는 영어책 1천 권도 읽을 수 있다는 자신감이 생겼습니다.

엄마표 영어는 아이뿐만 아니라 제게도 긍정적인 변화를 가져다주었습니다. 엄마표 영어를 하면서 제게도 꾸준함과 내면의 힘이 생긴 것 같습니다. 아이들에게 영어책을 읽어주면서 엄마인 저도 영어를 다시 재밌게 만나게 됐음은 물론입니다. 엄마표 영어에서 가장 어려운 것은 마음을 행동으로 옮기는 것, 그리고 일단은 시작해보는 것 같습니다. 할 수 없다는 여러 이유에 집중하기보다 하고 싶은 마음을 꺼내어 할 수 있는 이유를 살펴보는 것. 이것이 엄마표 영어의 핵심이라고 생각합니다. 이렇게 엄마표 영어를 실천할 수 있도록 이끌어주신 황현민 선생님과 함께하는 어머님들께 늘 감사드립니다.

내 아이의 속도와 성향을 살피며 즐겁게 영어를 배울 수 있고, 아이와 엄마가 서로 마음을 나누며 함께 성장하는 시간을 가질 수 있는 것. 이것이 바로 엄마표 영어의 선물이 아닐까요? 아이의 성장을 진심으로 격려하고 축하해주며 그 기쁨을 함께 맛보는 것만큼 더 귀한 경험이 있을까요? 이 행복한 경험을 대한민국의 모든 어머님들이 함께 알아갔으면 좋겠습니다.

사례 11

"영포자 아이를 성공적인 유학생으로 만들어준 영어책 읽기의 기적"
__지금은 대학생이 된 이제 이야기

이제가 엄마표 영어를 시작하게 된 것은 초등학교 5학년 때의 일입니다. 아이를 영어 잘하는 아이로 키우고 싶은 열정만 있었을 뿐, 제대로 된 방법을 몰랐던 저는 영어 유치원과 영어 학원 보내기 등 다양한 방식으로 영어 공부를 시켜왔습니다. 하지만 생각만큼의 효과를 거두지는 못하던 차에 지푸라기라도 잡는 심정으로 뒤늦게 엄마표 영어에 뛰어들게 되었지요.

엄마표 영어를 하기로 결심한 뒤 제가 세운 목표는 간단했습니다. '매일 영어 말소리에 3시간씩 노출해주기'. 이후 아이가 좋아하는 디즈니 애니메이션을 매일 한 편씩 보게 했고, 아침저녁으로는 흘려듣기를 하게 했습니다. 단계별로 영어책 집중듣기도 열심히 했지요. 하지만 남편이 옆에서 보기에는 영어 공부를 하는 게 아니라 영어 영상만 보면서 노는 듯 보였나 봅니다. 남편은 제가 엄마표 영어를 이끌어가는 3년 동안 '저게 뭐 하는 건가' 하는 시선으로 저와 아이를 바라보곤 했습니다. 그러던 어느 날, 함께 영화 〈아이언 맨〉을 보다가 정신없이 지나가는 원어 대사를 아이가 곧장 이해하고 엄마 아빠에게 설명해주는 모습을 보고는 그간 소용없는 노릇이라 여겼던 엄마표 영어의 공로와 수고를 그제야 인정해주었습니다.

이후 영어 자신감을 얻게 된 아이는 유학을 하며 공부하기로 진로를 결정한 뒤, 용인의 모 사립국제학교를 거쳐 지금은 캐나다 밴쿠버에서 미술을 공부하고 있습니다. 타지로 아이를 보내며 잘 지낼까 걱정도 많이 했는데, 캐나다에 도착하자마자 많은 친구들로부터 '여기 처음 온 거 맞냐', '몇 년 살았던 거 아니냐'라는 말을 들을 정도로 유창하게 영어로 소통하며 현지 생활에 적응하는 모습을 보니 감개무량했습니다. 아이가 외국 생활에 쉽게 적응한 것은 그동안 영어책 읽기를 통해 현지의 문화가 녹아 있는 영어를 체득했기 때문에 가능한 일이라고 생각합니다. 학원에서 문제집을 풀며 공부했다면 절대로 얻지 못했을 감각일 테고요.

영어책 읽기와 엄마표 영어에 관심을 가지고 이 책을 읽고 계시다면 자신 있게 말씀드릴 수 있습니다. 이 길이 맞는 길이라고요. 꾸준한 영어책 읽기와 영어 말소리 노출만이 아이들의 영어 실력을 성장시켜주는 가장 빠른 길이라고 저의 경험을 통해 확신합니다. 부디 소신 있는 엄마표 영어를 통해 아이들의 꿈에 날개를 달아줄 수 있는 부모님들이 되셨으면 좋겠습니다.

"꾸준한 아빠표 영어 그림책 낭독하기로 영어 말문이 트였어요!"

초4 세민이 이야기

"세민아, 한 시간만 피아노 치면 자유 시간 한 시간 줄게. 그 시간은 네 마음대로 써도 돼."

"Yes, daddy! NO MATTER HOW!"(네, 아빠! 문제 삼기 없기예요. 내가 어떻게 하든!)

세민이는 한국어로 대화를 하다가도 가끔 이렇게 영어로 의사 표현을 하곤 합니다. 단순히 영어를 사용하는 것만이 아니라 발음과 억양을 원어민처럼 조절하고 단어 하나하나에 감정을 실어서 표현하니 마치 모국어로 말하는 듯한 느낌도 줍니다.

세민이는 초등학교에 입학하기 4개월 전부터 부랴부랴 영어책 읽기를 시작했습니다. Oxford Reading Tree로 시작해서 그림책, 리더스, 챕터북 순서로 매일 집중듣기와 낭독을 진행했습니다. 중간에 파닉스 공부도 한 달 정도 병행했고요. 덕분에 지금은 AR 4~5점대의 책을 읽는 수준에 도달했습니다. 하지만 영어 실력이 어느 정도 쌓인 지금도 매일 15분씩 영어책 낭독하기를 꾸준히 이어가는 중입니다.

낭독하기는 주로 AR 1.6~2.5 정도의 그림책으로 진행합니다. 그간의 아빠표 영어 경험에 비춰봤을 때 아이의 영어 수준보다 1~2점대 정도 읽기 수준이 낮은 책을 사용하는 편이 영어로 말하기에 도움이 되는 것 같더군요. 꾸준한 영어책 낭독하기 덕분에 이제 세민이는 아는 단어가 부쩍 늘어나서 영어 그림책의 거의 모든 내용을 이해합니다. 그래서 영어의 다양한 문형에 신경을 쓸 수 있는 여유도 생겼습니다. 영어 그림책 낭독하기는 세민이가 알고 있던 낱낱의 단어들을 자유롭게 사용할 수 있는 어휘로 전환하는 데 큰 역할을 해줬습니다.

한때는 아이가 영어를 빨리 잘할 수 있게 되길 바라는 성급한 마음에 아이의 입장은 고려하지 않고 제가 아는 영어 지식을 무작정 아이에게 가르치려 했던 적도 있습니다. 하지만 영어도 결국엔 세상을 편리하게 살아가기 위한 하나의 도구라는 생각을 하고 나니 한결 느긋해진 마음으로 아빠표 영어를 할 수 있게 됐습니다. 앞으로도 영어책 낭독하기를 꾸준히 이어나가며 아이와 함께 재미있고 행복한 아빠표 영어를 해나가려고 합니다.

• • •

지면 관계상 이 책에는 12개의 사례밖에 싣지 못했습니다. 네이버 카페 '엄마표영어실천모임'에는 여기에 실린 엄마표 영어 성공 사례 외에도 더 많은 경험담들이 올라와 있습니다. 무엇이든 혼자서 해내려고 하면 막막하지만, 함께하는 사람들이 있으면 힘이 됩니다. 이 공간에 올라온 엄마표 영어 성공 사례들은 엄마표 영어를 어떻게 시작하면 좋을지 고민하는 많은 분에게 유익한 길잡이가 되리라고 믿습니다.

● 네이버 카페 '엄마표영어실천모임'

영어책 1천 권 읽기도
1권의 책부터 시작입니다

느린 아이도
성공할 수 있다

"10살인데 아직 파닉스 시작도 못했어요. 너무 늦은 거 아닐까요?"

"초등 4학년인데 ORT 1단계를 하고 있어요. 교과서 영어도 아직 제대로 못 따라가요. 이럴 땐 어떻게 가르쳐야 할까요?"

제가 운영 중인 온라인 커뮤니티에서는 매주 줌Zoom을 통해 저자 초청 재능기부 특강을 진행합니다. 강의 때마다 영어 학습과 관련한 문의를 받을 때면, 위의 경우처럼 다양한 질문이 올라옵니다. 질문의 디테일은 다르지만 대부분의 질문에는 공통점이 있습니다. 바로 부모님들의 조급한 마음입니다. 공교육 과정에서 영어는 초등 3학년부터 가르칩니다. 하지만 사회 전반적으로 영어 선행 학습을 당연시하는 분위기이다 보니 부모님들, 특히 엄마들의 마음은 급해져만 갑니다. 게다가 SNS를 보면 남의 집 아이들은 왜 이렇게 영어를 잘하는지 조바심 난 마음에 부채질을 더합니다. 이러다 우리 아이만 뒤처지겠다 싶어 한숨만 나오는 상황이지요. 엄마표 영어의 유행 속에서 자신은 엄마로서 직무유기를 하고 있는 것은 아닌가 싶어 스스로를 원망하기도 합니다. 자책하는 마음이 깊어지면 '내가 영어를 못해서 아이까지 피해를 보는 것은 아닐까?' 하는 생각마저 듭니다.

그 마음을 저는 누구보다도 잘 압니다. 저도 그랬기 때문입니다. 저 역시 아들의 영어 공부 때문에 늘 걱정에 시달리던 학부모였으니까요. 아빠가 명색이 영어 선생님인데 제 아이는 아홉 살이 다 되어서도 영어 공부를 거부했습니다. 축구 감독 자녀라고 모두 다 축구를 잘하는 것은 아니지만, 저는 왠지 중이 제 머리 못 깎는 처지가 된 것 같아 자책감과 부끄러운 마음이 들었습니다.

하지만 언제까지 그런 아이를 마냥 안타까워만 할 수는 없었습니다. 저는 가르치던 학생이 공부에 어려움을 겪으면 그 학생에게 더 잘 맞는 학습 방법을 고민해서 새로운 환경을 마련해주곤 했습니다. 그처럼 아들이 영어 공부에 관심을 가질 만한 방법을 찾기 시작했습니다. 그렇게 아이에게 조금 더 거리를 두고 객관적으로 상황을 파악하고 나니 그제야 문제 해결의 실마리가 잡혔습니다. 답은 다름 아닌 '쉽고 재미있는 영어책 읽기'였습니다. 그동안 수많은 학생들을 가르처왔으면서 자녀의 영어 공부 문제 앞에서는 '학습 이전에 흥미가 우선'이라는 금과옥조를 잠시 잊고 부모로서의 조급한 마음만 앞세웠기에 아이가 영어를 거부했다는 사실을 저는 뒤늦게 깨달았습니다.

이후 온라인 영어 도서관 활용과 영어책 읽기를 통해 아이가 생활 속에서 재미있게 그리고 자기도 모르는 사이에 영어를 스펀지처럼 흡수할 수 있는 환경을 만들어주었습니다. 결과는 놀라웠습니다. 그동안 아무런 선행 학습을 안 한 상태에서 10살부터 본격적으로 영어 공부를 시작한 지 3년 만에 아이가 해리포터를 원서로 읽게 된 것입니다. 아들에게 적용했던 것과 같은 방법으로 코칭한 아이들도 비슷한 성과를 거두는 모습을 보고 저는 어떤 강한 확신을 갖게 됐습니다. 올바른 학습 방향을 설정하고 꾸준히 노력하면 세상이 정한 속도보다는 조금 느리더라도 어떤 아이든 모두 영어를 잘할 수 있게 된다는 확신입니다. 그 확신이 이 책을 쓰게 된 이유이기도 합니다.

세계적인 언어학자 노엄 촘스키Noam Chomsky에 따르면 인간은 누구나 언어 습득 장치LAD, Language Acquisition Device를 가지고 태어납니다. 즉, 어릴 때 우리말을 배우던 것처럼 영어 영상과 영어책 읽기 등을 통해 영어 말소리와 영어 텍스트에 꾸준히 노출되다 보면 어떤 아이라도 영어를 유창하게 잘하는 아이가 될 수 있습니다. 지금 당장의 영어 수준보다 더 중요한 것은 우리 아이가 결과적으로 얼마나 영어 구사에 있어 자유로운 아이가 될 수 있느냐 하는 가능성입니다.

초3에 알파벳 공부부터 시작해
3년 만에 해리포터를 읽다

제 아들은 모든 면에서 거북이형 아이였습니다. 밥 먹는 데 30분, 양치질하는 데 10분, 옷 입는 데 10분 등 일상생활의 모든 활동이 느린 편이라 부모로서 늘 걱정이 많았습니다. 초등학교 입학 후에는 친구 문제나 수업 시간에 집중을 잘 못하는 문제 등으로 담임선생님께 상담 전화도 자주 받아야 했지요. 학교에 가기 싫다고 울며 떼쓰던 아들은 다른 아이들이 모두 하교한 후 한참 있다가 교실을 나오기 일쑤였습니다. 알림장 하나를 다 쓰는 데도 시간이 너무 오래 걸렸기 때문입니다.

그러던 어느 날, 청천벽력 같은 소식이 저희 가족에게 찾아왔습니다. 전문가 상담을 권유하는 지인의 말을 듣고 한 병원에서 상담을 받았는데, 아이에게 아스퍼거 증후군과 자폐 스펙트럼 경계가 의심된다는 진단이 내려진 것입니다. 그제야 정신이 번쩍 들어 이후 각종 상담 센터와 치료 센터를 다니게 됐습니다. 스트레스를 줄여주기 위해 주말에는 시골로 내려가 뛰어놀게 하며 시간을 보냈습니다. 사정이 이러하니 저는 영어 선생님이었지만, 아이의 영어 공부에는 신경을 쓸 겨를이 전혀 없었습니다. 공부보다 더 중요한 문제에 당면했기 때문입니다. 사실 틈틈이 슬쩍 영어책을 읽어주거나 영어 영상을 보여주려고 한 적도 있습니다. 하지만 아이가 거부해서 제 의도대로 지속할 수가 없었습니다. 아이는 "아빠! 영어 재미없어요. 외계어 같아요"라는 말을 입에 달고 다녔습니다.

저간의 사정으로 인해 아들은 영어 공부를 초등학교 3학년이 되어서야 본격적으로 시작할 수 있었습니다. 다행히 듣기 노출을 위해 시작한 온라인 영어 도서관인 리틀팍스에 푹 빠지면서 아이가 영어에 재미를 느끼기 시작했습니다. 이후 영어책 1천 권 읽기를 진행하면서 영어 실력이 폭발적으로 성장했습니다. 영어 실력이 늘자 자연스레 아이의 자신감도 상승했고 전에는 상상도 못했던 일들이 일어났습니다.

제 소원 중 하나는 아이가 한 번이라도 친구를 집에 데려와 함께 어울려 노는 모습을 보는 것이었습니다. 그랬던 아이가 초등학교 고학년이 되자 친구들의 투표로 학급 회장을 줄곧 도맡아 하는 아이로 바뀌었습니다. 그뿐만이 아니었습니다. 관내에서 주관하는 영어 동화 구연대회에 학교 대표로 나가서 상도 받고, 중학교 진학 후에는 호주에서 살다 오신 담임선생님과 상담 내내 영어로만 대화를 나누는 등 학교 선생님들로부터 외국에서 살다 왔냐는 이야기를 들을 정도로 영어 실력이 성장했지요. 경쟁률이 사상 최고였던 성균관대학교 영재교육원에도 당당히 합격했습니다. 그동안 힘들었던 시간들도 참 많았는데, 밝게 잘 자라준 아이에게 정말 고마웠습니다.

느림보 아이였던 아들은 어느새 훌쩍 자라 올해 고등학교에 입학했습니다. 학교에 들어간 뒤 처음 치른 중간고사에서 아들은 전 과목에서 전교 최상위 점수를 받았습니다. 영어는 전교생 중 1등이었습니다. 기말고사 때도 중간고사 때의 성적을 유지한 아들은 부모님에게 자랑을 하고 싶었는지 제게 카카오톡 메시지로 성적표 사진을 보내왔습니다. 아들의 성적표를 받은 저는 자식 자랑을 하는 실없는 사람으로 보일까 봐 조금 망설였지만, '영어책 읽기로만 영어 공부를 해서 나중에 중·고등학교에 가서 제대로 성적이 나올까?'라는 의구심을 갖는 부모님들에게 절대 그렇지 않다는 것을 보여드리고 싶어 아들의 전 과목 성적표를 공개했습니다. 그러자 많은 분께서 격려와 응원, '영어책 읽기로 하는 영어 공부'에 대한 믿음을 전적으로 보내주셔서 정말 감사했습니다.

영어에 대한 자신감은 다른 과목으로도 이어집니다. 공부의 기본 원리는 모두 비슷하기 때문입니다. 영어 한 과목만 잘해도 금방 다른 과목의 성적 상승으로 이어집니다. 특히 한글책과 영어책을 함께 많이 읽으면 사고력과 문해력이 발달해서 다른 과목도 잘할 수 있는 공부의 뿌리가 튼튼해집니다.

지금은 조금 느려 보이는 내 아이도 반드시 달라질 수 있습니다. 토끼와 거북이의 경주에서 거북이가 토끼를 이길 수 있었던 비결은 무엇일까요? 거북이는 묵묵히 한 걸음 한 걸음 내딛는 것만 생각했습니다. 자기와 비교할 수 없이 빠른 토끼와 자신을 계속 비교했다면 아마 거북이는 경주를 중간에 포기했을 것입니다. 아이들은 저마다 발달 속도가 다릅니다. 영어 공부 역시 마찬가지입니다. 다른 아이와 비교하지 말고 내 아이를 잘 관찰하면 그곳에 분명히 답이 있습니다.

영어책 읽기,
내 아이를 영어 자유인으로 만드는 열쇠

　15년 넘게 교육 현장에서 아이들을 지도하면서 영어책 읽기의 힘을 경험했습니다. ABC도 모르던 아이들이 영어책 읽기를 통해 꿈과 자존감이 커지는 모습을 지켜보며 답이 없는 것 같았던 우리나라 영어 교육의 희망을 보았습니다. 영어책을 재미있게 읽어나가면 단순히 영어 실력만 발전하는 것이 아닙니다. 영어책 읽기로 영어 공부를 하면 영어 실력뿐만 아니라 독서로 얻는 모든 이익을 함께 얻을 수 있습니다. 세상을 바라보는 관점, 스스로 생각하는 힘, 탁월한 문해력 등이 그것입니다. 어쩌면 영어 실력은 덤으로 따라오는 것일 수도 있습니다.

　책을 읽는 행위는 자기 의지가 없으면 불가능합니다. 아무리 엄마 아빠가 책이 중요하다고 이야기해도 아이 스스로 원하지 않으면 단 한 페이지도 넘길 수 없습니다. 그런 면에서 영어책을 즐겁게 읽는다는 것은 모든 부모님이 원하는 '자기 주도적 학습'의 완성판이라고 할 수 있습니다. 사실 아이들은 굉장히 자기중심적입니다. 재미가 없으면 안 하는 존재들이니까요. 이를 뒤집어 보면 그곳에 영어 공부의 희망이 있습니다. 즉, 아이로 하여금 영어책에 재미만 느낄 수 있게 해주면, 아이가 영어에서 자유로운 아이로 자랄 수 있다는 의미입니다.

　단언컨대 초등 영어의 중심은 무조건 영어책이 정답입니다. 초등 6년은 영어를 언어로서 배울 수 있는 최적의 시기입니다. 이 소중한 시간을 단어 시험, 문제 풀이로만 채워서 영어에 대해 나쁜 감정을 갖게 만들지 말아야 합니다. 대신 아이가 책 읽는 즐거움에 푹 빠질 수 있게 도와주세요. 이 시기에는 아이 스스로 즐기며 읽을 수 있는 영어책 읽기를 영어 공부의 최우선 과제로 삼아야 합니다.

그렇다면 영어 읽기 독립이란 정확히 무엇일까요? 아이에게 영어 말소리를 계속 들려주고, 쉬운 영어 그림책을 읽어주다 보면 자연스레 글자에도 관심을 갖는 시기가 옵니다. 이후에도 영어 노출이 지속적으로 이루어지면 아이 스스로 리더스 속의 영어 문장을 소리 내어 읽을 수 있고, 그 의미도 어느 정도 이해할 수 있게 됩니다. 이것이 영어 읽기 독립의 시작입니다. 영어책 읽기에 자신감이 생긴 아이들은 이제 챕터북이라고 불리는 글밥도 많고 장르도 훨씬 다양한 책들을 읽으며 작가가 안내하는 상상의 세계를 즐겁게 여행할 수 있습니다. 더불어서 영어 논픽션과 같은 지식책을 통해 배움의 영역을 확장합니다. 거기에서 한 걸음 더 나아가 영어 소설과 고전을 읽으면서 비평적 읽기 능력도 갖게 됩니다. 이것이 영어 읽기 독립의 완성입니다.

영어책 읽기는 영어를 자유롭게 듣고 읽고 쓰고 말할 줄 아는 영어 자유인이 되는 보증수표입니다. 영어책은 읽기뿐만 아니라 영어의 4가지 영역(말하기, 듣기, 읽기, 쓰기) 모두를 함께 익힐 수 있는 최고의 도구이기 때문입니다. 이 책에서 제시한 아웃풋 방법들을 영어책 읽기와 함께 적극적으로 활용하다 보면, 어느덧 아이는 영어로 편안하게 필요한 정보를 얻을 수 있고, 자신의 생각을 당당하게 표현할 수 있게 될 것입니다.

그런데 영어 읽기 독립을 처음부터 아이들 혼자 힘으로 하기는 어렵습니다. 한글책 읽기를 배울 때처럼 영어책 읽기를 할 때도 부모님의 도움이 반드시 필요합니다. 엄마표든 아빠표든 또는 엄빠표든 양육자가 아이의 영어책 읽기에 적극적으로 참여해야만 효과가 있습니다. 엄마표 영어(이제는 이 표현이 고유명사처럼 되어버린 터라 이 책에서는 앞으로 편의상 부모가 관여하여 가르치는 영어 공부법을 '엄마표 영어'라고 부르겠습니다)는 쉽지 않은 길입니다.

하지만 양육자의 실천 의지만 있다면 어느 가정이나 성공할 수 있습니다. 단, 한번 시작했다면 단기적인 결과에 일희일비하지 말고 장기적인 계획과 비전을 가지고 지속적으로 이어나가야 합니다. 엄마표 영어의 승패를 가르는 중요한 요소 중 하나는 시간을 견디는 힘입니다. 꾸준히 실천했을 때 얻게 되는 보상은 정말 달콤합니다.

물론, 엄마표 영어에 대한 관심이 많아진 만큼 '엄마표'라는 말이 주는 부담감이 상당한 것도 사실입니다. 이때 중요한 것은 엄마표든 학원표든 아이가 스스로 즐겁게 영어를 공부하기 위한 과정임을 잊지 않는 것입니다. '엄마표' 영어라고 해서 무조건 홈스쿨링만 고집할 필요는 없습니다. 자신의 형편과 아이의 상황에 맞게 선택하면 됩니다.

단, 학원에 보낼 때도, 가정에서 엄마표 영어를 진행할 때도 중심은 영어책 읽기로 잡아주세요. 하루에 1권이라도 쉽고 재미있는 영어 그림책을 읽어주다 보면 아이 스스로 영어책을 즐기며 읽게 되는 날이 반드시 옵니다. 책의 스토리에 빠진 아이들은 더 이상 영어책 읽기를 공부라고 생각하지 않습니다. 마치 만화책을 보듯 화장실에서도 키득거리며 읽고, 심지어 방 불을 끄고 몰래 이불 속에서 손전등을 켜고 읽기도 합니다. 시험을 위해 이해도 안 되는 문법 용어를 외우고 영어 독해 문제집을 풀며 영어 공부를 하는 아이들에게서는 상상도 할 수 없는 일이지요. 이렇게 영어 읽기 독립을 통해 책 읽기의 재미를 알게 되는 그 순간이 바로 '자기 주도적 아이표 영어'의 시작입니다.

가장 빠르고 확실한 우리 아이 영어 성공 비법

영어책 읽기는 아이들의 발달 단계와 속도에 맞춰서 진행할 수 있다는 점에서 최고의 영어 학습법입니다. 스토리 작가들이 들려주는 이야기 속에 한번 빠지면 영어를 마치 우리말을 배울 때처럼 쉽고 재밌게 배울 수 있습니다. 스토리에 빠진 아이들은 읽은 책을 읽고 또 읽습니다. 오디오북으로 여러 번 다시 들어도 전혀 지루해하지 않습니다. 이처럼 영어책으로 영어 공부를 하면 언어 학습에서 가장 중요한 반복 학습이 저절로 됩니다.

이 책은 영어책 읽기가 좋은 것은 확실히 알겠는데 도무지 어떻게 시작해야 할지 모르겠다는 분들을 위해 집필했습니다. 히말라야 같은 험준한 산을 오를 때 산악인들은 혼자 등반하지 않습니다. 이들 곁에는 산세를 잘 알아 길을 안내해주고, 무거운 짐을 함께 나눠 들어주는 셰르파가 동행합니다. 이 책을 읽는 모든 분들이 자녀의 영어 읽기 독립이라는 정상에 안전하고 수월하게 도착하실 수 있도록 돕고 싶은 셰르파의 마음으로 책을 써나갔습니다.

산을 오를 때 정상까지 오르는 정확한 루트를 알아두면 많은 도움이 됩니다. 책에서는 아이의 영어 읽기 독립을 위한 과정을 0~5단계로 세밀하게 나누고, 각 단계별로 읽으면 좋은 영어책 추천 목록, 수행해야 하는 커리큘럼과 팁, 절대 놓치면 안 되는 중요 포인트 등을 구체적으로 정리했습니다. 이때 각 단계와 커리큘럼은 미국 국립읽기위원회NRP에서 제시한 학생들의 읽기 발달 단계 과정을 참고해서 구성했습니다.

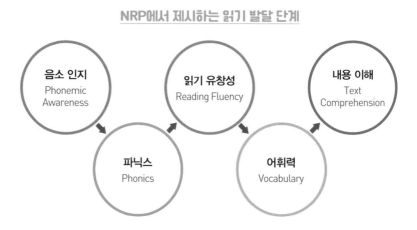

NRP에서 제시하는 읽기 발달 단계

음소 인지
Phonemic
Awareness

파닉스
Phonics

읽기 유창성
Reading Fluency

어휘력
Vocabulary

내용 이해
Text
Comprehension

무엇보다 '듣기, 읽기, 말하기, 쓰기' 등 영어로 의사소통을 하기 위해 두루 갖춰야 하는 4가지 능력을 총체적으로 습득할 수 있도록 로드맵을 짰습니다. 특히 영어를 외국어로 배우는EFL, English as Foreign Language 우리나라 현실에 맞춰 영어책 정독 방법, 독후 활동, 교재 활용법 등도 함께 제시해 효과적인 영어 공부법을 소개하고자 했습니다. 또한, 책의 마지막에는 꼭 읽어야 하는 영어책 1천여 권의 목록과 역대 뉴베리 상 수상작 목록을 부록으로 덧붙였습니다.

영어 읽기 독립은
더 큰 세상으로 나아가는 창문이다

지금은 영어 선생님으로 일하고 있지만 저도 한때는 영어 때문에 한이 맺혀봤던 사람입니다. 그렇기 때문에 '언어의 한계는 세계의 한계'라는 말에 뼈저리게 공감합니다.

대학 시절, 영문과 학생으로서 제대로 영어를 배워보겠다는 일념으로 미국 어학연수를 떠났습니다. 20대 초반의 저는 미국 공항에 발을 내딛은 순간부터 제 영어 실력의 민낯을 마주하게 됐습니다. 명색이 영문과 학생이었지만 입국 심사대에서 원어민이 던지는 질문을 알아듣지 못해 땀을 뻘뻘 흘렸던 기억이 아직도 선명합니다. 지하철역이 어딘지 묻는 것조차 어려웠습니다. 심지어 글을 제대로 해석하지 못해 버스를 잘못 타서 우범지역에 갔다가 총을 맞을 뻔도 했습니다.

미국식 영어에 귀가 트이고 입이 열리기 전까지 저는 이런 생각을 하루에도 수백 번씩 했습니다. '아, 내가 진즉 영어책도 많이 읽고, 영어 영상도 많이 보면서 영어와 친숙해진 후에 유학을 왔더라면 얼마나 좋았을까?'

아이를 키우는 부모로서, 그리고 현장에서 아이들을 가르치는 선생님으로서 저는 우리 아이들이 영어 때문에 더 넓은 배움과 성장의 기회를 놓치는 일이 없기를 간절히 소망합니다. 이 소망을 이룰 답은 그리 멀지 않은 데 있습니다. 바로 '영어책 읽기'입니다. 영어책 다독만큼 영어 실력을 눈부시게 끌어올리는 방법은 없습니다. 1천여 권이 넘는 영어책을 꾸준히 읽다 보면 아이의 영어 실력은 자연스레 성장합니다. 언어의 폭발적인 성장이 일어나는 초등학교 시절, 영어책 읽기에 꼭 도전하게 해보시길 강력히 추천합니다. 영어 선행 학습을 위해 과도하게 사교육비를 지출을 하는 대신 그 돈으로 다양한 종류의 영어책을 사서 읽히세요. 그 편이 비용 대비 효율이 더욱 탁월함을 제가 보증합니다.

그리고 이 점을 꼭 기억하셨으면 좋겠습니다. 천 리 길도 한 걸음부터라는 사실입니다. '영어책 1천 권 읽기'라는 목표를 달성하려면 일단 첫 번째 영어책을 펼쳐야 합니다. 즉, 중요한 것은 지금 바로 시작하는 것입니다. 아무것도 하지 않으면 아무 일도 일어나지 않습니다. 시행착오를 겪는 것도 일단은 무엇이든 시작해야 가능한 일입니다. 1권을 읽고 나면 그다음은 한결 쉽습니다. 영어 그림책 읽기 단계를 거치고 나면 이후에 리더스, 챕터북, 소설책 읽기 단계로 넘어가는 것이 훨씬 수월해집니다.

그렇게 아이와 함께 매일 영어책 읽기를 해나가다 보면 어느 순간 아이가 영어 읽기 독립의 정상에 우뚝 서는 순간을 목격하게 될 것입니다. 시작도 안 해보고 포기하기에는 영어책 읽기가 아이의 인생에 건네는 선물이 너무 큽니다.

그럼 지금부터 우리 아이들이 더 큰 세상으로 비상할 수 있도록 언어의 날개를 달아줄 영어 읽기 독립 프로젝트를 시작해보겠습니다.

영어책
1천 권 읽기를
시작하기에 앞서

왜 영어책
1천 권 읽기인가?

대한민국에서 영어는 막강한 영향력을 발휘합니다. 대학원 진학이나 유학처럼 학업을 이어가거나 대기업이나 공기업 입사 등 취업을 할 때 토익, 토플, 텝스, 오픽 등 일정 수준 이상의 공인영어점수는 필수입니다. 대학수학능력시험에서도 영어는 필수 과목으로 수능 점수의 당락을 결정짓는 변수로 작용합니다. 자신이 원하는 진로로 나아가고자 할 때, 해당 분야에 대한 전문성이 있음에도 불구하고 기관에서 원하는 일정 수준의 영어 실력을 갖추지 못해 고배를 마시는 사례를 주변에서 많이 보았습니다. 한편, 실력이 엇비슷한 두 사람이 있다면 기업 등의 조직에서는 영어 실력이 뛰어난 사람에게 가산점을 주기도 합니다.

영어 능력자를 특별 대우하는 사회적 분위기를 부정적으로만 볼 수는 없습니다. 영어는 전 세계적인 공용어이기 때문에 영어를 잘하면 그만큼 얻을 수 있는 정보의 양과 질이 다를 수밖에 없습니다. 이처럼 진학, 취업, 이직 등 인생의 중요한 순간에 영어가 당락을 좌우하는 정도가 크다 보니 대한민국 사교육을 지탱하는 양대 산맥이 수학과 더불어 영어인 것이 현실입니다.

게다가 부모님 세대는 대부분 학창 시절 문법과 문장 해석에만 치우친 교육 방법, 즉 문법 번역식 교수법Grammar Translation Method으로 영어를 배웠기 때문에 영어 공부에 들인 시간 대비 아웃풋이 좋은 편이 아닙니다. 10년이 넘도록 영어 공부를 하고도 영어로 말하는 외국인 앞에만 서면 왠지 작아지던 느낌, 다들 한 번쯤 겪어보지 않으셨나요? 말하기는 고사하고 영어 원서 좀 읽으려고 하면 파파고부터 찾게 되지는 않으시나요? 사정이 이렇다 보니 많은 부모님이 내 아이만큼은 영어 때문에 어려움을 겪지 않았으면 하고 간절히 바랍니다. 오죽하면 엄마 배 속에 있을 때부터 영어와 친숙해지라고 영어 태교를 위한 책까지 판매될 정도입니다.

하지만 이것은 시작에 불과합니다. 조급한 마음을 지닌 일부 부모님들은 아이가 태어나자마자 본격적으로 영어 공부와의 한판승에 뛰어듭니다. 매년 영어 유치원을 비롯해 각종 영어 사교육 기관은 자리가 부족해 대기를 해야 할 정도라고 합니다. 미국 교과서가 영어 공부에 좋다는 말에 기초적인 영어 실력도 없는 아이를 한 학년 더 높은 책으로 선행을 시키는 학원에 보내기도 합니다. 여행용 캐리어 가방에 미국 교과서와 영어 교재를 한가득 가지고 다니던 초등 3학년 아이로부터 "이건 아동 학대예요"라는 말을 듣고 충격을 받았던 기억이 아직도 생생합니다.

한편, 고비용 저효율의 사교육보다는 엄마표 영어 교육 방식에 관심을 갖는 분들이 점점 많아지는 추세입니다. 하지만 엄마표 영어도 그 나름의 고충과 비효율이 존재합니다. 엄마표 영어의 특성상 해당 가정과 아이의 성향에 따라 수많은 방법이 제시되다 보니 많은 부모님이 엄마표 영어를 제대로 시작해보기도 전에 정보를 찾고 거르는 과정에서 지치는 경우가 많습니다. 이것저것 좋다는 방법은 모두 다 따라 해보다가 중도에 포기하는 경우도 부지기수입니다. '엄마표'라는 이름으로 예전에 엄마 자신이 학교에서 배웠던 방식을 그대로 아이에게 강요하기도 합니다. 얼마 전에도 엄마표 영어를 계속 이어갈지, 학원에 보내야 할지 모르겠다고 상담을 요청해온 어머니가 계셨습니다. 집에서 아이에게 열심히 영어 독해 문제집과 문법 교재를 풀게 하고 단어 시험도 매번 챙겨서 보고 있는데, 그 과정에서 오히려 아이와 잦은 실랑이를 벌이며 관계만 나빠지는 것 같다고 하소연하셨습니다.

무슨 문제든 마찬가지이지만 영어 교육에서도 가장 중요한 것은 아이가 흥미를 잃지 않고 신나게 몰입할 방법을 찾는 것입니다. 단돈 만 원짜리 물건을 살 때도 이것저것 비교하고 따져가면서 사는데, 앞으로 아이 인생에 지대한 영향을 미칠 영어 교육을 남들 하는 대로 무작정 따라 하는 것은 절대 옳은 선택이 아닙니다. 더불어서 만일 엄마표 영어를 하기로 결심했다면 또 하나 중요하게 고려할 점이 있습니다. 엄마 자신이 힘들지 않은 방법을 선택하는 것입니다. 물론, 엄마표 영어라 하더라도 공부의 주체는 아이입니다. 하지만 엄마표 영어에서는 엄마(로 대표되는 양육자)도 영어 공부의 중요한 한 축입니다. 따라서 엄마 역시 지치지 않고 꾸준히 아이를 도울 수 있는 방법으로 영어 공부를 이어가야 합니다.

영어책 읽기는 아이는 학습에 대한 부담감 없이 재미있게, 엄마는 아이의 공부 상태를 수시로 체크하고 잔소리하는 스트레스 없이 즐겁게 영어 공부를 이어갈 수 있는 가장 탁월한 방법입니다. 영어책 읽기의 장점은 정말 많지만, 가장 확실하게 와닿는 핵심 장점 10가지를 추려 말씀드리면 다음과 같습니다.

① 영어에 대해 좋은 감정을 가질 수 있다

무엇이든 첫인상이 중요합니다. 특히 어린 시절의 행복했던 경험은 평생을 갑니다. 초등 시기 영어를 어떻게 접했는지에 따라 영어에 대한 평생의 인상이 달라집니다. 시험에서 좋은 점수를 받기 위해 암기식 벼락치기로 공부해서는 영어에 대해 좋지 않은 인상만 생깁니다. 그러면 어느 정도 성장한 후 영어 공부를 중도 포기하게 됩니다. 영어는 언어이기 때문에 마라톤처럼 장기전으로 생각하고 배워야 합니다. 지금 당장 아이가 영어 시험에서 몇 점을 받는지는 중요하지 않습니다. 그보다는 훗날 아이가 세계를 무대로 영어를 얼마나 자유롭게 사용할 수 있는지가 관건입니다.

영어 그림책은 재미있고 화려한 그림과 스토리로 아이들의 시선을 끌기에 충분합니다. 또한, 영어 그림책은 한글 그림책처럼 영어권 아동들의 나이와 언어 발달 수준에 맞춰 정교하게 만들어진 작품입니다. 아이 연령에 적합한 영어 그림책을 잘 찾아서 엄마 아빠가 재미있게 읽어주면 아이는 영어에 대해 좋은 첫인상을 가질 수밖에 없습니다.

가령, 『See You Later Alligator』를 엄마 아빠와 함께 읽으며 헝겊 천으로 만들어진 악어 인형을 만지고 놀다 보면 아이 머릿속에 'Alligator(악어)'라는 단어가 자연스럽게 각인됩니다. 아이들과 시간을 보내기 힘든 아빠가 잠자리 독서를 하며 앤서니 브라운Anthony Browne 의 『My Dad』를 펼칩니다. 그리고 마지막 페이지의 "I love my dad. And you know what? He loves me" 부분을 읽어주며 책에 나온 그림처럼 매일 아이를 꼭 안아준다고 생각해보세요. 아이는 분명 정서적으로 안정된 아이로 자람과 동시에 영어라는 새로운 언어에 대해서도 긍정적인 감정을 가지게 될 것입니다.

② 영어 유창성을 높여준다

영어책 읽기는 영어 유창성을 높여줍니다. 케임브리지 영어 사전에서는 유창성을 다음과 같이 정의합니다.

the ability to speak or write a language easily, well, and quickly
(어떤 언어를 쉽게, 잘, 그리고 빠르게 말하거나 쓸 수 있는 능력)

그동안 대한민국 영어 교육은 유창성보다 언어의 형식과 정확성에 집중해왔습니다. 쉽게 말해 문법과 번역 중심의 영어 교육이었지요. 그렇다 보니 오랜 기간 영어 공부를 했음에도 불구하고 영어를 유창하게 구사하지 못하는 사람들이 많았습니다. 영어를 비롯해 프랑스어, 이탈리어 등 다양한 언어를 구사하는 인문학자 조승연 씨는 저서 『플루언트』에서 유창성을 목표로 영어 공부를 해야 한다고 조언했습니다. 우리가 다른 언어를 배우는 이유는 단순히 시험을 잘 보기 위해서가 아닙니다. 그 언어를 사용하는 사람들과 원활하게 의사소통을 하고, 해당 언어권의 문화를 이해하기 위함입니다.

그런데 유창하게 외국어를 구사하려면 반드시 전제되어야 하는 조건이 있습니다. 바로 충분한 인풋입니다. 어떤 언어에 유창해진다는 것은 듣고, 읽고, 말하고, 쓰는 것이 자동화된다는 뜻입니다. 외국어 습득 이론의 대가인 스티븐 크라센Stephen Krashen 박사는 언어의 자동화는 이해 가능하고 흥미 있는 내용에 '많이 노출'되면서 생기는 자연적인 습득 과정의 결과라고 주장했습니다. 영어책 읽기는 그 어떤 방법보다 풍성한 인풋을 제공합니다. 영어책을 많이 읽다 보면 말하기, 쓰기의 재료들이 자연스럽게 축적됩니다. 영어책을 소리 내어 읽음으로써 읽기 유창성도 키울 수 있습니다.

유창성은 정확성으로도 이어집니다. 제가 가르치는 한 학생은 영어책을 읽으면서 매일 낭독과 리텔링Retelling 등 말하기 연습도 열심히 해왔는데 이후 영어 말문이 트여서 유창한 스피킹이 가능해졌습니다. 그뿐만 아니라 문법 공부를 따로 한 적이 없는데도 불구하고 6학년에 올라가면서 풀기 시작한 문법 문제집에서 틀리는 문제가 거의 없었습니다. 영어책을 많이 읽다 보니 영어의 기본 문법 규칙들이 자연스럽게 체화됐기 때문입니다. '주어에 따라 be동사가 바뀐다', '3인칭 단수 뒤에는 's'가 붙는다' 등 영어 문법의 규칙을 달달 암기하고 있어도 막상 실제 의사소통에서는 이를 적용해 말하기가 쉽지 않습니다. 하지만 영어책 읽기를 통해 자연스럽게 영어 문법과 문장 구조에 익숙해지면, 말하기와 쓰기를 할 때 그 진가가 드러납니다. 외운 규칙을 생각하면서 머릿속에서 문장을 짜내는 것이 아니라 자연스럽게 입이 열리는 것이지요.

요즘 많은 대학에서 영어 원서로 전공 수업을 진행합니다. 영어책 독서로 영어 유창성이 생긴 아이들은 영어 수업을 힘들어하지 않지만, 그렇지 않은 아이들은 학업에 굉장한 부담이 됩니다. 한 문장 단위로 해석하는 버릇이 생기면 원서를 망설임 없이 쭉쭉 읽어나가는 것이 쉽지 않습니다. 하지만 영어 유창성이 확보된 아이들은 더 높은 수준의 원서도 수월하게 읽어나갈 수 있습니다. 말하기를 할 때도 기초적인 회화 수준에 머무는 것이 아니라 높은 수준의 영어를 구사할 수 있습니다. 당연히 토익이나 토플 등의 공인영어시험에서도 고득점을 받을 확률이 높습니다.

③ 영어를 배우는 가장 좋은 방법인 반복 학습이 쉽다

언어를 배울 때 가장 효과적인 방법은 '반복 학습'입니다. 우리의 뇌는 반복 학습한 내용을 장기기억 장치로 이동시킵니다. 영어책 읽기는 반복 학습에 최적화된 방법입니다. 아이들은 흥미로운 이야기를 여러 번 반복해서 읽는 경향이 있습니다. 어머님들이 많이 하시는 고민 중 하나는 '우리 아이는 왜 매일 같은 책만 읽어달라고 할까요?'입니다. 하지만 이는 걱정할 문제가 아닙니다. 오히려 언어 학습의 매우 좋은 신호입니다. 아이가 특정 영어책에 꽂혀서 계속 읽고 싶어 한다면 집중듣기Intensive Listening(영어책 음원에 맞춰서 눈으로 글을 따라가는 것. '청독'이라고도 부른다)로도 듣고, 묵독으로도 읽어보고, 낭독으로도 읽어보고, 틈날 때마다 흘려듣기를 하는 등 다양한 방법으로 인풋을 시켜줄 절호의 기회입니다.

가령, Oxford Reading Tree처럼 스토리가 탄탄하고 아이가 좋아할 만한 내용의 영어책 시리즈를 잘 골라주면 여러 번 반복해도 즐겁게 읽을 수 있습니다. 또한, 영어책 특히 영어 그림책의 경우 1권의 책 안에서 동일하거나 유사한 문장 패턴이나 단어가 반복됩니다. 따라서 영어책을 읽고 또 읽다 보면 자기도 모르게 많은 어휘와 표현들을 자연스럽게 습득할 수 있습니다.

④ 영어책은 언제 어디서든 쉽게 펼쳐볼 수 있다

책이라는 매체는 시간과 장소의 구애를 받지 않습니다. 영어 영상이나 음원을 보고 들으려면 전자 기기나 오디오 기기가 필요합니다. 또한, 원하는 부분을 찾기 위해서는 시간을 한참 허비해야 합니다. 하지만 책은 원하는 페이지를 바로 펼칠 수 있고, 보고 싶을 때 바로 꺼내볼 수 있습니다. 쉽게 말해 아날로그의 매력이지요. 또한, 책은 영상과는 달리 페이지를 넘기면서 책 속의 그림과 삽화를 보며 상상의 나래를 펼 수도 있습니다. 문자를 해독하며 뜻을 이해하려고 노력하는 가운데 저절로 뇌 운동이 되어서 머리도 좋아집니다. 요즘 교육계에 가장 핫한 이슈인 문해력이 좋아지는 것은 물론입니다.

영어책을 구입하는 것이 부담된다면 도서관을 적극 활용하는 것도 방법입니다. 요즘에는 동네 도서관에도 영어책이 많이 구비되어 있습니다. 아마존 등의 직구를 통하지 않더라도 국내 온라인 서점이나 웹

디북 등 영어책 전문 온라인 서점에서도 영어책을 할인된 가격으로 상시 판매 중이므로 이를 적절히 활용한다면 부담스럽지 않은 가격으로 좋은 영어책을 구입할 수 있습니다. 영어책은 중고 시장 거래도 활발한 편이므로 이를 활용하는 방법도 추천합니다. 어떤 방식으로 영어책을 구입하든 가장 중요한 것은 아이가 좋아하는 내용의 책을 눈에 잘 띄는 집 안 곳곳에 놓아두는 것입니다. 책을 펼치기만 하면 영어의 세계로 떠나는 여행이 바로 시작됩니다.

⑤ 영어책을 아이 수준과 흥미에 맞춰 고를 수 있다

영어책은 아이의 연령과 영어 능력 수준에 맞춰 고를 수 있습니다. 가령, 영어를 전혀 모르는 아이는 쉬운 단어와 그림만 있는 영어 그림책부터 시작하는 식이지요. 영어책은 좀 더 세분화되고 수치화된 독서 레벨을 적용해 만들어집니다. 1980년대 〈오프라 윈프리 쇼〉에서는 미국의 문해력 문제를 다룬 적이 있습니다. 당시 많은 미국 성인이 식당 메뉴판의 글씨를 못 읽거나 글을 읽더라도 그 내용을 이해하지 못하는 실질 문맹률이 상당히 높은 것으로 밝혀졌습니다. 방송 이후 미국 초등학교에서는 미국 학생들의 읽기 능력 향상을 위해 많은 노력을 기울이기 시작했습니다. 그래서 현재 미국에서는 어린이를 위한 영어책의 경우 단계별 독서 지도를 위해 AR Accelerated Reader 지수, 렉사일Lexile 지수, GRLGuided Reading Level 지수 등 각 책마다 독서 레벨을 부여하고 있습니다. 요즘에는 동네 도서관에서도 친절하게 독서 레벨을 영어책 겉표지에 붙여놓은 모습을 볼 수 있습니다. 이 독서 레벨들을 활용하면 아이에게 적합한 수준의 영어책을 찾는 데 큰 도움이 됩니다.

학원에서는 학원 프로그램에 내 아이를 맞춰야 하지만, 집에서 영어책 읽기를 하면 우리 아이만을 위한 최적화된 영어 프로그램을 진행할 수 있습니다. 서점에 나가 보면 영어책을 고를 때 참고하기 좋은 책들도 많이 출간되어 있기 때문에 내 아이에게 딱 맞춤한 영어책을 고를 때 많은 도움이 됩니다. 조금만 노력하면 내 아이를 위한 멋진 영어책 큐레이터가 될 수 있다는 사실을 기억해주세요.

⑥ 다양한 배경지식을 쌓고 생각의 깊이를 넓힐 수 있다

영어책을 읽으면 독서에서 취할 수 있는 장점은 모두 얻으면서 덤으로 영어까지 잘할 수 있게 됩니다. 인간의 뇌는 직접 경험한 내용을 훨씬 더 잘 기억합니다. 어떤 장소에 대해 많은 설명을 듣는 것보다 실제로 가보면 평생 기억에 남습니다. 언어를 배우는 것도 비슷합니다. 직접 경험한 것들은 장기기억이 될 확률이 더욱 높습니다. 하지만 모든 경험을 다 하기란 불가능합니다. 독서는 간접 경험임에도 불구하고 생생한 스토리를 통해 마치 진짜 경험한 것 같은 느낌이 들게 해줍니다. 이러한 경험은 언어 습득에도 긍정적인 영향을 줍니다.

가령, 선사시대로 직접 가볼 수는 없지만, Magic Tree House 시리즈의 잭과 애니와 함께 선사시대를 여행하다 보면 익룡이 어떻게 생겼는지 티라노사우루스가 얼마나 무시무시한지를 작가의 묘사를 통해 생생히 느낄 수 있습니다. 스토리를 통해서 새로운 어휘나 표현에 익숙해지는 것은 물론입니다. Fly Guy의 논픽션 시리즈도 과학 지식을 쌓기에 매우 좋습니다. Wimpy Kid 시리즈를 읽으면서는 할로윈이나 추수감사절 등 서양의 문화를 간접 체험할 수 있습니다.

⑦ 살아 있는 어휘와 표현을 문맥 속에서 자연스럽게 배울 수 있다

외국어 학습의 뼈대는 어휘입니다. 영어 말하기가 전혀 되지 않더라도 급할 때는 단어 한두 개로도 의사소통이 가능합니다. 영어책 읽기를 하면 영어의 기초 어휘들을 군이 외우려고 노력하지 않아도 책을 읽는 가운데 자연스럽게 익힐 수 있습니다. 다독을 통해 같은 단어를 여러 차례 만나게 되면서 단어의 스펠, 맥락에 따른 다양한 의미가 장기기억으로 저장되기 때문입니다. 가령, 'dungeon(지하 감옥)'이라는 단어는 웬만한 어른들에게도 생소한 영어 단어입니다. 그런데 여덟 살 민수에게 수업 중 이 단어의 의미를 묻자 놀라운 대답을 들려주었습니다. "나쁜 사람을 가두는 곳이요." '지하 감옥'이라는 단어로 표현하지는 못했지만, 정확하게 의미를 알고 있었습니다. 민수는 평소 영어 동화책을 무척 좋아했는데, 스토리를 반복해 읽음으로써 단어의 뜻을 체화한 것입니다.

영어 단어의 뜻을 무작정 암기해서 공부하면 해당 단어가 어떤 맥락에서 어떤 의미로 사용되는지 이해하지 못합니다. 가령, 영어 단어 'hard'의 경우, '딱딱한'이라는 뜻 외에도 '어려운', '열심히' 등 다양한 뜻이 있습니다. 하지만 다독을 통해 '아, 이런 상황에선 'hard'가 이렇게 쓰이는구나' 하며 자연스럽게 어휘의 쓰임새를 익히게 됩니다.

또한, 영어책에는 다양한 회화 표현들도 등장하는데, 일반 회화 교재와는 달리 이야기가 전개되는 흐름이 있기 때문에 원어민들이 실제로 쓰고 있는 표현을 문맥 속에서 재미있게 배울 수 있습니다. 이렇게 습득한 생생한 표현들은 앞뒤 상황 없이 무조건 외운 표현과는 질적으로 다르게 아이들의 기억 속에 오래 남습니다.

⑧ 시험과 입시 대비에도 탁월한 학습 방법이다

대한민국에서 대다수의 아이들은 입시라는 관문을 피하기 어렵습니다. 특히 영어는 입시에서 아주 중요한 자리를 차지하고 있습니다. 몇 년 전부터 수능 영어가 절대평가로 바뀌기는 했지만, 영어 1등급을 받기란 절대 녹록치 않습니다. 2022학년도 수능 영어에서 1등급을 받은 학생들의 비율은 6.25% 정도에 불과합니다. 90점만 넘으면 1등급을 받을 수 있는 절대평가임을 감안하면 그리 높은 비율이 아닙니다. 비싼 사교육비를 감수하고 영어 유치원부터 시작해서 초·중·고 12년간 학원을 전전해온 과정을 생각하면 인풋 대비 너무 낮은 아웃풋이라고 할 수밖에 없습니다. 아이러니한 것은 이처럼 넘기 힘든 수능의 벽 때문에 아직도 대부분의 학원에서 모국어 습득 방식의 영어 학습보다는 시험 대비를 위한 문제 풀이 방식의 수업을 진행한다는 사실입니다.

수능 영어나 고등학교 모의고사의 영어 시험을 잘 치르는 관건은 단연코 영문 독해력입니다. 수능 영어나 모의고사의 출제 범위는 교과서가 아닙니다. 즉, 문제를 예측할 수 없습니다. 게다가 시험 시간도 빠듯합니다. 70분간 45문제를 풀어야 하는데 듣기 평가를 제외하면 약 50분간 25개 지문에 해당하는 28개 문제를 풀어야 합니다. 결국 한 문제당 주어진 시간은 1분 30초에 불과합니다. 이를 수월하게 해내려면 평균적으로 1분당 약 163개의 단어를 읽고 이해하는 능력이 있어야 하는데, 이는 미국 초등학교 5학년 정도의 읽기 수준입니다 (Percy Jackson 시리즈나 Harry Porter 시리즈를 술술 읽는 정도의 수준).

하지만 이것은 어디까지나 평균치이고 가장 긴 지문의 경우는 1분당 약 357개의 단어를 읽을 수 있어야 하는데 이는 미국 고등학교나 대학생들의 읽기 수준입니다. 우리나라 중학교 1학년 교과서 수준이 미국 초등학교 1학년 수준인 점을 감안할 때, 고등학교로 올라가면서 아주 급격하게 지문의 난이도가 높아진다는 이야기입니다. 그렇다고 고등학교에서 입시를 준비하면서 영어책 읽기에만 매달릴 수도 없는 노릇입니다. 초등학교 시절 영어책 읽기에 최선을 다해야 하는 이유입니다.

또한, 수능 영어에서 1등급을 받으려면 추론과 유추가 필요한 고난이도의 문제도 틀리면 안 됩니다. 수능 영어에서 유추 문제 오답률은 70%에 달합니다. 10명 중 3명 정도만 정답을 맞힌다는 말입니다. 유추 문제를 잘 풀려면 많은 영어 지문을 읽으면서 작가가 의도하는 바를 비판적으로 사고하면서 읽는 능력이 필요합니다. 이런 능력은 결국 많은 영어책 읽기를 통해서만 얻을 수 있습니다. 그런데 고등학교에 입학한 후 입시를 위해 책을 읽히려고 해도 어릴 적부터의 독서 습관이 없다면 결코 쉽지 않습니다. 초등학생 때부터 영어책 읽기 습관을 들이면 입시 준비를 할 때도 플러스로 작용합니다.

◉ 아이의 미래에
긍정적인 영향을 미친다

앞에서 잠시 언급한 것처럼, 요즘 대학에서는 영어로 된 전공 서적으로 공부하고 아예 수업을 영어로 진행하는 경우가 많습니다. 졸업 조건에 영어 강의를 몇 개 이상 의무적으로 이수해야 한다는 내용도 포함되어 있습니다. 그런데 유튜브 서울대저널 채널에서 만든 '내겐 너무 어려운 영어' 영상에 따르면 많은 학생들이 영어 때문에 학업에 어려움을 호소한다고 합니다. 서울대 학생 200명을 대상으로 설문 조사한 결과, 절반 이상의 학생이 영어 기반 수업에 어려움을 느꼈다고 답했습니다.

● '내겐 너무 어려운 영어' 영상

인터뷰에 등장한 학생들은 수능 영어 수준의 영어를 공부하다가 많은 양의 영어로 된 전공 서적을 읽는 게 너무 힘들다고 하소연합니다. 전문 지식을 깊이 다루는 전공 서적의 경우 수능 영어보다 훨씬 더 높은 수준의 영어 읽기 실력을 요구합니다. 영어로 발표하고 싶어도 표현 능력이 부족해서 포기한 적도 많다고 합니다. 영어 이해력이 부족해 강의 내용을 놓쳐서 학업 성취도가 현저히 낮아지기도 합니다. 이처럼 대학 입학 후에도 여전히 영어의 벽이 우리 아이들을 기다리고 있습니다. 문법 위주의 공부로 영어를 배운 아이들이 과연 대학 진학 이후 영어로 진행되는 전공 수업을 얼마나 잘 따라갈 수 있을까요? 반면, 초등학생 시절 많은 영어책을 읽으면서 진짜 영어 실력을 쌓아놓으면 대학교 진학 후에도 영어 때문에 발목 잡힐 일이 없습니다.

영어책 읽기는 입시와 대학 생활을 위해서만 필요한 것이 아닙니다. 언어를 탁월하게 잘하면 훨씬 더 많은 인생의 기회가 생깁니다. 대부분의 부모님들이 자녀의 명문대 진학을 목표로 달리지만 현실은 냉정합니다. 대학마다 정원이 있기 때문에 대한민국의 모든 아이들이 다 명문대 진학에 성공하지는 못합니다. 하지만 명문대에 진학하지 못했다고 하더라도 영어를 잘하면 유학이나 해외 취업의 문이 굉장히 넓어집니다. 같은 일을 하더라도 기술직이나 프로그래밍과 같은 IT 직군은 국내보다 미국 기업에 취업했을 때 더 높은 연봉을 받을 수 있습니다. 어린 시절부터 쌓아온 영어책 독서 이력은 성인이 되어서 멋진 포트폴리오로 거듭날 수 있습니다. 오늘 아이와 즐겁게 읽은 1권의 영어책이 내 아이를 더 넓은 세상으로 안내해줄 마법의 열쇠가 될 수 있다는 사실을 기억해주세요.

⑩ 영어를 가장 빠르고 재미있게 배울 수 있다

오롯이 엄마표 영어만 하든 영어 사교육을 병행하든 영어책 읽기는 아이들이 영어를 가장 빠르고 재미있게 배울 수 있는 방법입니다. 영어를 배우는 방법은 다양하지만, 영어책을 이용하면 듣기, 읽기, 말하기, 쓰기의 4가지 영역을 골고루 학습할 수 있습니다. 그것도 아이들이 좋아하는 내용만으로요. 영어를 배울 때 모국어를 배울 때처럼 듣기 → 말하기 → 읽기 → 쓰기 순서대로 해야 한다는 주장도 있습니다. 물론, 이것은 가장 이상적인 방법입니다. 하지만 영어 말하기 환경을 집에서 자연스럽게 만들어줄 수 있는 가정이 현실에서 과연 얼마나 될까요? 그에 비해 책 읽기 환경은 엄마 아빠의 의지만 있으면 언제든 만들어줄 수가 있습니다. 손만 뻗으면 바로 영어 노출 환경을 만들어줄 수 있는 책을 기본 바탕으로 듣기, 말하기, 읽기, 쓰기를 한 번에 학습하는 쪽이 우리나라 학습 여건상 훨씬 효과적입니다.

요즘 아이들은 정말 바쁩니다. 영어 외에도 공부해야 할 과목이 무척 많습니다. 아이의 전인적 발달을 위해 예체능 학습도 빼놓을 수 없습니다. 그렇기 때문에 영어 한 과목만을 위해 단어 따로, 문법 따로, 말하기 따로, 듣기 따로, 독해 따로 공부할 시간이 부족합니다. 영어 귀를 뚫기 위해 하루 종일 영어 영상만 보고 들을 수도 없는 노릇입니다. 영어책을 활용하면 이 모든 문제가 한 번에 해결됩니다. 오디오북을 들으면서 책을 읽어도 되고, 이미 읽었던 책을 다시 틈날 때마다 오디오북으로 들으면서 읽으면 듣기만 할 때보다 훨씬 더 기억에 오래 남습니다. 귀로는 영어 말소리를 듣고 눈으로는 텍스트를 보면서 입으로 따라 말하기까지 한다면, 뇌의 모든 영역이 활성화되어 언어 습득이 더욱 빨라집니다. 이렇게 듣고 본 책의 내용을 필사한 후에 독후 활동으로 자기의 생각이나 의견까지 써보면, 그야말로 언어의 4가지 영역을 한 번에 해결하는 완벽한 학습이 이루어집니다. 영어책 읽기는 당장에는 느린 것 같아도 가성비 최고인 가장 빠른 영어 공부법입니다.

영어 공부에서
성공보다 중요한 것

"선생님, 요즘 준철이 때문에 너무 속상해요. 중학교 들어가더니 이제 제 말을 아예 안 들어요. 영어 공부도 완전히 손 놓았고 수학 학원도 그만 다니겠대요. 학교도 가기 싫다고 하는데 어쩜 좋죠?"

고등학교 영어 선생님인 준철이 어머니로부터 상담 전화를 받았습니다. 초등학생 때 처음 만났던 준철이는 축구를 좋아해서 축구 선수가 꿈이었던 평범한 아이였습니다. 아이러니하게도 어머니가 영어 선생님인데 준철이는 영어를 너무 싫어했습니다. 상담을 해보니 준철이 어머니가 준철이가 어릴 때부터 중고생들처럼 영어 단어를 암기하게 하고 스펠링 시험을 보는 등 문법과 해석 위주로 영어 공부를 시켰다는 사실을 알게 됐습니다. 저는 시험에 초점을 두기보다는 언어 그 자체를 배운다는 방향을 설정하고 영어 공부를 시켜볼 것을 권유드리며 다양한 온라인 영어 도서관과 쉬운 영어책들을 추천해드렸습니다. 이후 준철이는 영어에 대한 흥미가 높아졌을 뿐만 아니라 실력도 부쩍 늘었습니다.

이후 '엄실모' 카페에 올라오는, 준철이가 열심히 읽은 책들의 인증 사진을 보며 기특하기도 하고 마음이 뿌듯했습니다. 하지만 차츰 준철이 어머니의 인증 글이 뜸해지더니 한동안 거의 소식을 모른 채 시간이 흘렀습니다. 그런데 오랜만에 근심 가득한 목소리로 아이가 학교 공부에 아예 손을 놓고 대화도 거부한다는 안타까운 소식을 전해오신 겁니다.

영어 실력 향상보다 아이와의 관계가 더 중요하다

저는 그간의 상황이 궁금해 준철이 어머니께 이렇게 여쭤보았습니다. "그동안 영어책 읽기는 어떻게 진행하고 계셨나요?" 어머니는 잠시 머뭇대시더니 작은 목소리로 이렇게 대답하셨습니다. "그게 말이죠…… 실은 불안한 마음에 다시 독해 문제집과 문법 책으로 공부를 시켰어요. 그랬더니 아이가……" 이야기를 더 들어보니 수학 학원도 2년 정도 미리 선행 학습을 하는 곳으로 보내고 있었는데, 준철이가 많이 힘들어 했다고 합니다. 준철이 어머니와 상담을 하다 보면 공부에 더 관심이 많은 동생과 준철이를 은근히 비교하시는 모습이 보여서 걱정스러운 마음이 들곤 했는데, 우려가 현실이 된 것을 듣는 제 마음도 무척 속상했습니다. 무엇보다 부모님과 아예 대화를 하지 않으려 한다는 것이 가장 안타까웠습니다.

부모님들이 아이를 키우며 가장 많이 하는 실수는 자신이 원하는 그림을 그리고 거기에 맞춰서 아이들을 양육하려고 하는 것입니다. 마치 아이가 자신의 소유물인 것처럼 말입니다. 이런 경우 자녀가 자신의 뜻대로 따라오지 못하면 화가 나거나 답답해서 아이를 다그치게 됩니다. 문제는 그 과정에서 자녀와 관계가 틀어져버린다는 사실입니다. 가정에서 이루어지는 훈육과 학습의 바탕은 부모와 자녀 사이의 원만한 관계입니다. 우리 어른들도 싫은 사람과는 말도 나누기 싫은 것이 인지상정 아닌가요?

그럼에도 불구하고 어머니들과 상담을 진행하다 보면 어머니 스스로 정한 목표를 위해 아이를 다그치고 조바심 내시는 경우를 많이 접하게 됩니다. 가령, "선생님, 지금 저희 아이가 초등 3학년인데 아직 AR 3점대 책밖에 읽지 못하는데 어쩌죠?" 묻는 식입니다. 영어가 모국어가 아닌 대한민국 초등학생 3학년이 미국 아이들과 같은 레벨 수준의 책을 읽는다는 것은 걱정할 일이 아니라 칭찬할 일인데도 말입니다. 저도 영어책 읽기가 중요하다고 말하는 사람 중 한 명이긴 하지만, 이렇게까지 아이들을 몰아붙이면서 영어책 읽기를 시켜야 한다고 생각하지 않습니다. 아직 자기주장을 강하게 할 수 없는 초등학생의 경우, 부모님이 강력한 의지를 가지고 몰아붙일 경우 당장 높은 레벨의 책을 읽는 수준까지 갈 수도 있습니다. 하지만 지나치게 부모 주도적 방식으로 영어책 읽기를 이어가서는 현재의 좋은 실력이 사춘기까지 이어진다고 장담할 수도 없습니다.

영어(뿐만 아니라 모든) 공부는 장기전입니다. 멀리 가시려면 완급 조절과 힘을 빼는 지혜가 꼭 필요합니다. 초등학교 시절은 중·고등학교 때와 달리 입시 부담에서 비교적 자유롭습니다. 그 시절에만 누릴 수 있는 여유와 즐거움을 조급한 마음 때문에 놓칠 이유가 있을까요? 그보다는 아이를 곁에 앉히고 함께 영어책을 넘겨보면서 아이와 좋은 추억도 남기고, 영어에 대해 좋은 인상을 심어주는 편이 거시적 관점에서는 더 좋은 영어 공부법이 아닐까요?

영어 읽기 독립을 위해 반드시 명심해야 할 3가지

영어 읽기 독립을 위해 영어책 1천 권 읽기를 할 때 부모님들께서 반드시 명심해야 할 사항이 3가지 있습니다. 첫째, 다른 집 아이와 비교하지 않는 것입니다. 우리 아이가 영어를 잘했으면 하는 조바심에 아이를 다그치면 영어 실력 향상은 둘째치고 무엇보다 아이와의 관계가 무너집니다. 부모와의 좋은 관계가 뒷받침되지 않으면 그 어떤 교육도 모래 위에 지은 성과 같습니다. 비교 대상을 외부에서 찾지 마세요. 비교 대상은 오로지 아이의 예전 모습이어야 합니다. 처음에는 알파벳도 모르던 아이가 단어를 하나하나 읽어나가고, 어느덧 제법 긴 문장도 척척 읽어나가는 모습을 대견한 시선으로 봐주세요. 부모님의 강력한 응원과 지지만큼 아이들에게 힘이 되는 것은 없습니다.

또한, 영어 실력 향상에 정체기가 오더라도 걱정하지 마시길 바랍니다. 언어능력은 일직선이 아닌 계단식으로 성장하는 것이 자연스러운 수순입니다. 지금 당장은 제자리에 있는 듯 보이더라도 그러한 시간을 견디고 꾸준히 영어책 읽기를 하다 보면 어느 순간 폭발적으로 성장하는 순간이 반드시 옵니다. 그러므로 지금 이 순간 최선을 다하고 있는 아이에게 무한 칭찬과 격려를 해주세요. 그러면 아이의 자존감이 높아지는 것은 물론이고, 배움 그 자체를 좋아하는 멋진 어른으로 성장하게 될 것입니다.

둘째, 느긋한 마음으로 기다려주는 것입니다. 아이마다 각기 다른 자기만의 시간표가 있습니다. 우리말을 배울 때도 말문이 늦게 트이는 아이들이 있습니다. 하물며 우리말이 익숙해진 아이들의 경우 영어라는 새로운 언어를 접하게 되면 처음에는 거부하는 것이 당연합니다. 게다가 언어 학습은 단기간에 끝낼 수 있는 일이 아닙니다. 따라서 당장에 결과를 보려는 마음은 내려놓고 초등 6년 동안 아이와 함께 영어책의 매력을 한껏 즐기면서 가자고 마음먹는 편이 엄마에게도 아이에게도 훨씬 이롭습니다. 실제로 그런 마음으로 임했을 때 장기적으로 더 좋은 결과가 나오는 것을 주변에서 많이 보았습니다.

셋째, 부모가 먼저 아이에게 책 읽는 모습을 보여주는 것입니다. 진짜 책 읽기가 힘들다면 읽는 척 연출이라도 해보시길 바랍니다. 미국 작가 로버트 풀검Robert Fulghum은 '아이들이 말을 안 듣는다고 걱정하지 말고, 아이들이 항상 당신을 지켜보고 있다는 것을 걱정하라'고 이야기했습니다. 아이들은 모방을 좋아합니다. 특히 어린 아이들일수록 부모의 모든 행동을 고스란히 따라 하려고 합니다. 아이가 영어책을 좋아하게 만들고 싶다면 엄마 아빠가 먼저 영어책을 세상에서 제일 재미있는 책인 것처럼 읽는 모습을 보여주세요. 외국 영화나 유튜브 영상을 시청할 때 영어 말소리가 나오면 원어민 발음을 따라 하면서 말하는 모습도 보여주세요.

무엇보다 영어 읽기 독립을 위해 기울이는 모든 노력들이 결국은 우리 아이의 행복을 위해서라는 사실을 잊지 마시길 바랍니다. 성급함과 욕심을 버린 빈자리에 '아이와 함께 영어책을 읽으며 즐거운 시간을 보내야지' 하는 가벼운 마음을 들여놓으시면 좋겠습니다. 엄마도, 아이도 스트레스를 받지 않고 행복하고 재미있게 영어책 읽기를 하다 보면 그 과정에서 영어 읽기 독립은 자연스럽게 이루어질 것이라고 믿습니다.

영어 읽기 독립으로 가는 5STEP 로드맵

전 세계적으로 대한민국의 문맹률은 낮은 편입니다. 위대한 한글을 창제하신 세종대왕 덕분이겠지요. 표음문자인 한글은 자음과 모음을 조합 규칙대로 읽으면, 어떤 소리도 금방 제대로 읽을 수 있습니다. 따라서 한글 떼기, 한글책 읽기 독립은 그리 어렵지 않습니다. 그런데 영어는 조금 다릅니다. 영어는 다양한 지역의 문화와 역사적 맥락이 융합된 언어라서 파닉스 규칙 그대로 읽어낼 수 있는 단어가 50~60% 정도밖에 되지 않습니다.

게다가 영어는 세상에 존재하는 언어들 중에 어휘 수가 많은 언어에 속합니다. 따라서 외국어로서 영어를 배운다는 일은 생각만큼 쉽지 않습니다. 그래서일까요? 영어가 모국어인 미국 초등학생들의 상당수가 교과서를 유창히 읽지 못한다고 합니다. 책마다 AR 지수나 렉사일 지수로 난이도를 구분하고 각종 리딩 프로그램을 개발해서 아이들의 읽기 능력을 향상시키기 위해 미국 정부에서 들이는 노력이 이해가 되는 부분입니다. 미국 학생들의 읽기 독립을 돕기 위해 출간되는 책인 리더스가 단계별로 아주 세분화되어 있는 것도 같은 맥락입니다.

이처럼 원어민인 미국 아이들도 제대로 된 독서가로 성장하는 데 어려움을 겪는 것이 현실입니다. 당연히 영어가 모국어가 아닌 우리 아이들에게 처음부터 해리포터 같은 두꺼운 영어 소설을 읽힐 수는 없는 노릇입니다. 그렇다면 성공적인 영어 읽기 독립을 위해 무엇부터 시작해야 할까요? 아이가 어느 정도 영어 읽기에 익숙해졌다면 그 다음에는 무엇을 읽게 해야 할까요? 이런 궁금증들을 해결하고자 할 때 필요한 것이 바로 단계별/수준별 로드맵입니다. 로드맵은 쉽게 말해 목표에 도달하기까지 거쳐야 하는 과정을 조망할 수 있는 '큰 그림'입니다. 지엽적인 부분에만 매달려서는 목표에 도달할 수 없습니다. 또한, 큰 그림을 파악하지 못하면 목표를 성취하기 위해 매일 해야 하는 루틴을 설계할 수 없습니다.

베스트셀러 『실행이 답이다』의 저자 이민규 교수는 어떤 일을 이루기 위해서 가장 먼저 해야 할 일은 결심과 함께 목적지를 정한 후 로드맵을 그리는 것이라고 조언했습니다. 그에 따르면 목표를 세우고 역산 스케줄을 만들면, 그 목표를 이루기 위해 오늘 해야 할 일이 명확해진다고 합니다. 영어 읽기 독립을 향해 가는 길도 이와 비슷한 접근이 필요하다고 생각합니다. 이 책에서는 영어 읽기 독립을 위해 거쳐야 하는 징검다리 목표를 3단계로 디테일하게 나누어 설정했습니다. 그리고 각 단계를 조금 더 세분화하여 전체적으로 0~5STEP으로 영어책 읽기 과정을 나누었습니다.

다음 표는 영어 읽기 독립으로 가기 위해 거쳐야 하는 3단계를 한눈에 보기 좋게 정리한 내용입니다.

영어 읽기 독립으로 가는 3단계

목표	읽기 독립 기준	목표 책	평균 AR 지수
1차 영어 읽기 독립	**쓰인 글을 그대로 이해하는 단계** Read the lines · 혼자서 소리 내어 영어 문장을 읽을 수 있다. · 사이트 워드와 기본 어휘를 이용해서 바로 뜻을 이해할 수 있다.	리더스	1~2점대
2차 영어 읽기 독립	**행간에 숨겨진 의미를 파악하며 읽는 단계** Read between the lines · 권당 5,000단어 이상, AR 3점대 이상의 책들을 집중듣기가 아닌 묵독으로 스스로 읽으며 책을 즐길 수 있다.	얼리 챕터북 · 챕터북	2점대 후반~ 3점대
3차 영어 읽기 독립	**작가의 의도를 파악하고 유추하며 내 삶과 연결 지을 수 있는 문해력을 갖춘 단계** Read beyond the lines · 뉴베리 상 수상작 등 단행본으로 나온 소설책과 AR 4~5점대 후반(약 1~2만 단어 이상, 100쪽 이상)의 책들을 혼자서 묵독으로 즐길 수 있다. · 이 단계에서는 어휘만 알면 더 높은 레벨의 책들도 어려움 없이 읽어나갈 수 있다.	소설	4~5점대 이상

1차
영어 읽기 독립 단계

이 단계는 영어 까막눈이던 아이들이 파닉스 원리를 익혀서 문자를 해독Decoding하고 단어를 읽어내는 법을 조금씩 터득함으로써 드디어 영어책을 혼자서 읽기 시작하는 것을 목표로 합니다. 물론, 이 단계에서 읽는 책들은 한 페이지 안에 글밥이 많지 않습니다. 하지만 적은 내용이라 할지라도 음원이나 부모님의 도움 없이 아이 혼자서 책을 유창하게 낭독하는 수준이 된다면 1차 영어 읽기 독립을 이루었다고 볼 수 있습니다. 이 단계에서는 책을 소리 내서 읽는 것뿐만 아니라 그동안 영어책 읽기를 통해 자연스럽게 익힌 기본 어휘들과 사이트 워드Sight Word를 통해 글의 내용을 어느 정도 이해할 수 있습니다.

모든 단계가 그렇지만 특히 이 단계에서는 부모님의 폭풍 칭찬이 필수입니다. 영어를 배울 때는 자신감이 매우 중요합니다. 우리나라 사람들이 오랫동안 영어를 배우고도 쉬운 말 한마디조차 하기 어려워하는 이유는 대부분 자신감 결여 때문입니다. 영어 독서의 세계에 이제 막 입문한 아이들을 더 높은 수준의 책을 읽고 있는 아이들과 절대 비교하지 마세요. 그 대신 1차 영어 읽기 독립에 성공한 것을 축하해주고 아낌없는 격려를 건네주세요.

2차
영어 읽기 독립 단계

1차 영어 읽기 독립에 성공했다면, 2차 영어 읽기 독립 단계에서는 조금 더 레벨을 높여 이 단계에 걸맞은 책들을 읽어나가면 됩니다. 이 단계는 글밥이 많아지기 시작하는(약 5,000단어 내외) AR 3점대 이상의 책들을 집중듣기가 아닌 묵독으로 즐기는 것을 목표로 합니다. 이 단계에서 아이는 자신이 좋아하는 장르와 작가가 생기기 시작합니다. 또한, 읽은 내용을 우리말 또는 영어로 간단하게 요약할 수도 있습니다.

2차 영어 읽기 독립을 하면 AR 2점대 후반에서 3점대까지의 챕터북을 자유롭게 읽을 수 있게 됩니다. AR 4점대 이상의 챕터북을 스스로 읽을 정도가 되면, 영어책 읽기의 재미에 푹 빠지는 아이들이 많아집니다. 다음에 이어질 스토리가 너무 궁금한 나머지 밥 먹는 시간도 잊고 영어책의 바다에 풍덩 빠지게 되는 것이지요. 파닉스를 익힌 후 약 2~3년간 선택과 집중을 해서 꾸준히 영어책 읽기에 몰입할 수 있는 환경을 만들어주면 여러분의 아이도 2차 영어 읽기 독립이 충분히 가능합니다. (물론, 아이의 한글 독서 수준, 몰입도, 투자 시간에 따라 그 속도는 빠를 수도, 조금 시간이 더 걸릴 수도 있습니다. 아이에 따라 개인차가 있다는 말입니다.)

3차
영어 읽기 독립 단계

　3차 영어 읽기 독립 단계에서는 지금까지 읽은 책들보다 더 수준 있고 다양한 장르의 책을 통해 아이들이 더 넓은 세상을 만날 수 있게 해주세요. 이 단계의 목표는 뉴베리 상 수상작 등 단행본으로 나온 소설책과 AR 4~5점대 후반(약 1~2만 단어 이상, 100쪽 이상)의 책들을 혼자서 묵독으로 즐기는 것입니다. 1922년부터 매년 수여되고 있는 뉴베리 상은 미국에서 출간된 어린이책 가운데 가장 뛰어난 작품을 쓴 작가에게 주는 상입니다. 뉴베리 상 수상작은 미국 원어민 아동을 대상으로 쓴 책이기 때문에 영어가 모국어가 아닌 대한민국의 일반 아동들이 읽기가 사실 쉽지는 않습니다. (이 책의 부록에는 역대 뉴베리 상 수상작 목록을 정리해두었습니다.)

　하지만 어릴 때부터 영어책 다독과 영어 영상 보기를 통해 꾸준히 영어에 노출되어 챕터북까지 무난하게 읽을 수 있을 정도라면 뉴베리 상 수상작들도 충분히 읽을 수 있습니다. 이왕 영어책 읽기를 시작했다면, 궁극적으로 뉴베리 상을 수상한 영어 소설 읽기를 목표로 했으면 좋겠습니다. 뉴베리 상 수상작들은 작품성도 뛰어납니다. 아이들이 살아가면서 꼭 익혀야 하는 다양한 삶의 가치들이 보석처럼 숨겨져 있습니다. 이렇게 뉴베리 상 수상작들은 영어라는 언어 습득 외에도 아이들의 정서와 인지 발달에 많은 도움이 된다고 여겨집니다.

3차 영어 읽기 독립을 성취한 후에는 추가적으로 어휘 정보만 보충되면 더 높은 수준의 책들도 어려움 없이 읽어나갈 수 있습니다. 4차 산업혁명 시대, 인공지능과 경쟁해야 하는 우리 아이들에게는 창의적으로 사고하는 능력이 꼭 필요합니다. 영어책 읽기를 하다 보면 영어 실력이 향상될 뿐만 아니라 유창한 독서가가 되어가는 과정에서 아이들은 생각하는 힘도 성장합니다. 단순히 문자로 쓰인 글을 이해하는 차원을 넘어서 글을 비판적으로 읽으며 자신의 삶과 연계시킬 수 있는 진정한 독서가로 거듭나는 것입니다. 외국에 직접 가지 않고도 다양한 문화와 역사를 배우게 되는 것은 덤입니다.

이 정도의 읽기 능력을 가진 아이들은 조금 더 노력해서 읽기 수준을 높이고 출제 경향만 잘 익히면 나중에 수능에서도 고득점을 받을 수 있는 기본기를 갖춘 셈입니다. 중학교 진학 후에도 틈틈이 계속 영어 원서를 읽으면서 AR 6~9점대 수준으로 독서 레벨을 향상시킨다면 토플과 같은 공인영어시험도 어렵지 않게 치를 수 있을 뿐만 아니라 영어 강의 등도 무리 없이 수강할 수 있음은 물론입니다.

앞에서 설명을 드린 영어 읽기 독립 3단계는 읽어야 하는 책의 수준에 따라 조금 더 세밀하게 0~5STEP으로 나눌 수 있습니다. 이때 영어책 읽기 레벨을 나타내는 AR 지수는 하나의 기준으로 제시한 평균치임을 기억해주시길 바랍니다. 가령, AR 2는 미국 초등학생 2학년이 읽을 수 있는 레벨의 책이라는 뜻인데, 영어책 읽기에서는 AR 지수와 같은 독서 레벨보다 아이의 흥미와 의지가 최우선입니다. 영어책 읽기를 진행하는 동안 독서 레벨은 엄마가 아닌 아이가 정한다고 생각하면 마음이 한결 편하시리라 생각됩니다. 억지로 아이 수준보다 더 높은 단계의 책을 읽힌다고 해도 읽기 능력 향상에 아무런 도움이 되지 않습니다. 무엇보다 아이가 스스로 즐거워하고 원하는 마음이 있어야 자발적인 영어책 읽기가 가능해집니다.

표에서 제시된 평균 나이도 같은 맥락으로 이해해주시길 바랍니다. 즉, 그 나이에 꼭 해야 할 사항이라기보다는 참고를 위한 하나의 기준으로 제시했습니다. 따라서 표에서 제시한 나이보다 내 아이의 연령이 높다고 해서 영어책 읽기를 시도하기엔 이미 늦었다고 생각하고 포기할 필요는 절대 없습니다. 학년이 높을 때 영어책 읽기를 할 경우 인지 능력과 모국어 사용 능력이 탄탄한 상태에서 시작하기 때문에 더 짧은 기간 안에 영어에 친숙해질 수 있습니다.

언어 영재 등 타고난 언어 감각이 좋거나 어려서부터 많은 양의 한글책 읽기를 해온 아이들은 파닉스를 뗀 후 3~4년 안에 2차를 넘어 3차 영어 읽기 독립을 하기도 합니다. 대부분의 아이들도 7~8세부터 영어책 읽기를 시작해서 꾸준히 책 읽기 수준을 높여간다면, 초등학교 졸업 무렵에는 뉴베리 상을 수상한 소설까지도 충분히 읽어낼 수 있습니다.

영어책 읽기 시작이 조금 늦어져서 현재 초등 6학년인데 얼리 챕터북 수준의 책들을 읽는 수준이라고 해도 너무 걱정하지 마시길 바랍니다. 아이가 영어책 읽기의 즐거움을 알고, 또 영어책 읽기 습관도 잘 잡혔다면, 중학교에 진학해서도 영어책 읽기를 계속 이어가면 됩니다. 학원 등 사교육의 도움으로 지금 당장은 영어 실력이 좋아 보이

영어 읽기 독립을 위한 0~5STEP 로드맵

단계	목표	평균 AR 지수	대표적인 책 형태	평균 나이
STEP 0	• 영어 말소리에 익숙해지기 • 구어체 어휘 익히기	0~1.0	그림책	6~7세
STEP 1	• 알파벳과 음가 배우기 • 파닉스 기초(읽기 준비 단계)	0.5~1.0	그림책 알파벳북 파닉스(디코더블) 리더스 사이트 워드 리더스	7세~초1
STEP 2	• 파닉스 완성 • 디코딩에 익숙해지기 • 읽기 유창성 키우기	1.0~1.5	초급 리더스 파닉스(디코더블) 리더스 사이트 워드 리더스	초1~초2
1차 영어 읽기 독립 완성!				
STEP 3	• 읽기 이해력 키우기 • 어순 감각 키우기	1.5~2.5	중·고급 리더스	초3~초4
STEP 4	• 자기 주도적 아이표 영어 독서하기	2.5~4.0	얼리 챕터북 챕터북	초4~초6
2차 영어 읽기 독립 완성!				
STEP 5	• 영어책 독서 확장하기	4.0~5.0 이상	소설	초5~중등
3차 영어 읽기 독립 완성!				

는 아이들도 영어책 읽기를 꾸준히 제대로 하지 않을 경우 앞에서 말씀드린 대로 설사 운 좋게 명문대에 입학했다고 하더라도 다시 영어에 발목을 잡힙니다.

언어 학습은 평생 이어가야 한다는 점을 잊지 마세요. 즉, 지금 아이의 나이와 영어 수준에 너무 매이지 마시기를 바랍니다. 1차 영어 읽기 독립밖에 못하고 중학교를 진학하더라도 아이가 영어책 읽기의 재미에 흠뻑 빠지면 언제든지 2차, 3차 영어 읽기 독립이 가능합니다. 저는 중학교에 입학하고서야 처음 알파벳을 배웠습니다. 다시 한번 말씀드리지만 아이들은 저마다 자기만의 시간표를 가지고 있습니다. 그 시간표에 맞춰서 때가 되면 어떤 아이도 변할 수 있습니다. 부모의 역할은 아이가 준비되어 심지에 불을 붙이려고 하는 순간, 제대로 불이 붙을 수 있게 늘 옆에서 지켜보며 격려해주는 것이 아닐까요?

내 아이에게 딱 맞는
영어책 고르기 노하우

아이들이 성장함에 따라 읽을 수 있는 한글책 수준은 점점 올라갑니다. 그래서 아이의 수준을 살피며 보다 더 높은 수준의 한글책을 읽을 수 있도록 옆에서 환경을 조성해줄 필요가 있습니다. 영어책 역시 마찬가지입니다. 이때 아이에게 제공해줄 책의 난이도를 결정하는 기준은 오직 내 아이의 영어 읽기 수준과 흥미입니다. 옆집 아이가 어떤 책을 읽고 있는지 신경 쓰실 이유는 전혀 없습니다. 다른 집 아이들과 경쟁하듯이 그저 레벨 업만을 목적으로 할 경우 아이가 영어책 읽기에 부담감을 갖고 흥미를 잃게 될 확률이 높습니다.

물론, 영어책 읽기 과정에서 레벨 업은 반드시 필요합니다. 영어책 읽기를 진행하면서 레벨 업이 필요한 가장 큰 이유는 그래야만 아이가 자신의 영어 실력 향상에 걸맞은 재미있는 책을 읽을 수 있기 때문입니다. 이유식을 뗀 아이에게 계속해서 죽만 먹일 수는 없는 노릇입니다. 다양한 재료와 방식으로 만들어진 음식들을 맛보게 해야 아이의 미각이 발달하고 건강하게 성장할 수 있는 것처럼 영어책 읽기를 할 때도 아이의 영어 실력에 맞춰 적절한 읽기 텍스트를 제공해줘야 합니다.

가령, 챕터북은 등장하는 주인공들의 연령대가 책을 읽을 아이들의 연령대와 비슷한 경우가 많습니다. 아이들은 같은 또래에게 동질감을 더 쉽게 느끼기 때문에 챕터북 스토리에 더욱 깊게 몰입합니다. 또한, 책의 수준이 높을수록 스토리도 점점 더 정교해지고 탄탄해지기 때문에 아이들의 관심을 책에 더 오랜 시간 머물게 할 수 있습니다. 읽을 수 있는 책의 수준이 높아지면 아이들의 자신감도 커지고 실질적으로도 영어 실력이 향상되면서 한층 영어 읽기 독립에 가까워지게 됩니다.

레벨 상승은 아이의 현재 수준보다 조금 쉽거나 수준에 딱 맞는 책을 꾸준히 수평 다독(비슷한 레벨의 책을 여러 권 읽는 것) 하다 보면 자연스럽게 이루어집니다. 억지로 레벨을 높이기 위해 하나의 시리즈를 끝내고 재빨리 다음 단계로 넘어가면 겉으로는 영어책을 잘 읽는 것처럼 보일지도 모르지만 실제 실력은 전혀 발전하지 않을 가능성이 큽니다. 억지스러운 레벨 업보다는 시간이 걸리더라도 같은 책을 반복해서 읽거나 같은 레벨의 책을 폭넓게 다독하면서 읽기 근육을 강하게 만드는 것이 더 중요합니다.

AR 지수와 렉사일 지수
활용하기

영어책 읽기의 시작은 대부분 부모가 아이에게 영어 그림책을 읽어주는 것으로 시작합니다. 여기서 보통 많이들 간과하시는 부분이 있습니다. 영어 그림책은 이미 영어로 듣고 말하기가 자유롭지만, 아직 읽기 독립은 안 된 어린 나이의 원어민 아이들에게 부모가 읽어주기 위해 쓰인 책이라는 것입니다. 그래서 그림책이라고 해도 생각보다 책의 레벨이 높을 수 있습니다. 가령, 컬러풀한 그림으로 아이들의 눈길을 사로잡는 에릭 칼Eric Carle의 그림책 중에는 『Papa, Please Get The Moon For Me』처럼 AR 2점대의 책도 있습니다(AR 지수에 대해서는 바로 뒤에 자세히 설명이 나옵니다). 이렇게 영어 그림책은 책의 레벨이 낮은 것부터 높은 것까지 다양합니다. 따라서 영어 그림책을 선택할 때는 목적에 따라 아이 수준에 맞는 책을 찾아주어야 합니다.

가령, 영화 〈원더〉의 원작인 『Wonder』를 쓴 R. J. 팔라시오R. J. Palacio의 『We're All Wonders』처럼 내용이 좋은, 가치 기반의 영어 그림책들은 문장이 길고 수준이 있는 편입니다. 그래서 이런 영어 그림책을 아이에게 읽어줄 때는 글자를 가르친다기보다는 책에 담긴 다양성과 다름에 대한 인정과 포용성의 가치에 대해 이야기를 나누는 것에 중점을 두는 편이 더 좋습니다. 하지만 영어 읽기 독립을 함께 고려해서 영어 그림책을 읽어주고 싶다면 비교적 쉬운 어휘로 되어 있고, 비슷한 문장 패턴이 반복되는 영어 그림책들을 고르면 도움이 됩니다. 즉,

페이지당 단어 수가 적고, 단어의 뜻을 정확하게 다 모르더라도 그림을 보며 대략적인 흐름이나 내용을 유추할 수 있는 책이 좋습니다. 예컨대 세계적인 일러스트레이터 고미 타로Gomi Taro의 『My Friends』에는 'I learned to walk/jump/climb from my friend the cat/the dog/the monkey'처럼 일정한 패턴의 글이 반복됩니다. 그래서 자연스럽게 'learned'라는 동사와 각 동물들의 특징들을 그림책을 읽으며 배울 수 있습니다.

영어 그림책 이외의 영어책, 즉 리더스, 챕터북, 소설 등은 읽기 수준별로 잘 나뉘어져 있습니다. 이때 읽기 수준을 나누는 지표로 가장 많이 쓰이는 것이 AR 지수와 렉사일 지수입니다. 이 책에서는 미국에서 사용되고 있는 읽기 지수인 AR 지수를 토대로 영어 읽기 독립의 길을 안내해드리고 있습니다. AR 지수는 르네상스러닝Renaissance Learning이라는 회사에서 만든, 독서 학습 관리 프로그램인 Accelerated Reader에서 제공하는 지수로 아이들이 자기 수준에 맞는 책을 쉽게 찾아볼 수 있도록 수만 권의 도서를 분석해서 AR 점수를 부여해놓았습니다. 가령, AR 3.5라고 적힌 책은 미국 학생을 기준으로 3학년 5개월에 해당하는 아이들이 읽기에 적합하다는 의미입니다.

렉사일 지수는 미국 교육연구기관인 메타메트릭스MetaMetrics에서 개발한 독서 능력 평가 지수입니다. 미국에서는 해마다 수천만 명의 아이들을 대상으로 온라인으로 읽기 지수를 측정합니다. 그리고 책마다 부여되어 있는 렉사일 지수에 따라 아이 수준에 맞는 책을 읽도록 권장합니다. 렉사일 지수와 AR 지수는 서로 호환이 가능합니다. 가령,

AR 3.0(미국 초등학생 3학년이 읽기에 적합한 수준)은 렉사일 지수 550 정도로 받아들이면 됩니다. AR 지수가 학년을 기준으로 한다면 렉사일 지수는 5단위로 보다 촘촘하게 책의 난이도 수준을 구분해놓았습니다. 다음은 렉사일 지수와 AR 지수의 호환 관계를 보여주는 변환 표입니다.

렉사일 지수/AR 지수 변환 표

렉사일	AR	렉사일	AR
25	1.1	675	3.9
50	1.1	700	4.1
75	1.2	725	4.3
100	1.2	750	4.5
125	1.3	775	4.7
175	1.4	800	5.0
200	1.5	825	5.2
225	1.6	850	5.5
250	1.6	875	5.8
275	1.7	900	6.0
300	1.8	925	6.4
325	1.9	950	6.7
350	2.0	975	7.0
375	2.1	1000	7.4
400	2.2	1025	7.8
425	2.3	1050	8.2
450	2.5	1075	8.6
475	2.6	1100	9.0
500	2.7	1125	9.5
525	2.9	1150	10.0
550	3.0	1200	11.0
575	3.2	1225	11.6
600	3.3	1250	12.2
625	3.5	1275	12.8
650	3.7	1300	13.5

(www.lexile.com 참조)

국내 온라인 서점들에서도 영어책의 AR 지수 또는 렉사일 지수를 쉽게 확인할 수 있습니다. 또한, 오프라인 서점의 외국 도서 코너나 공공 도서관의 영어책 코너들도 리더스, 챕터북, 소설 등 단계별로 영어책을 구분해두거나 AR 지수 또는 렉사일 지수에 맞춰 책들을 분류해놓고 있기 때문에 참고하기에 좋습니다. 영어책 전문 온라인 서점 웬디북의 경우 렉사일 지수와 AR 지수 외에도 연령과 분야 등으로 카테고리를 세분화해두어 엄마표 영어로 영어책 읽기를 처음 시작하는 사람도 아이에게 맞춤한 책을 쉽게 고를 수 있습니다.

하지만 다시 한번 강조하지만 영어책을 선택할 때 가장 중요한 것은 책의 레벨보다 아이의 흥미와 관심입니다. 아이가 좋아하는 분야의 책이나 캐릭터 등을 잘 관찰한 후 이에 맞춰 적절한 수준(아이의 AR 지수 기준 -0.5~+0.5)의 레벨에서 영어책을 고르면 소위 말해 아이가 제대로 꽂히는 '대박' 책이 될 확률이 높습니다.

만일 아이에게 좋아하는 캐릭터가 생기면 영어책 읽기를 보다 수월하게 이어갈 수 있습니다. 특히 특정한 캐릭터를 활용한 시리즈가 여러 버전의 책으로 출간되어 있으면 그림책부터 시작해 리더스, 챕터북까지 레벨을 높여가며 꾸준히 읽어나갈 수 있습니다. 글밥이 갑자기 많아진 챕터북에 어려움을 느끼는 아이들도 그림책과 리더스에서부터 익숙한 캐릭터와 스토리이기에 더 쉽게 받아들입니다. 또한, 책을 통해 친숙해진 캐릭터일 경우 영상 보기를 할 때 집중도를 높일 수 있습니다.

마크 브라운Marc Brown의 Arthur 시리즈가 대표적입니다. Arthur 시리즈는 1976년에 처음 출간됐는데, 책이 유명해지자 1996년 PBS TV 시리즈로도 나와서 현재까지도 많은 사랑을 받고 있습니다. 인기가 많은 만큼 Arthur 시리즈는 다양한 레벨의 책이 출간되어 있어서, 아이 수준에 맞게 책을 골라서 읽힐 수 있습니다.

다양한 버전의 아서 시리즈

● **Arthur Starter 시리즈**(AR 1.5~2.2)

한 페이지당 2~6줄로 되어 있고 그림이 큼직큼직하게 들어가 있어서 유치원생이나 영어책을 처음 접하는 아이들이 부담 없이 읽기에 적당합니다.

● **Arthur's Adventure 시리즈**(AR 2.2~3.2)

Arthur 시리즈 중 가장 유명합니다. 책 레벨이 높아진 만큼 학교생활, 친구 문제, 일상생활 등 스토리가 더 다양하고 재미있게 구성되어 있습니다.

● **Arthur Chapter Book 시리즈**(AR 3.0~3.9)

Arthur Chapter Book은 현재 단종되어서 새 책으로는 구입할 수 없지만, 롱테일북스에서 Arthur Chapter Book 중 10권을 추려서 단어장과 함께 패키지 상품으로 판매 중입니다. Arthur Chapter Book은 EBS 강의 교재로도 사용됐습니다.

이외에도 키퍼Kipper와 그 가족들의 이야기로 너무도 유명해서 '국민 영어책'이라는 애칭이 달린 Oxford Reading Tree 시리즈(줄여서 ORT 시리즈라고도 부릅니다)도 기초 리더스부터 챕터북 수준까지(1~12단계) 다양한 버전으로 출간된 시리즈 중 하나입니다. 키퍼와 다른 주인공들이 책 레벨이 올라가면서 내적, 외적으로 성장하는 모습도 흥미롭습니다. Oxford Reading Tree 시리즈는 가격이 다소 비싸다는 점을 제외하면 구성이나 내용 면에서 아이들이 좋아할 수밖에 없도록 만들어졌기 때문에 이제 막 영어책 읽기를 시작한 아이들에게 강력히 추천하는 시리즈입니다. 저희 집의 경우 일부 단계는 중고로 구입했고, 나머지는 도서관 대출을 이용해서 읽었습니다.

만일 우리 아이가 현재 읽고 있는 책의 AR 지수가 궁금하다면 AR Book Finder 애플리케이션을 활용하는 방법을 추천합니다. AR 지수뿐만 아니라, 나이대별 흥미도를 고려한 ILInterest Level 지수, 어휘 개수, 간단한 스토리 요약 등 영어책에 관한 다양한 정보를 얻을 수 있습니다. 홈페이지로도 접속할 수 있지만 애플리케이션을 활용하면 AR 지수는 물론이고 렉사일 지수까지 한 번에 찾을 수 있어서 더욱 편리합니다. 애플리케이션을 실행한 후 스마트폰 카메라로 영어책 뒷면의 바코드를 찍으면 책 정보가 바로 검색됩니다.

영어 인풋만큼 중요한
아웃풋 체크

영어를 배우는 궁극적인 목적 중 하나는 원활한 의사소통입니다. 문해력 혹은 리터러시Literacy라는 말의 의미는 시대에 따라서 끊임없이 변해왔습니다. 과거에 문해력은 단순히 글을 읽고 이해하는 능력을 가리켰지만, 요즘에는 자신의 생각과 관점을 표현하는 능력, 즉 아웃풋하는 능력까지 포함하는 것으로 확장됐습니다. 유엔교육과학문화기구UNESCO에서는 문해력을 다양한 맥락과 연관된 인쇄 및 필기 자료를 활용해 정보를 찾아내고, 이해하고, 의미를 창조하고, 소통하고, 계산하는 힘으로 정의합니다.

세계적인 언어학자 폴 네이션Paul Nation 교수도 외국어를 학습할 때 듣기와 읽기를 통한 인풋과 더불어 말하기와 쓰기 활동, 즉 아웃풋이 동시에 어우러진 균형 잡힌 학습을 해야 한다고 강조했습니다. 그래야만 의사소통이 가능한 실용적인 언어 학습이 이루어진다고 말했습니다. 이른바 '네 가닥 언어 습득 이론Four Strands Theory'입니다.

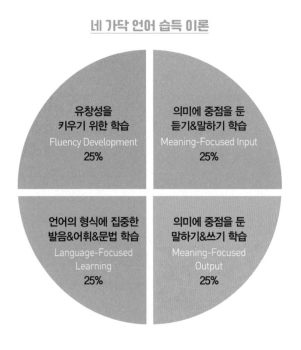

네이션 박사는 영어를 외국어로 배우는 EFL 환경에서 나타나는 가장 큰 문제점은 읽기와 문법 등 너무 한쪽에만 치우친 학습이 이루어지는 것이라고 지적했습니다. 즉, 실질적인 의사소통 능력의 향상을 목표로 한다면 충분한 인풋과 더불어 아웃풋 활동과 유창성 연습이 꼭 함께 이루어져야 한다고 주장했습니다. 이와 같은 관점을 적극 수용해 이 책에서는 각 단계마다 '아웃풋 체크 타임' 코너를 마련해 넣었습니다. 각 단계마다 제시된 아웃풋 체크 활동들은 가정에서 충분히 쉽고 재미있게 할 수 있는 활동들로 구성했습니다.

다음은 본문에서 각 단계마다 제시한 아웃풋 활동들을 한눈에 보기 좋게 표로 정리한 것입니다.

영어책 읽기 단계	추천 아웃풋(말하기&쓰기) 활동
STEP 0 소리에 익숙해지기	• 영어 말소리가 들리면 따라 하는 습관 만들기Mimicking • 영어 동요 따라 부르기
STEP 1 그림책 알파벳북 파닉스(디코더블) 리더스 사이트워드 리더스	• 영어 동요 외워서 부르기 • 알파벳 대문자&소문자 쓰기 • 기초 리더스 듣고 따라 하기 • 기초 회화 듣고 따라 하기 • 기초 단어 쓰기 → 줄이 그어진 영어 노트를 이용합니다. 한 번에 너무 많은 단어를 쓰지 않도록 주의합니다. 너무 많은 단어를 쓰게 할 경우 아이가 영어에 대해 좋지 않은 인상을 가질 우려가 있습니다.
STEP 2 초급 리더스 그림책 파닉스북 파닉스(디코더블) 리더스 사이트워드 리더스	• 초급 리더스 낭독하고 녹음하기 • 섀도잉Shadowing 하기 → 재밌게 들은 스토리를 흘려듣기 하면서 동시에 따라 말해봅니다. • 기초 회화를 외운 후 한글 문장을 보고 영어로 말해보기 → 동시통역 노트를 준비해서 왼쪽에는 한글을 오른쪽에는 영어를 적습니다. • 영어 말하기 애플리케이션 활용하기 • 영어 문장 소리 내어 읽으며 필사하기 • 오늘의 한 문장 쓰기&외워서 말하기 • 리딩 로그Reading Log 작성하기 • 북리포트에 그동안 읽은 책 중 가장 재미있었던 책에 나오는 단어와 문장을 추려 옮겨 적고 뜻도 적기

STEP 3 중·고급 리더스	• 중·고급 리더스 낭독하고 녹음하기(SNS에 인증하면 더 효과 있음) • 섀도잉 하기 • 기초 회화를 외운 후 한글 문장을 보고 영어로 말해보기 • 영어 말하기 애플리케이션 활용하기 • 화상 영어 활용하기(교재 수업) • 네 컷 만화로 읽은 책의 전개 상황을 그려보고 영어로 말해보기 • 영어 일기 쓰기(『기적의 영어일기-생활일기편』 등 교재 활용) • 영어 문장 소리 내어 읽으며 필사하기(이때 책을 보지 않고 필사하기) • 그동안 읽은 책 제목들 기록하기 • 북리포트에 재미있게 읽은 책을 골라서 3~5줄로 내용 요약하기 • 쓰기 교재 활용하기(『Guided Writing』, 『Write it』, 『Writing Framework: Sentence writing 1,2,3』 등) • 나만의 영어 표현 노트 만들기
STEP 4 얼리 챕터북 챕터북	• 챕터북 중 인상 깊었던 부분 낭독하고 녹음하기 • 챕터북 읽으며 한 챕터당 요약 노트 정리하기 • 화상 영어 활용하기(프리 토킹 수업) • 서머리(리텔링) 연습 및 녹음하기 • 쉽고 건전한 내용의 팝송 외워서 부르기 • 프레젠테이션 연습 및 녹음하기 • 북리포트 7줄 요약하기(한 단락으로 쓰기 연습) • 문법 교재를 활용해 영작 연습하기(『Grammar In Use』 Beginner 등) • 영어 일기 쓰기(『기적의 영어일기-주제일기편』 등 교재 활용) • 쓰기 교재 활용하기(『Guided Writing』, 『Write it』, 『Writing Framework: Sentence writing 1,2,3』 등) • 에세이 쓰기 시작하기(자유 주제 글쓰기, 라이팅 프롬프트 이용)
STEP 5 소설	• 소설책 일부(인상 깊었던 부분) 낭독&녹음하기 • 화상 영어(디베이트 수업) • 매일 1분 자유 주제 말하기 녹음하기 • 프레젠테이션 연습 및 발표하기 • 구글 스피커폰을 이용해 말하기 연습하기(AI와 대화하기, 수수께끼 내기 등) • 에세이 쓰고 발표하기 • 문법 교재를 활용해 영작 연습하기(『Grammar In Use』 Intermediate 등) • 그동안 읽은 소설과 관련된 자료를 인터넷에서 찾아서 북리포트에 정리하고 자기 생각 적기(가령, 『Because of Winn-Dixie』를 읽고 Civil War에 대해서 조사하기 등) • 쓰기 교재 활용하기(『Writing Framework: Essay Writing 1,2,3』 등) • 〈Time for Kids〉 등 영자신문 읽고 단어 정리, 기사 요약, 자신의 생각 적기 • 비디오 로그Video Log 활동(매주 한 번 영어로 된 동영상 보고 요약 및 자기 생각 적기) • 챗GPT를 활용해 AI와 영어로 채팅하기

10년 넘게 영어를 배우고도 영어 앞에만 서면 작아지는 부모 세대와 달리 우리 아이들만큼은 영어로 자신을 당당하게 표현할 줄 아는 아이가 되기를 간절히 바랍니다. 그러기 위해서는 영어를 처음 배우는 단계부터 인풋과 함께 아웃풋에도 관심을 기울여야 합니다. 또한, 처음부터 아웃풋을 꼭 해낼 수 있도록 아이를 돕겠다고 목표를 설정하는 것도 중요합니다. 미국 아이들도 요즘 학교에서 총체적 학습 이론을 기반으로 '듣기, 말하기, 읽기, 쓰기'가 융합된 커리큘럼으로 배웁니다. 하물며 영어를 외국어로 배우는 우리는 원어민인 그들보다 아웃풋 생성에 더 관심을 기울여야 하지 않을까요?

물론, 앞에서 강조한 것처럼 처음부터 충분한 인풋 없이 무조건 아웃풋을 강요하라는 말은 절대 아닙니다. 하지만 아무런 노력 없이 '저절로' 말문이 트일 확률은 아주 낮습니다. 드문 경우이지만 언어 습득에 타고난 재능이 있거나 아주 어릴 때부터 인풋이 압도적으로 많은 환경에서 자란 아이는 아웃풋이 저절로 이루어지는 경우도 종종 있습니다. 하지만 일상에서 영어를 거의 사용할 일이 없는 우리나라 환경에서 대부분의 아이들은 제2언어 학습 이론에서 아웃풋이 나오기 전에 나타나는 현상이라고 일컫는 침묵기Silent period가 계속 이어집니다.

이와 같은 일을 방지하고 아이가 유창하게 영어로 말할 수 있게 돕고자 한다면 영어책 읽기를 통해 영어를 배우는 첫 단계에서부터 아이의 아웃풋에도 관심을 가지며 본서에서 소개하는 단계에 맞는 아웃풋 체크를 꼭 시도하시기를 바랍니다. 아웃풋 활동은 SNS나 온라인 커뮤니티 등에 인증하면 그 효과가 배가 됩니다.

Q. 영어책 1천 권을 다 읽을 수 있을까요?

A. 영어책 읽기가 중요하다는 것에 공감하시면서도 '어떻게 영어 책을 1천 권이나 읽어?'라고 생각하는 분도 계실 수 있습니다. 하지만 상대적으로 시간 운용이 자유로운 초등 6년 동안 선택과 집중이라는 원칙을 가지고 영어책 읽기를 한다면 영어책 1천 권 읽기는 충분히 가능합니다. 여기서 '1천 권'은 상징적인 숫자이므로 그보다 덜 읽을 수도 있고, 훨씬 더 많이 읽을 수도 있습니다. 제 주위에는 수천 권의 영어책을 읽은 아이들도 있으니까요.

다만 '1천 권'이라는 표현을 사용한 이유는 영어 실력을 향상하는 데 다독만큼 중요한 것이 없다는 점을 강조해서 이야기하고 싶었기 때문입니다. 또한, '1천 권'이라는 명시적인 목표를 설정해놓으면, 그 목표를 이루기 위해 매일매일 실천할 수 있는 힘이 생기기 때문입니다. 영어 읽기 독립도 다른 모든 학습 과정처럼, 한 걸음 한 걸음 꾸준히 실행한 결과가 모여야만 성공에 다다를 수 있습니다. 무수한 점이 모여 선이 되고 선이 모여 면을 이루는 것처럼요.

아직 독서 습관이 잡히지 않은 아이가 글밥이 많은 책을 단기간에 1천 권 이상 읽는 것은 불가능합니다. 하지만 몇 페이지 되지 않는 기초 리더스 단계의 책들을 음원의 도움을 받으며 차근차근 읽어가면서 부담 없이 책 읽기 습관을 들이면 어느 순간 1천 권 읽기에 도달하는 것이 가능해집니다(이는 수평적 다독이라고 할 수 있습니다). 이때 10권의 책을 100번, 100권의 책을 10번 읽었을 경우에도 모두 1천 권 읽기라고 볼 수 있습니다. 같은 책을 반복해서 읽으면 오히려 언어 학습의 측면에서는 효율이 더 좋습니다. 중요한 것은 책 읽기를 학습의 과정으로 만들어서 부담을 느끼게 하기보다는 책에 재미를 느껴서 스스로 읽는 아이가 될 수 있게 도와주는 것입니다.

산술적으로 하루에 3권씩 기초 리더스를 꾸준히 읽어나가면, 1년이면 1천 권을 읽을 수 있습니다. 그리고 그 힘으로 다시 한번 중급 리더스 1천 권 읽기에 거듭 도전해보세요. 그 과정을 통해 부모님들이 늘 불안해하시는 단어, 문법, 회화, 시험 점수 등이 저절로 해결되는 진짜 영어 근육이 생깁니다. 그리고 더 높은 수준의 영어책들도 차례로 읽어나갈 수 있는 힘도 생기게 됩니다(이는 단계별 다독입니다).

독서가 습관이 되려면 노력이 필요합니다. 1천 권이 부담스럽다면 우선 100권 단위로 목표를 잘게 나누어 정해보는 것도 좋습니다. 하루 30분이라도 시간을 정해놓고 영어책을 꾸준히 읽다 보면, 반드시 아이가 빠져드는 책을 만나게 됩니다. 다독으로 많은 책을 접하기 전까지는 어떤 책이 아이에게 맞는지 알 수 없습니다. 단계별로 아이에게 어떤 책을 읽혀야 할지 모를 때는 이 책에서 부록으로 소개한 영어책 1천여 권 목록을 참고하시기를 바랍니다.

Q. 영어책은 어떻게 구하면 좋을까요?

A. 국내 온라인 서점, 영어책 전문서점. 중고서점, 아마존 같은 해외 사이트 등을 통하면 쉽게 영어책을 구할 수 있습니다. 특히 웬디북, 동방북스, 하프프라이스북 등 영어책 전문 서점 홈페이지에 접속하시면 영어책 베스트셀러와 스테디셀러들은 물론이고 연령별, 분야별 추천 도서 등 좋은 영어책들을 국내에서 쉽게 구입할 수 있습니다. 만일 정가를 주고 새 책을 구매하기가 부담된다면 개똥이네, 당근마켓 등 중고 시장을 탐색해보시는 것도 방법입니다.

영어책 구입에 앞서 꼭 기억하실 점이 있습니다. 무작정 다른 사람이 추천한다고 해서 혹은 출판사가 광고한다고 해서 아이의 의사와는 상관없이 섣부르게 구매 버튼을 누르시면 안 됩니다. 그전에 일단은 가까운 도서관에서 빌려서 아이에게 읽혀주거나 서점에서 먼저 훑어보는 것을 권합니다. 만일 집에서 가까운 공공 도서관에는 원하는 영어책이 없다면 상호대차 서비스를 이용해 다른 도서관에 있는 영어책을 집 근처 도서관에서 받아볼 수 있습니다.

온라인 영어 도서관을 이용하는 것도 좋은 방법입니다. 비용과 효율 측면에서 저는 온라인 영어 도서관을 강력하게 추천하는 편입니다. 이에 대해서는 이어서 나오는 팁 부분에서 매우 구체적으로 정리했으니 참조해주세요. 그렇게 해당 영어책이 아이의 수준에 적합한지, 아이가 정말 관심을 보이고 좋아하는지 확인한 다음, 집에 두고 계속 읽을 만한 가치가 있다고 판단을 내리고 나서 구매해도 늦지 않습니다.

Q. 파닉스를 먼저 배우고 난 다음에 영어책을 읽게 해야 하나요?

A. 꼭 파닉스를 먼저 배우고 영어책 읽기를 시작할 필요는 없습니다. 아이가 알파벳을 전혀 모를 때부터라도 얼마든지 영어책을 읽어줄 수 있습니다. 파닉스를 배우기 전이라도 이렇게 책 읽기를 통해 영어 말소리에 노출이 많아지면 따로 파닉스를 배우지 않아도 아이가 어느 순간 영어책을 스스로 읽게 됩니다. 즉, 파닉스 자체에 집착하기보다 다양한 종류의 영어 그림책과 초기 리더스를 많이 읽어줌으로써 그 과정에서 아이가 영어 말소리에 노출되고, 문자와 소리를 결합하는 훈련, 단어의 뜻을 유추하는 훈련을 하도록 이끌어주는 것이 중요합니다.

하지만 책이나 영상을 통해 초기에 충분히 영어 말소리에 노출되지 못했던 아이라면 따로 파닉스 규칙을 학습하는 것이 좋습니다. 다만 꼭 기억해야 할 것은 파닉스 규칙만 별도로 배우면 문자를 소리 내어 읽을 수는 있겠지만 문장의 의미까지 동시에 파악하는 것은 쉽지 않습니다. 게다가 영어에는 파닉스 규칙을 벗어나서 발음되는 단어도 많습니다. 그러므로 파닉스 교육을 진행할 때는 책이나 일상 대화에서 흔히 쓰이지만 파닉스 규칙을 따르지 않는 사이트 워드도 함께 가르쳐야 합니다. 더불어서 단어에 해당하는 그림을 보여줌으로써 문자와 소리, 단어의 의미까지 동시에 이해할 수 있도록 지도하는 것이 중요합니다.

요컨대 파닉스를 가르치기 전에 먼저 영어 그림책과 쉬운 리더스를 많이 읽어주시고, 소리 노출에 신경 써주시는 것이 핵심입니다. 파닉스에 대해서는 다음 장에서 더 자세히 다루도록 하겠습니다.

Q. 영어 영상은 얼마나 보여주어야 할까요?

A. 미디어의 부작용 때문에 영상을 보여주는 것에 대해 부정적인 생각을 가진 분들이 많습니다. 하지만 지나치게 자극적이거나 빠른 영상이 아닌, 아이들이 좋아할 만한 주제와 캐릭터가 등장하는 교육용 영상들은 아이의 영어 실력 향상에 좋은 도구가 될 수 있습니다.

아이의 연령에 따라 초등 이전에는 하루 30분 정도 영어 노래와 교육용 애니메이션을 보여주면 적절합니다. 초등 이후라면 논픽션 채널과 교육용 애니메이션을 하루 1시간 정도 균형 있게 보고 듣게 하는 것이 좋습니다.

주말에는 가족들이 함께 모여 디즈니나 픽사 등에서 제작한 영어로 된 애니메이션을 보는 것도 추천합니다. 처음에는 한글 자막이 달린 버전으로 보여주어서 내용의 흐름을 이해하도록 해주는 것이 필요합니다. 하지만 그 후 같은 애니메이션을 반복해서 볼 때는 영어 자막 혹은 무자막 버전으로 보여주어서 영어 특유의 억양과 표현법에 익숙해지도록 해야 합니다.

Q. 학원의 도움을 받고 싶은데 어떻게 하면 좋을까요?

A. 아이가 영어책 읽기를 통해 기본적인 영어 읽기와 말하기 및 쓰기 실력이 갖춰진 상태라면 학원에 보내는 것도 괜찮습니다. 혼자 공부할 때와 달리 더 좋은 실력을 가진 아이들을 만나 자신의 세계를 확장시킬 수도 있고, 원어민 선생님과의 수업을 통해 영어로 토론하고 전문적인 영어 작문 첨삭도 받을 수 있기 때문입니다.

다만, 학원을 보내는 목적이 원어민 선생님과의 상호작용이나 접촉이라면 집에서 편안하게 원어민 선생님과 일대일로 소통할 수 있는 화상 영어가 더 효과적입니다. 학원의 경우 한 강의실에서 여러 명의 아이들이 수업하는 경우가 많기 때문에 기대하는 효과를 거두기 어려울 수도 있습니다.

영어 읽기 독립을 도와줄 타이탄의 도구들

세계적인 경제 주간지 〈포브스〉, 〈포춘〉이 선정한 '우리 시대 최고의 젊은 혁신가들' 중 한 명인 팀 페리스Tim Ferriss가 2017년 출간한 베스트셀러 『타이탄의 도구들』은 세스 고딘Seth Godin, 말콤 글래드웰 Malcolm Gladwell 등 유명인들의 성공 비법을 모은 책입니다. 저자는 그들과 직접 소통하며 성공 비법, 즉 '타이탄의 도구들'을 일상에서 실천하다 보니 자신의 삶이 이전과는 획기적으로 달라졌다고 고백합니다.

영어 학습을 할 때도 우리 아이들의 영어 자립을 도와줄 탁월한 도구들이 많습니다. 다음에 소개하는 '타이탄의 도구들'을 상황에 맞게 선택해서 사용하다 보면 아이의 영어 실력을 한 단계 높일 수 있을 뿐만 아니라 궁극적으로 영어 읽기 독립에도 큰 도움이 될 것입니다.

① 온라인 영어 도서관 활용하기

집안일과 회사 일 등에 치이다 보면 아이에게 매일 영어책을 읽어준다는 것이 생각처럼 쉽지만은 않습니다. 만일 아이가 아직 영어책 읽기에 재미를 붙이지 못했다면 적정한 궤도에 오르기 전까지 더 힘들기 마련입니다. 그렇다고 해서 지레 포기하지 마세요. 그 대신 온라인 영어 도서관을 적극 활용하시길 강력하게 추천합니다. 온라인 영어 도서관을 잘 활용하면 힘들이지 않고도 아이를 매일 영어 환경에 노출시켜줄 수 있습니다. 특히 영어 말소리 노출에 매우 편리합니다.

인터넷에서 온라인 영어 도서관을 검색해보면 여러 업체들이 나옵니다. 대부분 무료 체험이 가능하므로 꼭 무료 체험을 해본 뒤 아이와 함께 의논해서 어디를 활용할지 결정하시길 바랍니다. 이때 유의할 사항이 있습니다. 아이가 온라인 영어 도서관 사용 습관이 들 때까지는 부모님이 처음 한두 달 정도는 신경을 써서 챙겨줘야 합니다. 가령, 일과표에 '온라인 영어 도서관에 접속하기'라고 표시해두거나 알람을 맞춰두고 해당 시간에는 무조건 온라인 영어 도서관을 이용할 수 있도록 옆에서 독려해주세요. 온라인 영어 도서관 유료 결제만 하고 '이제 아이가 알아서 잘하겠지' 하고 내버려두면 기대한 만큼 실망이 클 수도 있습니다.

온라인 영어 도서관은 설정한 미션을 잘 수행하면 포인트 적립, 상장 수여 등 동기부여 장치 설계가 잘되어 있어서 잘만 활용하면 아이의 영어 학습에 큰 동력으로 작용할 수 있습니다. 아이가 보상을 받았을 경우, 곁에서 크게 리액션을 해주며 폭풍 칭찬을 해주세요. 아이의 영어 자신감이 분명 한 뼘 더 자랄 테니까요. 다음은 활용을 추천하는 온라인 영어 도서관 목록입니다. QR 코드를 통해 해당 온라인 영어 도서관에 접속해 내 아이에게 딱 맞는 곳을 탐색해보세요.

● **리틀팍스**

리틀팍스는 애니메이션 기반의 영어 동화를 볼 수 있는 온라인 영어 도서관입니다. 대부분 스토리가 있는 재미있는 영상들이어서 아직 파닉스를 떼지 않은 아이 들도 부담 없이 볼 수 있는 것이 장점입니다. 1~9단계까지 수준에 맞는 영어 동화를 볼 수 있는데, 스토리에 빠져서 몇 년씩 꾸준히 하다 보면 어느새 자기도 모르게 단계가 올라가 있는 경우가 많습니다. 동빈이도 파닉스를 모르는 상태에서 리틀팍스에 푹 빠져서 집중듣기를 많은 시간 동안 꾸준히 한 결과, 영어 실력 향상에 있어 많은 효과를 보았습니다. 올해 5월, 저와 동빈이는 리틀팍스의 제안으로 그간 리틀팍스를 어떻게 영어 공부에 활용했는지 경험담을 나누는 인터뷰를 진행했을 만큼 리틀팍스의 덕을 톡톡히 보았는데요(이 영상은 리틀팍스 홈페이지의 회원 인터뷰 코너를 참조하시면 됩니다). 영어책 읽기와 리틀팍스만 잘 활용해도 대형 어학원에서 배우는 것 못지않은 결과를 얻을 수 있다고 자부합니다.

리틀팍스에는 약 3,500여 편의 영어 동화가 올라와 있는데 컴퓨터를 비롯해 스마트 전자 기기를 통해 전자책 읽기, 영상 시청, MP3 다운 등 다양한 방법으로 이용이 가능합니다. 프린터블북 기능도 있어 출력하여 책으로도 만들어 활용이 가능합니다. 저도 Wacky Ricky와 The Story of Dr. Dolittle 시리즈 같은 영어 동화는 출력을 해서 책으로 만들어 동빈이와 함께 읽었습니다. 한 문장씩 듣고 따라 읽기를 할 수 있는 페이지 바이 페이지Page by page 기능을 활용하면 말하기 연습에도 큰 도움이 됩니다.

　리틀팍스 홈페이지의 활용 수기 코너 중 우수 동영상 활용 수기 코너에는 제가 만든 영상이 제일 첫 번째로 소개되어 있습니다. 동빈이가 리틀팍스를 어떻게 이용했는지 궁금하신 분들은 회원 인터뷰 영상이나 활용 수기 영상을 확인하신 후 각 가정의 상황에 맞게 적용해서 활용해보시기를 바랍니다. 저는 레벨에 관계없이 동빈이가 보고 싶어하는 스토리를 보게 해주었는데, 동빈이는 특히 라켓걸, 보물섬, 로빈슨 가족 이야기, 허클베리 핀의 모험 등 모험 이야기를 좋아했습니다. 얼마나 이야기에 푹 빠졌는지 보물섬에 나오는 해적의 노래를 외워서 신나게 따라 부르고, 이야기 전개가 궁금할 때는 한글 해석을 찾아서 읽기도 했습니다. 한 번 보기 시작하면 끊을 줄을 모를 정도여서 오히려 시간을 제한해야 했을 정도였지요. 그래서 저는 일부러 컴퓨터를 켜고 리틀팍스 영상을 보여줄 때마다 동빈이에게 큰 인심을 쓰는 척 연기하는 것을 잊지 않았습니다. 또한, 당시에는 가급적 국내 TV 프로그램은 보여주지 않았습니다.

● 리딩앤

　영국 학교의 약 80%가 읽기 교재로 사용하는 Oxford Reading Tree ORT 시리즈는 우리나라에서도 인기가 높습니다. 그런데 아무래도 Oxford Reading Tree 시리즈 전집을 종이책으로 모두 구매하려면 가격이 부담스러운 것이 사실입니다. 리딩앤의 ORT 퓨처팩은 ORT 시리즈 레벨 1부터 9까지 총 300권을 전자책으로 제공하고 있어서 책값 부담을 줄일 수 있습니다. 리딩앤도 리틀팍스처럼 컴퓨터를 비롯해 스마트 전자 기기를 통해 언제 어디서든 책을 볼 수 있습니다. 또한, 음원을 선택해서 들을 수 있어서(미국식 또는 영국식) 집중듣기 및 흘려듣기를 할 때 유용합니다.

리딩앤의 ORC 퓨처팩은 ELT English Language Teaching(영어가 모국어가 아닌 학습자를 대상으로 하는 영어 교재) 시리즈로 총 296권으로 구성됐습니다. 파닉스, 리더스부터 동화와 설화를 거쳐 픽션과 논픽션까지 다양한 장르를 아우르며 구성되어 있어서 다채로운 영어책 읽기가 가능합니다. 다음은 ORC 퓨처팩에 포함된 시리즈들입니다.

- Oxford Phonics World Readers (파닉스)
- Dolphin Readers (리더스)
- Let's Go Readers (리더스)
- Classic Tales (설화)
- Read with Phinnie (픽션+논픽션 리더스)
- Oxford Read and Imagine (단계별 어드벤처 스토리 리더스)
- Oxford Read and Discover (논픽션 리더스)

그 밖에 Collins Big Cat 퓨처팩, Ladybird 퓨처팩, Bob Books 퓨처팩 등 다양한 버전을 선택할 수 있습니다. 아이들이 어떤 책을 좋아하는지 잘 모를 때는 여러 시리즈를 접하게 해주는 것이 가장 좋은 방법입니다. 리딩앤은 아이에게 다양한 시리즈를 읽히기에 탁월한 온라인 영어 도서관입니다. 제가 생각하는 리딩앤의 큰 장점은 독후 활동으로 영어 말하기 연습이 가능하다는 점입니다. 영어 말하기 연습은 (1) Word, (2) Listen up, (3) Read, (4) Speak up, (5) Wrap up으로 구성되어 있는데 Speak up 단계에서 아이들이 녹음하면 AI가 원어민의 발음과 비교 분석을 해서 결과를 알려주어 아이들의 읽기 유창성을 높여 줍니다.

● 라즈키즈

라즈키즈는 전 세계 180여 개국 800만 명이 사용하는 온라인 영어 독서 프로그램으로 미국과 캐나다의 국공립 초등학교에서도 사용 중입니다. 약 3,000여 권의 책이 유아부터 고등학생 수준으로 세분화되어 A~Z까지 총 29개 레벨 Guided Reading Level로 제공되기 때문에 단계별 리딩이 가능합니다.

PC, 노트북, 태블릿, 스마트폰 등으로 학습이 가능하고, 학부모 계정 서비스도 제공하고 있어 실시간으로 아이의 학습 기록 열람이 가능합니다. 또한, 월평균 10권씩 새로운 책이 업데이트되어 신간 영어책을 쉽게 만날 수 있습니다. 동빈이는 라즈키즈의 파닉스 프로그램인 Headsprout로 파닉스를 즐겁게 익혔습니다. 라즈키즈의 프리미엄 서비스인 라즈키즈 플러스는 집중듣기로 텍스트를 들을 수도 있고, 소리 내어 읽기를 할 때는 녹음도 가능합니다. 또한, 퀴즈를 풀면서 읽은 책 내용을 돌아볼 수도 있습니다. 교사용 계정의 경우 책과 워크시트 프린트가 가능하며 학생들의 학습 기록을 확인할 수 있습니다.

만일 아이가 집에서 혼자서 영어책을 꾸준히 읽기 힘들다면 라즈키즈 프로그램을 사용하는 기관이나 선생님의 도움을 받는 것도 방법입니다.

라즈키즈의 가장 큰 장점은 논픽션 책들이 풍부해서 미국의 역사, 문화, 사회, 지리 등 다양한 배경지식을 익힐 수 있다는 점입니다. 또한, 레벨마다 약 90권의 책을 보유하고 있어서 비슷한 레벨의 책을 많이 읽을 수 있는 수평 다독이 가능합니다. aa단계의 한 단어 책부터 시작해서 A단계의 한 문장, B단계의 두 문장 정도의 책들을 반복해서 읽다 보면 영어책 읽기의 기초와 뿌리를 튼튼히 다질 수 있습니다. 기초 리더스를 가급적 많이 읽는 것은 영어 읽기 독립의 첫걸음이라고 할 수 있는데, 그런 면에서 라즈키즈는 '가성비 끝판왕'이라고 할 수 있습니다. aa단계부터 B단계까지만 읽혀도 거의 270권이나 되는 기초 리더스들을 읽을 수 있기 때문입니다. 제가 운영 중인 영어책 읽기 네이버 카페 '엄실모' 회원인 예원이는 라즈키즈에 푹 빠져서 몇 달 사이에 수백 권의 책을 읽는 영어책 마니아가 됐습니다. 그 모습을 지켜본 예원이 어머니도 라즈키즈로 아이와 함께 영어 공부를 하며 많은 효과를 보았다고 합니다. '엄실모' 카페에서는 요즘 부모님이 참여하는 라즈키즈 낭독 스터디 모임도 진행하고 있습니다.

● 리딩오션스

리딩오션스는 현재 유초등 온라인 영어 도서관인 웅진빅박스로 통합됐는데, 전자책을 볼 수 있는 것은 물론이고 또봇, 시크릿 쥬쥬 등

아이들에게 인기 만점인 캐릭터를 활용한 다양하고 재
미있는 동영상을 시청하면서 영어 말소리에 노출될 수
있습니다. 또한, 책 읽기 퀘스트를 달성하거나 어휘 학
습 등 미션을 완성할 때마다 골드로 보상을 주는데, 모은 골드로는 아
바타를 꾸미거나 간식 등을 살 수 있도록 동기부여 장치를 잘 마련해
놓아서 아이들이 성취감을 느끼며 영어책 읽기를 할 수 있습니다.

리딩오션스에서는 파닉스와 리더스를 포함해 약 2,300여 권의 영
어책을 읽을 수 있는데, 미니 렉사일 테스트를 제공하고 있어서 아이
수준에 맞는 책을 고르는 데 도움이 됩니다. 엄마표 영어를 할 때 아
이의 실력이 얼마나 향상됐는지를 확인할 수 없어서 답답한 경우가
많은데, 그럴 때 리딩오션스의 미니 렉사일 테스트는 유용하게 활용
이 가능합니다.

리딩오션스에서는 플래시 카드와 매칭 게임 등을 이용한 독후 활
동을 제공하는데, 퀴즈 내용이 그리 어렵지 않기 때문에 아이들이 즐
겁게 참여할 수 있습니다. 책에 나왔던 몇몇 특정한 문장의 단어들을
무작위로 늘어놓고 바르게 재배열하는 활동인 언스크램블Unscramble
과 같은 독후 활동은 책에 나왔던 문장을 복습하는 데도 유용할 뿐만
아니라 한국어와는 다른 영어의 어순 감각을 익히는 데에도 도움이
됩니다. 리딩오션스에서도 녹음 기능을 제공하기 때문에 말하기 연습
이 가능합니다.

● 마이온

국내에는 아직 출간되지 않은, 미국 아이들이 읽고 있는 책을 내 아이에게 실시간으로 읽히고 싶다면 마이온을 추천합니다. 마이온은 미국의 경우 1만 개 이 상 학교에서, 전 세계적으로는 700만 명 이상의 학생들이 사용 중인 온라인 영어 도서관 플랫폼으로 미국의 유명 출판사에서 출간된 약 6,000여 권의 책들이 제공됩니다.

마이온의 장점은 넷플릭스나 유튜브처럼 아이의 관심 분야와 수준에 맞춰 자동으로 영어책을 추천해주는 알고리즘 덕분에 아이 맞춤형 리딩이 가능하다는 점입니다. 가령, 아이가 강아지를 좋아해 강아지가 나오는 책을 골라 읽었다면 다음에 접속했을 때 귀여운 강아지 캐릭터가 나오는 만화책이나 그림책, 강아지 사진이 실린 논픽션 등을 추천해주는 식입니다. 즉, 관심 주제에 맞춰 다양한 장르의 책을 추천해줍니다.

마이온은 르네상스러닝에서 만든 프로그램이기 때문에 AR 프로그램과의 연동도 굉장히 잘되어 있습니다. 즉, AR 지수별로 책 정리가 잘되어 있을 뿐만 아니라 AR 포인트, AR 퀴즈번호 정보까지 한눈에 보기 쉽게 나와 있습니다. 요즘에는 학원에서 책을 읽고 AR 퀴즈를 풀어서 AR 포인트를 채워오는 숙제를 내주는 곳도 있는데 아이가 그런 학원에 다닌다면 온라인 영어 도서관으로 마이온을 이용하는 편이 좋을 것입니다. 마이온에서도 주기적으로 미니 렉사일 테스트를 볼 수 있는데 결과를 그래프로 보여주어서 아이의 영어책 독해 실력이 얼마나 늘었는지 한눈에 알 수 있어서 좋습니다. 동빈이도 마이온을 6개월 정도 이용했는데, 꾸준히 우상향하는 렉사일 테스트 결과를 보며 좋아했던 기억이 납니다.

영어 읽기 독립을 하기 위해서는 파닉스 학습 시기에 기초 리더스를 많이 읽는 것이 중요합니다. 이때 온라인 영어 도서관을 적극적으로 활용해보세요. 300권의 책을 3번 또는 500권의 책을 2번 씩만 반복해서 읽어도 영어책 1천 권 읽기에 성공할 수 있습니다. 온라인 도서관에서 읽은 책들도 종이책처럼 리딩 로그에 제목과 날짜 등을 기록하게 해주세요. 쓰기 연습도 되고, 눈으로 보이는 권수가 쌓이면서 아이들의 성취감과 자신감이 상승함은 물론이고, 그 과정을 통해 AR 2점대의 책을 읽을 수 있는 힘도 생깁니다.

| ② 세이펜

세이펜Say pen은 책에 가져다대면 전문 성우의 발음으로 책을 읽어주는 디지털 기기로 혼자서 책을 읽기 힘든 아이들이 음원을 들으면서 책을 읽을 수 있게 도와줍니다. 아이는 책을 읽고 싶어 하는데 엄마 아빠가 바쁠 때 활용하면 효과 만점인 도구이지요. 세이펜은 한글떼기에도 유용하지만 영어 읽기 독립에도 적극 활용할 수 있습니다. 세이펜을 잘 활용하면 집에 원어민 영어 교사를 둔 것과 같은 효과를 거둘 수 있습니다. 국내외 180여 개 출판사의 8만여 권(한글책 포함)의 책을 보고 들을 수 있고, 최근에는 독서 이력을 관리해주는 앱과 연동이 되어서 아이들의 책 읽기 습관을 만드는 데 활용할 수 있습니다. 만일 음성 지원이 되지 않은 책들은 유튜브나 CD 음원을 다운받은 뒤 오디오렉 스티커를 붙여서 제작, 사용하는 것도 가능합니다.

동빈이의 경우, 한솔교육에서 나온 ORT 시리즈를 구해서 피쉬톡(한솔교육에서 나온 세이펜 종류)을 활용했습니다. 피쉬톡은 한 문장씩 따라 읽기도 가능하고, 전체 스토리를 드라마 형식으로 들을 수도 있어서 좋았습니다. 또한, 워크북을 풀면서 녹음을 하고 바로 확인도 가능해서 말하기 연습에도 많은 도움을 받았습니다. 피쉬톡은 스토리를 노래로 만들어놓아서, 신나게 따라 부르며 복습할 수 있는 것도 장점입니다. 다만, 방문교육 신청을 한 회원들만 구매할 수 있기 때문에 ORT 시리즈와 피쉬톡만 갖기를 원한다면 중고로 구입하거나 지인을 통해 구해야 합니다. 요즘에는 기관용 ORT 시리즈를 맘카페에서 공동 구매로 판매하기도 합니다. 인북스 ORT에도 책을 읽어주는 리딩펜이 있습니다. 한솔 ORT가 1~5단계까지 있는 것에 비해 인북스 ORT는 1~12단계까지 구성되어 있습니다.

피쉬톡, 리딩펜 등과 같은 세이펜을 영어 공부에 활용할 때 주의할 점이 하나 있습니다. 세이펜은 상호작용 없이 일방적으로 정보를 전달하는 미디어 기기라는 사실입니다. 어린 시절 영어를 접할 때 영어 습득보다 더욱 중요한 것은 부모와 아이 사이에서 이루어지는 교감입니다. 세이펜에만 의지할 경우 아이는 책을 보고 듣지만 질문도 할 수 없고, 자기 생각을 표현할 기회도 얻지 못합니다.

따라서 세이펜을 사용하기 전에 부모님과 함께 영어책의 그림을 보면서 이야기를 나누는 등의 사전 활동을 하는 것을 추천합니다. 성인은 그림책을 볼 때 글자를 먼저 보지만, 아이들은 그림을 먼저 봅니다. 아이 눈높이에 맞춰서 영어 그림책 속 그림들을 함께 보며 주인공이 누구일지, 어떤 일이 일어날 것 같은지 등을 이야기 나누며 상호작용을 하고 난 뒤 세이펜을 활용하면 아이가 책을 읽을 때 집중도와 이해도가 높아집니다.

┃ ③ 휴대용 MP3 스피커

영어 읽기 독립은 책과 더불어 오디오북을 최대한 활용하면 할수록 더 빨라집니다. 이때 휴대용 MP3 스피커는 큰돈을 들이지 않고도 아이가 오디오북 흘려듣기를 생활화하는 데 아주 유용한 도구입니다. 휴대용 MP3 스피커에 영어 동요, 영어책 오디오북 음원 등을 저장해서 가지고 다니면 어디에서든 재생 버튼만 누르면 바로 들을 수 있어서 아주 편리합니다. 이미 읽거나 보았던 내용을 휴대용 MP3 스피커를 통해 흘려듣기 하게 해주면 익숙한 내용이기 때문에 아이가 금방이라도 귀를 쫑긋 기울입니다. 요즘 나오는 휴대용 MP3 스피커는 2~3만 원대의 저렴한 제품들도 성능이 꽤 좋은 편이라서 크기가 작아도 소리가 제법 큽니다. 따라서 야외 활동을 하거나 차로 이동할 때도 아이가 소리에 집중하기에 좋습니다.

저도 지난 몇 년간 아침에 일어나자마자 동빈이에게 휴대용 MP3 스피커를 활용해 영어 스토리 듣기를 생활화시켜줬는데 영어 귀를 열어주는 데 많은 도움이 됐습니다. 요즘에는 오디오북뿐만 아니라 동빈이가 사용하는 영어 교과서의 음원을 다운받아서 휴대용 MP3 스피커에 저장한 뒤 틈날 때마다 들려주는데 동빈이 말에 따르면 본문 내용이 저절로 외워져서 따로 시험공부를 해야 하는 시간을 많이 줄여준다고 합니다.

휴대용 MP3 스피커 외에도 CD 플레이어나 블루투스 스피커 등을 활용하면 집에서도 충분히 영어 말소리에 노출되는 환경을 만들어줄 수 있습니다. 이를 위해서는 이러한 미디어 기기들을 눈에 잘 띄고 손 닿기 편한 곳에 두어야 합니다. 그리고 틈날 때마다, 재생 버튼을 눌러서 집 안에 늘 영어 말소리가 차고 넘치게 만들어줘야 아이들이 영어 듣기에 금방 익숙해질 수 있습니다. 아울러 영어책 읽기도 훨씬 더 큰 시너지 효과가 납니다.

④ 리딩 교재

"아이가 영어책 읽기를 한 지 2년째인데 리딩 레벨이 올라가지 않아요. 학원에 보내야 할지 고민이에요" 상담을 하다 보면 자주 듣는 이야기입니다. 영어책 읽기의 장점을 잘 알고 있기 때문에 엄마표로 영어책 읽기를 진행하고는 있지만, 아이가 들인 시간에 비해 아웃풋을 보여주지 않으면 종종 불안감이 드는 것도 사실입니다. 읽고 있는 글을 잘 이해하고 있는 건지, 어휘는 어떻게 늘려줘야 하는지, 쓰기는 또 어떻게 지도해줘야 할지 걱정이 됩니다. 엄마 아빠도 일상에 치이다 보면 아이가 읽을 책을 매일 챙겨주기가 쉽지 않을 때가 많습니다. 이럴 때 도움이 되는 도구가 바로 리딩 교재입니다.

어떤 분들은 리딩 교재를 독해 문제집으로만 생각하기도 하는데, 요즘 어린이들을 위해 출간되는 ELT(영어가 모국어가 아닌 학습자에게 영어를 가르치기 위해 만들어진 원서 교재) 리딩 교재들은 단순한 문제집이라고 치부하기에는 완성도가 상당히 높습니다. ELT 리딩 교재들은 컬러풀한 디자인은 물론이고, 다양한 분야의 흥미로운 주제의 글들을 다루고 있습니다. 솔직히 말하자면 저 역시 리딩 교재에 대한 선입견이 있었는데, 직접 사용해보니 '듣기, 읽기, 말하기, 쓰기' 등 언어 학습의 4가지 영역은 물론이고, 어휘와 문법까지 골고루 학습할 수 있도록 탁월하게 구성되어 있어서 감탄했습니다.

리딩 교재 초급 단계는 챈트Chant로 재미있게 공부할 수 있을 뿐만 아니라 어휘가 사진과 함께 제시되어 있어서 영어 단어의 뜻을 이미지화 하기에 좋습니다. 또한, 본격적인 읽기 지문이 나오기 전에는 주제와 관련된 영어 질문을 통해 말하기 연습을 하게 되어 있으며, 영어 지문을 다 읽은 후에는 해당 지문의 내용을 제대로 이해했는지 스스로 확인할 수 있는 독후 활동이 제시되어 있습니다.

대표적인 원서형 ELT 리딩 교재 시리즈 중 하나인 Reading Future

는 과학 실험 같은 프로젝트로 독후 활동을 할 수 있기도 합니다. 영어책은 아무래도 픽션, 즉 문학 장르 위주로 읽게 되는데 리딩 교재를 보조적으로 활용하면 리딩 교재에 실린 비문학 지문을 통해 배경지식과 어휘의 구멍을 메울 수 있어서 좋습니다. 영어 공부를 시킬 때는 늘 쓰기에 대한 고민이 떠나지 않습니다. 이때 리딩 교재에 딸린 워크북을 활용해 다양한 쓰기 활동을 할 수 있습니다. 중급 수준의 리딩 교재들은 기본적인 문법 개념 설명은 물론이고 영작을 연습할 수 있도록 교재가 구성되어 있습니다. 또한, 해당 교재를 출간한 출판사 홈페이지에 들어가면 지문에 대한 해석과 문제의 정답을 제공하고 있으므로 아이들을 코칭할 때 도움을 받을 수 있습니다.

시중에 나와 있는 대표적인 리딩 교재 시리즈로는 Insight Link, Reading Future, Bricks Reading, Read it, 미국교과서 읽는 리딩 등이 있습니다. 리딩 교재를 선택하실 때는 출판사 홈페이지에 들어가서 샘플 교재를 다운로드 하여 아이에게 소리 내어 읽혀보고 아이와 상의해서 너무 쉽거나 어렵지 않은 수준의 교재를 선택하시는 것이 좋습니다. 대개의 리딩 교재 출판사 홈페이지에서는 샘플 교재뿐만 아니라 레벨 테스트도 제공하고 있으므로 학원에 다니지 않는다면 정기적으로 리딩 교재 홈페이지의 레벨 테스트를 통해 아이의 영어 실력이 성장하는 정도를 가늠해볼 수 있습니다.

영어책 읽기를 엄마표로만 진행하는 경우, 아이가 자신의 영어 실력이 성장했음을 눈으로 확인하며 성취감을 맛보기가 쉽지 않습니다. 이때 리딩 교재를 보조적으로 활용하면 아이들이 교재를 끝낼 때마다 뿌듯함을 느끼게 됩니다. 영어 교육 경력 30년 차인 이경희 저자가 쓴 『아이 영어, 초영비가 답이다』에는 전 영역을 동시에 잡는 '리딩 올인원 학습법'이 소개되어 있습니다. 이 학습법에서는 리딩 교재를 활용해 영어의 4가지 영역을 한 번에 학습하고, 아이가 자기 주도적으로 영어 공부를 하는 수준으로 발돋움하는 방법을 알려주고 있으니 참고하시길 바랍니다.

리딩 교재를 활용할 때 기억하실 점이 하나 있습니다. 주객이 전도되어서는 안 된다는 사실입니다. 리딩 교재의 장점이 아무리 많다고 해도 리딩 교재에 나오는 지문만으로는 아이들이 영어를 자연스럽게 습득하기에 양적인 측면에서 턱없이 부족합니다. 또한, 리딩 교재는 아무래도 언어 학습에 초점이 맞춰져 있다 보니 작가들이 심혈을 기울여 쓴 영어책에서 느낄 수 있는 감동을 체험하기가 어렵습니다. 영어책과 비교했을 때 리딩 교재 지문의 길이는 매우 짧기 때문에 긴 호흡으로 글을 읽으며 문해력과 비평적 사고를 기르기에도 적당하지 않습니다. 이러한 이유들로 리딩 교재는 어디까지나 부교재로 사용하시기를 추천합니다. 하지만 영어책 읽기를 중심으로 진행하면서 리딩교재를 적절히 활용하면, 굳이 학원에 다니지 않고도 충분히 영어 실력을 향상시킬 수 있다고 자신 있게 말씀드립니다.

이 책에서는 아이들의 영어 읽기 독립을 3개의 목표로 나누어서 순차적으로 도전해 볼 것을 제안합니다. 아이는 이제 막 파닉스를 시작하는 수준인데 처음부터 해리포터 읽기처럼 거창한 목표를 잡은 채 엄마표 영어를 시작하면 중간에 금방 포기하게 됩니다. 목적을 달성하는 좋은 방법 중 하나는 목표의 크기를 잘게 쪼개서 작은 성취들을 쌓아가는 것입니다.

1차 영어 읽기 독립의 목표는 아이들이 파닉스의 원리를 익히고 문자를 해독하고 단어를 혼자서 읽어내는 법을 조금씩 터득함에 따라 드디어 영어책을 혼자서 소리 내어 읽을 줄도 알고 대략적인 뜻도 이해하는 것입니다. 이 단계에서 아이들이 읽어야 하는 영어책은 글밥이 적은 영어 그림책이나 리더스입니다.

그런데 이렇게 기초적인 영어책 읽기를 할 수 있으려면 반드시 선행되어야 하는 활동이 있습니다. 바로 차고 넘치는 듣기입니다. 1부에서는 영어 읽기 독립을 위한 준비 운동 단계이자 영어 읽기 독립의 첫걸음인 듣기 활동(STEP 0)과 알파벳 읽기와 파닉스 입문(STEP 1), 그리고 초급 리더스 읽기(STEP 2)에 대해 알아보도록 하겠습니다.

1차
영어 읽기 독립

영어 읽기 독립 준비운동

-'읽기' 전에 '듣기' 먼저

목표	평균 AR 지수	대표적 책 형태
• 영어 말소리에 익숙해지기 • 구어체 어휘 익히기	0~1.0	그림책

STEP 0은 부모가 아이에게 소리 내어 책을 읽어주는 단계입니다.

이 단계에서는 충분한 소리 입력이 핵심입니다.

영어책 읽어주기와 노래하기, 책 음원 들려주기, 영상 보기 등을 통해

영어 귀를 트이게 하는 입력 단계입니다.

STEP 0의 목표

- 영어 말소리에 대한 거부감이 줄어들고 익숙해진다.

- 영어 음소에 대한 기본적인 인식 능력을 갖춘다.

- 듣고 바로 뜻을 아는 구어체 어휘를 익힌다.

수십 번 강조해도 모자란 듣기의 힘

영어 읽기 독립의 첫 단계는 놀랍게도 '읽기'가 아니라 '듣기'입니다. 우리 아이들이 한국어를 처음 배울 때를 떠올리면 이 말의 의미가 쉽게 이해됩니다. 처음부터 한글을 척척 읽는 아이들은 없습니다. 아이들은 한글을 읽을 수 있게 되기 전, 우선 한국어가 '들리는' 환경에 놓입니다. 이 과정에서 한국어 말소리 인풋이 아이 머릿속에 차곡차곡 쌓입니다. 이를 통해 아이는 특정한 말소리들의 뜻을 이해하게 됩니다. 이후 한글의 자음과 모음이 어떻게 조합되는지를 배움에 따라 자신이 기존에 알고 있던 말소리와 글자를 매칭하게 되고, 이로써 한글을 떼게 됩니다.

영어를 배우는 과정도 마찬가지입니다. 원어민처럼 완벽히 듣고 말할 수는 없더라도 우선은 영어 말소리에 충분히 익숙해져야만 비로소 읽기 단계로 넘어갈 수 있습니다. 이 단계를 건너뛰고 '파닉스 속성 3개월 과정'을 듣는다고 한들 쉬운 영어 그림책조차 읽기 힘듭니다. 영어 읽기 독립의 첫 번째 단계로 '듣기' 활동을 넣은 이유입니다. 이 단계는 '읽기 1단계'를 위한 사전 준비 단계이기 때문에 'STEP 1'이 아닌, 'STEP 0'이라고 이름을 붙였습니다.

이 단계의 목표는 본격적인 읽기에 들어가기에 앞서 영어 말소리에 익숙해지는 것과 구어체 어휘들을 익히는 것입니다. 구어체 어휘 Oral Vocabulary란 아이들이 듣고 말하는 동안 이해하고 사용할 수 있는 단어들을 가리킵니다. 가령, 'run', 'jump'와 같이 단어를 듣자마자 '뛰다', '점프하다'라고 바로 이해가 가능한 단어가 구어체 어휘입니다. 반면, 문어체 어휘 Reading Vocabulary는 아이들이 읽거나 쓸 때 인지하는 단어들입니다. 우리말을 배울 때 구어체 어휘로 단어를 먼저 습득하고 이후에 문어체 어휘를 배우는 것처럼 영어를 배울 때도 듣자마자 뜻을 알 수 있는 구어체 어휘를 많이 익혀놓아야 합니다. 'hungry'라는 단어를 들어본 적도 없고, 무슨 뜻인지도 모르는 아이가 I Can Read 시리즈의 『Splat the Cat』에 나온 "Maybe Duck is hungry"라는 문장을 읽으면서 책 내용을 이해하기는 어렵습니다. 언어 습득 전문가들은 최소한 300개 이상의 구어체 어휘를 알고 문자를 접하는 것을 권하고 있습니다.

상담을 하거나 강연을 나가면 "선생님, 우리 애가 그동안 파닉스를 열심히 공부했는데 왜 영어책을 못 읽죠?" 하고 묻는 분들이 굉장히 많습니다. 여기에는 몇 가지 이유가 있습니다. 우선 영어에는 파닉스 규칙을 벗어나는 단어가 무척 많습니다. 또한, 규칙을 조합해서 간신히 단어를 읽을 수는 있다고 해도 영어 말소리와 뜻에 익숙하지 않다면 영어책을 읽어도 당연히 문장의 의미를 파악하기 어렵습니다. 영자신문 사설을 소리 내어 읽을 수 있는 성인도 영어 실력이 초급 단계 정도라면 사설 속 문장의 모든 뜻을 이해하지는 못하는 것과 마찬가지입니다. 즉, 영어책 읽기가 가능하려면 우선 충분한 듣기를 통해 구어체 어휘를 많이 익혀서 문자 해독이 자동화되어야만 합니다.

서장에서 우리는 영어책 읽기의 장점, 영어 읽기 독립을 위해 필요한 것 등에 대해 자세히 알아보았습니다. 서장의 내용을 통해 영어를 배우는 방법은 매우 다양하지만, 초등학생 시절 영어를 학습보다는 언어로 접근해서 배우는 것이 가장 탁월한 영어 학습법이라는 사실에 공감하셨으리라 생각합니다. 또한, 영어를 언어로 접근해 배우는 방식 중 가장 좋은 것은 영어책 읽기라는 점을 충분히 이해하셨으리라 믿습니다. 이쯤에서 이 책을 읽고 계실 독자님들께 당부의 말씀을 드리고 싶습니다. 영어 속담에 'Haste makes waste'라는 말이 있습니다. 급할수록 돌아가라, 또는 서두르면 일을 그르친다는 의미입니다. 영어책 읽기가 좋다고 해서 아이에게 바로 책 읽기를 강요하지는 마시길 바랍니다. 반복해서 드리는 이야기이지만, 아이들은 모국어인 한글을 뗄 때도 한글책을 읽기 전에 우선 소리로 충분히 우리말에 익숙해지는 과정을 거칩니다.

"저는 옆에서 영어책을 읽어주려고 노력하는데 아이가 영어를 거부해요." 많은 부모님이 하는 고민입니다. 내 아이만큼은 나보다 영어를 잘했으면 좋겠다는 마음으로 대다수의 부모님이 자신도 모르는 사이에 아이 영어 공부에 많은 기대를 갖습니다. 그런 부모의 마음을 아는지 모르는지 아이들이 생각처럼 잘 따라오지 않을 때는 속이 타들어갑니다. 아이가 영어를 거부하는 반응을 보이기라도 하면 심장이 덜컹 내려앉기도 합니다. 그런데 5~6세만 되어도 아이들에게는 모국어인 한국어가 너무 익숙해져서 영어라는 새로운 단어가 낯설 수밖에 없습니다. 그러므로 아이가 보이는 거부 반응을 자연스러운 현상이라고 받아들이시는 편이 좋습니다. 그러면 조급한 마음이 한결 놓이실 것입니다.

신생아를 목욕시킬 때를 떠올려볼까요? 어린아이를 씻길 때 곧장 물에 담그지 않습니다. 발부터 천천히 축여주면서 아이가 따뜻한 물에 적응할 수 있게 해주지 않으셨던가요? 영어책 읽기의 시작도 이와 동일합니다. 아이가 새로운 언어에 친밀감을 느낄 수 있는 시간이 절대적으로 필요합니다. 읽기 활동 전에 듣기가 꼭 선행되어야 하는 또 다른 이유입니다. 이렇게 영어 듣기를 통해서 영어 말소리에 익숙해져야만 아이는 영어의 음소, 음가를 구분할 수 있는 능력을 갖추게 됩니다. 가령, 영어의 [b] 소리와 [t] 소리의 차이점을 알아야 나중에 책을 읽을 때 'boy'와 'toy'가 완전히 다른 단어임을 이해할 수 있습니다.

따라서 이제 막 영어 읽기 독립을 목표로 엄마표 영어를 시작하는 단계라면, 처음부터 영어책 전집을 사서 한 번에 다 읽히고 싶은 마음은 잠시 내려놓으시길 바랍니다. 충분한 듣기 과정 없이 아이들이 영어책을 읽어내기는 어렵습니다. 그 대신 재미있는 영어 그림책을 몇 권 마련해서 부모님이 문장을 읽어주시거나 세이펜 내지 CD 등 음원이 딸린 영어책을 마련해 아이가 우선 영어 말소리를 편하게 듣고 익힐 수 있도록 해주세요. 영어책 전집 구입은 아이의 읽기 발달 단계에 맞춰서 천천히 구입하셔도 늦지 않습니다.

영어가 유창한 아이들의 비밀

대학 시절, 영어를 제대로 배워보고 싶다는 열망에 무작정 미국 뉴욕으로 어학연수를 떠났습니다. 그런데 명색이 영문과 학생임에도 불구하고 입국 심사대에서 뭐라 뭐라 질문을 하는데 도무지 알아들을 수가 없었습니다. 식은땀이 절로 났습니다. 다행히 미리 준비한 내용으로 대답을 하고 입국 허가를 받긴 했지만 아직도 그때의 당황스러웠던 기억이 생생합니다. 학창 시절 내내 문법 중심, 독해 중심으로 영어를 배운 탓이었지요. 이후 저는 어학연수 기간 동안 잠자는 시간 외에는 무조건 영어만 들으려고 애썼습니다. 한인 타운에도 가급적 가지 않았고, 외국인 유학생들을 위한 프로그램에 참여했을 때도 미국인 친구들하고만 어울렸습니다.

그렇게 노력한 끝에 조금씩 영어 말소리를 알아들을 수 있게 되자 놀라운 기적이 일어났습니다. 영어 말문이 터지는가 하면, 어렵게 느껴지던 영어책도 읽기가 수월해졌습니다. 영어식 어순 감각에 익숙해지자 굳이 한국에서 배웠던 방식으로 영어 문장들을 하나하나 해석하지 않아도 그 의미가 바로 이해되더군요. 무엇보다 아무리 암기를 해도 이해가 되지 않던 영어 문법의 규칙들이 직관적으로 이해가 되는 것이 가장 신기했습니다. 이 모든 변화는 바로 영어 귀가 열리면서부터 시작됐습니다.

이때의 경험으로 저는 듣기가 언어를 익히는 매우 중요한 첫 단추라는 사실을 알게 됐습니다. 듣기의 중요성은 지금까지 영어를 가르치면서 만났던, 영어가 유창한 아이들로부터 다시 한번 재확인했습니다. 영어가 유창한 아이들은 단 1%의 예외도 없이 모두 영어 말소리를 잘 알아들었습니다. 이런 아이들은 영어를 잘 알아들으니 영어가 언제나 재미있습니다. 영어가 재미있으니 더 많은 영어 콘텐츠를 접하고 싶어 합니다. 영어 학습의 선순환이 이루어지는 것이지요. 하지만 이 아이들도 영어를 모국어로 습득한 게 아니라면 처음에는 당연히 영어가 외계어처럼 들렸을 것입니다. 그렇다면 영어가 유창한 아이들은 도대체 어떤 과정을 거쳐서 영어를 잘하게 된 것일까요?

영어가 유창한 아이들은 무엇보다 많은 양의 듣기를 통해 귀가 열리는 경험을 합니다. 모국어가 한국어인 우리 아이들의 귀는 당연히 한국어에 주파수가 맞춰져 있습니다. 하지만 꾸준히 영어 듣기를 하다 보면 영어 말소리를 듣는 것에 대한 부담이 없어지고 오히려 영어 말소리를 계속 듣고 싶어 하게 됩니다. 그리고 점점 영어 말소리의 의미까지 파악하게 되면서 영어의 귀가 열리기 시작합니다. 이 과정이 정말 중요한 이유는 이렇게 익힌 구어체 어휘들이 읽기 눈이 트이는

바탕이 되기 때문입니다

많은 양의 영어 말소리를 들은 아이들은 영어의 청크Chunk(말뭉치)에 익숙해진 상태이기 때문에 영어 듣기와 읽기, 말하기, 쓰기 등 전 영역에서 유창성을 확보하는 데 유리합니다. 가령, 'once upon a time', 'in the end', 'of course' 같은 청크 표현들을 영어 듣기를 통해 많이 접했던 아이들은 영어책을 좀 더 쉽게 읽어나갈 수 있습니다. 'once upon a time'은 네 단어로 구성되어 있지만 사실상 '옛날에'라는 하나의 의미를 가진 말뭉치입니다. 이를 한 단어로 묶어 인지할 수 있는 능력이 있으면 영어책을 읽을 때 읽기 속도가 훨씬 빨라집니다. 보통 AR 2점대에서 챕터북으로 넘어가기가 쉽지 않은데, 듣기로 익힌 단어와 표현들이 충분이 많으면 챕터북 읽기로 어렵지 않게 진입할 수 있습니다. '〈Lion King〉을 100번 보았더니 영어가 쉬워졌다', '좋아하는 유튜브 영상만 봤는데 리더스 과정 없이 바로 챕터북으로 진입했다' 하는 등의 이야기가 나오는 이유입니다.

충분한 양의 듣기와 읽기를 통해 얼리 챕터북을 읽을 정도의 수준까지 도달하게 되면 영어 말문도 트이기 시작합니다. 영어로 기본적인 의사소통을 할 수 있게 되는 것은 물론이고, 영어로 된 글을 읽고 A4 용지 1장 정도의 짧은 글쓰기와 읽은 책 내용을 요약해서 말하기가 가능해집니다(이러한 활동을 '서머리' 또는 '리텔링'이라고 하는데 이 활동들에 대해서는 '아웃풋 체크 타임'에서 자세히 소개하겠습니다). 이 정도 수준이 되면 원어민과 동등한 수준의 속도로 책을 읽는 것이 가능해지기도 합니다. 텍스트를 읽으며 문장 하나하나를 한글로 해석하는 것이 아니라 이미지화 해서 이해하기 때문에 읽기 속도에 가속도가 붙습니다. 책 읽기에 대한 부담이 없어지니 영어책 독서의 즐거움을 진정으로 느끼게 됩니다. 영어 말문이 트이고, 챕터북도 죽죽 읽어나갈 수 있는 자신감이 생기면 영어 쓰기는 자연스럽게 따라옵니다. 읽은 글을 말로 요약해 발화해보고 자신의 생각까지 더해 글로 써보면 그것이 곧 영어책 독후감과 에세이입니다. 이처럼 영어를 유창하게 잘하는 아이들은 공통적인 과정을 거칩니다. 즉, '듣기'를 통해 영어라는 새로운 언어에 점점 익숙해지고, 이후 읽기의 양을 점점 늘려나가고, 이 과정에서 영어 말문이 트이고 영어로 쓰기까지 가능한 아이로 성장하는 루트를 밟는 것입니다.

아이의 영어 귀를 열어주려면

영어가 유창한 아이들에게는 또 다른 비밀이 있습니다. 바로 이 아이들에게는 자연스러운 영어 듣기가 가능하도록 영어 노출 환경을 만들어준 부모가 있었습니다. 아이 스스로 영어를 즐기게 되기 전까지, 즉 아이가 영어 독립을 하기 전까지는 부모의 노력이 꼭 필요합니다. 영어 동요를 틈날 때마다 들려주고, 쉬운 영어 동화를 가급적 많이 소리 내어 읽어주어야 아이는 영어 말소리에 익숙해집니다. 이는 아이가 혼자 할 수 없는 일들입니다. 부모의 조력이 절대적으로 필요합니다.

영어 말소리가 익숙하지 않은 상태에서 알파벳과 문법 규칙을 들이밀면 아이는 영어를 어렵게 생각하고 싫어하게 됩니다. 실제로 많은 아이들을 관찰해본 결과, 충분한 듣기 없이 문자로만 영어를 배운 아이들은 영어에 대한 흥미도도 떨어졌고 읽기 유창성 역시 형편없었습니다. 가령, 'busy'를 "버지"라고 읽는 등 실제 원어민 발음과는 다른 소리로 단어를 읽거나, 영어 특유의 강세나 리듬을 살려서 읽지 못하는 것이지요. 뒷장에서 자세히 설명하겠지만, 읽기 유창성이 부족하면 글을 읽고 이해하는 능력도 떨어지게 됩니다. 파닉스 규칙을 이용해 단어의 소리를 해독Decoding(디코딩)하면서 간신히 읽어내는 데에만 급급한 나머지, 글의 내용에 집중할 여력이 없기 때문입니다. 영어책 읽기가 즐거운 활동이 되려면 꼭 영어책 읽기를 시작하기 전에 영어 말소리를 많이 들려줘서 아이의 영어 귀가 열리게 해줘야 합니다.

단계별로 읽는 책의 수준을 올릴 때도 집중듣기를 잘 활용하면, 아이가 자기 수준보다 약간 더 어려운 책을 읽을 때 많은 도움이 됩니다.『리더스 챕터북 영어 공부법』의 저자인 정정혜 선생님은 특히 챕터북을 읽을 때는 오디오북을 꼭 활용하라고 강조합니다. 전문 성우들이 실감나게 읽어주는 오디오북을 잘 활용하면 아이들이 책의 재미에 훨씬 흠뻑 빠질 수 있기 때문입니다. 리더스보다 빽빽한 글씨 때문에 챕터북 읽기에 부담을 느끼는 아이들도 집중듣기를 하면 영어 문장을 쉽게 읽어나갈 수 있습니다. 저도 영어책 읽기 시간을 따로 내기가 어려워 운전을 할 때 늘 영어로 된 오디오북을 듣는데 재미가 정말 쏠쏠합니다. 영어 공부가 저절로 되는 것은 물론입니다.

언어 전문가들의 연구에 따르면 하나의 언어에 익숙해지기 위해서는 약 3,000여 시간이 필요하다고 합니다. 이는 하루에 3시간씩 매일 공부를 한다고 치면 약 3년에 달하는 시간입니다. 내 아이가 영어를 유창하게 하기를 바란다면 영어 영상 보기와 집중듣기는 물론이고, 이미 봤던 영상과 책의 음원을 간식 시간이나 차로 이동하는 시간 등을 활용해 짬짬이 흘려듣기를 하게 해서 영어 듣기가 일상생활에서 습관화가 될 수 있게 해줘야 합니다.

특히 차에서 이동하는 시간에는 별달리 할 수 있는 일이 없기 때문에 듣기에 집중하기 매우 좋은 시간입니다. 만일 책 음원이 없다면 스마트폰으로 영어 동요라도 틀어주세요. 이처럼 '듣기'라는 첫 단추가 잘 꿰어지면 이후에 읽기, 말하기, 쓰기는 자연스레 따라오게 됩니다. 오늘 당장 눈앞의 집안일과 업무로 몸과 마음이 바쁘고 힘들어도, 아이가 영어 독립을 하는 그날을 상상하며 아이 수준에 맞춰 다양한 영어 말소리를 차고 넘치게 들려주세요. 언어 습득에서 듣기의 중요성은 아무리 강조해도 지나치지 않습니다.

영어 공부의 시작,
언어 샤워

옹알이만 할 줄 알던 아기들이 수다쟁이 꼬마로 커가는 모습은 언제나 신비롭습니다. 서장에서도 짧게 언급했지만 세계적인 언어학자 노엄 촘스키는 그 비밀을 인간의 뇌에 존재하는 언어 습득 장치로 설명합니다. 오늘날 지구상에는 6,000여 개가 넘는 언어가 존재하는 것으로 알려졌는데, 대부분의 어린이들은 자신이 태어난 환경에서 사용하는 언어를 만 4세가 되기 전에 자연스럽게 습득합니다. 촘스키는 이 선천적인 언어 습득 능력이 12세까지 활발하게 발달한다고 주장했습니다. 또한, 이와 같은 언어 습득 능력은 일반적인 지적 능력과는 구별되는 인간만의 고유한 능력이라고 말했습니다. 촘스키의 이론에 따르면 모든 아이들은 다 언어 천재로 태어나는 셈입니다. 아이의 영어 때문에 고민이 많은 부모님들에게는 희망이 되는 말이 아닐 수 없습니다.

그렇다면 이 언어 습득 장치를 가동시킬 수 있는 방법은 무엇일까요? 앞에서도 언급했던 것처럼 바로 차고 넘치는 듣기와 적절한 상호 작용Interaction입니다. 듣기가 이렇게 강조되는 이유 중 하나는 어린아이에게 언어 인풋을 가장 효과적으로 줄 수 있는 방법이기 때문입니다. 갓난아기 심지어 태아들도 소리에 민감합니다. 이 사실을 저는 아빠가 되고 나서야 처음 깨달았습니다. 태교 방법 중 하나로 아이와 꾸준히 태담을 나누라고 권유되는 이유도 아이의 듣기 본능을 자극하고 배 속 아기와 적극적으로 상호작용할 수 있는 방법이기 때문입니다.

아내가 동빈이를 임신했을 때 저희 부부는 그림책도 자주 읽어주고 말을 걸기도 했는데요. 그럴 때마다 더 활발한 태동이 느껴지는 것을 보았습니다. 한 의학신문 칼럼에서 태아는 예민한 청각 기능과 억양 구분 능력이 있어서 부모의 목소리에 잘 반응한다는 내용을 본 적이 있습니다. 특히 아빠의 목소리는 중저음이라 엄마의 양수를 타고 파동이 전달될 때 태아를 한층 더 안정시켜준다고도 합니다. 실제로 동빈이가 태어나던 날, 아이가 목 놓아 울고 있을 때 "울지 마, 아빠야"라고 말했더니 아이가 울음을 뚝 그치는 것을 보고 신기했던 경험이 생생합니다. 이야기가 다소 길어졌습니다만 핵심은 간단합니다. 인간에게 청각은 어린 시절부터 예민하게 발달된 감각이므로 언어 발달을 위해서는 충분한 듣기를 통해 풍부한 인풋을 줘야 한다는 것입니다.

유창한 영어의 시작은
'언어 샤워'에서 시작된다

2010년 핀란드 언어 교사들은 '언어 샤워Language Showering'라는 영어 교수법을 만들었습니다. 이 교수법을 만든 사람들은 아이들에게 영어를 가르칠 때 가벼운 대화나 스토리텔링 등을 통해 가급적 많은 자극(인풋)을 줌과 동시에 이미 모국어를 통해 익숙한 노래와 게임 등을 활용하면 아이들이 새로운 언어를 즐겁게 배울 수 있다고 주장합니다. 이 과정을 총체적으로 '언어 샤워'라고 부르는 것이지요. 샤워기로 물줄기를 흠뻑 맞는 것처럼 영어를 배울 때도 해당 언어의 세례를 흠뻑 받아야 언어 습득이 제대로 이루어질 수 있다는 것입니다. 이때 아이에게 언어 샤워를 시켜주는 부모의 영어 실력은 큰 상관이 없다고 합니다.

교육 선진국 핀란드를 보면 부러운 지점들이 참 많습니다. 특히 영어 교육에 있어서요. 익히 잘 알려진 바와 같이 핀란드가 처음부터 영어 강국은 아니었습니다. 핀란드어는 우랄알타이어군에 속하기 때문에 독일어나 프랑스어 등 유럽연합에 속한 나라들의 언어와 달리 한국어처럼 접미사 변형이 많습니다. 그래서 다른 유럽인들은 핀란드어를 배우기 어려워하고, 핀란드인들은 다른 유럽어를 배우기 어려워한다고 합니다. 핀란드도 1980년대 초까지 우리나라의 전통적인 영어 교육 방식처럼 문법과 독해 중심으로 영어 교육이 이루어져 국민 대다수가 영어를 잘 구사하지 못했습니다. 그런데 1970년대부터 이와 같은 영어 교육 방식에 문제가 제기되고, 1985년에는 국가 주도로 획기적인 영어 교육 방식의 변화가 진행됐습니다. 그 결과, 오늘날 평범한 핀란드 시민들 중에는 영어는 물론이고, 스웨덴어, 독일어, 러시아어 등 다수의 외국어에 능통한 사람들이 많습니다.

이러한 결과에는 국가 주도의 공교육이 큰 기여를 했습니다. 핀란드에서는 영어 실력 평가가 말하기와 쓰기 등 표현 언어 중심으로 이루어집니다. 하지만 무엇보다 핀란드의 영어 교육은 집에서부터 시작된다는 점에 주목할 필요가 있습니다. 핀란드에서도 공식적인 영어 교육은 우리나라처럼 초등학교 3학년 때부터 이루어집니다. 그런데 핀란드 학생들은 어려서부터 집에서 영어로 된 TV 프로그램을 보고, 영어 그림책을 읽는 등 알게 모르게 영어와 친숙해진 상태에서 학교교육을 받습니다. 핀란드에서는 한국처럼 엄청난 사교육비가 드는 영어 조기교육을 하는 것도 아닙니다. 그럼에도 핀란드 아이들이 학교 영어 수업을 잘 따라갈 수 있는 비결은 바로 취학 전 집에서 충분한 듣기를 통해 영어 귀가 열리는 데 있습니다. 이런 점에서 핀란드를 엄마표 영어의 원조라고 할 수 있을 듯도 합니다.

핀란드가 인구 약 500만 명의 작은 나라인 것도 이와 같은 엄마표 영어 교육 환경의 배경이기도 합니다. 핀란드 방송국들은 비용 문제로 영어로 제작된 영화를 비롯해 영어 영상물들을 핀란드어로 더빙하지 않습니다. 덕분에 핀란드 아이들은 영어로 된 영상물을 바로 시청할 수밖에 없는데, 이로 인해 영어 듣기 환경에 고스란히 노출되게 됐고 이에 따라 영어 습득이 자연스럽게 이루어졌습니다.

동빈이가 초등학교 3학년 때부터 영어책 읽기를 본격적으로 시작한 지 1년 만에 영어 말문이 트인 것도 틈날 때마다 영어 듣기를 통해 언어 샤워를 시켜준 덕분이었습니다. 엄마표 영어에 성공한 분들이 집필하신 책에 나오는 것처럼 체계적으로 아이의 영어 공부를 챙겨주지는 못했지만, 제가 꼭 놓치지 않고 했던 것이 있습니다. 바로 다양한 방법으로 영어 듣기를 하게 해줘서 영어 말소리가 들리는 환경에 최대한 노출시켜주는 것이었습니다.

가령, 아침에 일어나자마자 전날 동빈이가 재밌게 보았던 영어 그림책이나 온라인 영어 도서관의 스토리를 다운받아서 음원을 틀어주고, 차로 이동할 때는 Wee Sing Children's Songs CD에 들어 있는 〈Eentsy Weentsy Spider〉, 〈Old MacDonald Had a Farm〉, 〈Bingo〉 같은 영어 동요를 틀어주는 식이었습니다. 이 습관은 아직까지도 이어져서 이제 고등학생인 동빈이는 아침 식사 시간처럼 짬이 날 때마다 예전에 읽었던 『The Giver』나 『The City of Ember』 같은 영어책들의 오디오북을 듣거나 태블릿으로 팝송이나 NBC 뉴스 등을 듣곤 합니다. 이와 같은 일상 속 영어 듣기는 어른인 저의 영어 공부에도 도움이 많이 됩니다.

동빈이에게 영어 듣기로 언어 샤워를 해줄 때 한 가지 유의했던 것이 있습니다. 화려하거나 자극적인 영상은 가급적 자제를 한 것이지요. 최종적으로 목표한 바가 영어 읽기 독립이었던 만큼 디즈니나 픽사 애니메이션 등을 영어 듣기의 도구로 삼아 너무 자주 보여주면 득보다 실이 많다고 생각했습니다. 영상 보는 재미에 필요 이상으로 빠져버리면 아무래도 책 읽기는 밋밋하게 여겨져서 재미를 덜 가지게 될까 봐 걱정했기 때문입니다. 그 대신 영어 동화를 보여주는 온라인 영어 도서관인 리틀팍스를 듣기 활동에 많이 활용했습니다(이에 대해서는 106~107쪽에 자세히 나와 있으니 참조해주세요).

언어학자들의 연구에 따르면 낯선 외국어에 익숙해지려면 최소한 2,000~3,000시간의 듣기 노출이 있어야 한다고 합니다. 유치원생 때부터 초등 저학년 시기는 이 시간을 확보할 수 있는 골든 타임입니다. 핀란드 가정에서 하는 것처럼 아이가 영어라는 새로운 언어에 촉촉하게 젖어들 수 있도록 충분한 언어 샤워를 해주세요. 다음은 한국형 언어 샤워 공식과 이 공식을 오늘부터 바로 실천할 수 있는 방법들입니다.

한국형 언어 샤워 공식

(1) 틈날 때마다 영어 듣기를 함으로써 영어 노출 환경 만들기

+

(2) 영어 말소리가 들릴 때마다 아이와 함께 듣고 따라 하는 습관 만들기

+

(3) 하루 한 문장 아웃풋 체크 타임 갖기

- 배경음악처럼 집 안 곳곳에서 영어 말소리가 들리는 환경을 구축한다.

- 아이와 함께 차량으로 이동할 때는 늘 영어 동요나 영어책 CD를 재생시켜준다.

- 간식 시간 등 막간에도 아이가 좋아하는 책의 음원이나 영어 동요를 들려준다. 같은 음원이나 동요를 저절로 외워서 부를 정도로 반복해서 들으면 더 좋다.

- 아침에 기상할 때 "Rise and shine, sweetie!"와 같은 말로 아이의 영어 뇌를 깨워주고 활성화시킨 뒤(짧은 문장이니 연습해서 꼭 사용해보세요) 신나는 영어 동요나 팝송을 들려준다.

- 영어책 읽기를 할 때도 반드시 부모님이 읽어주거나 CD 또는 세이펜 등 음원을 함께 활용한다.

- 아이가 좋아하는 캐릭터가 나오는 동영상 콘텐츠로 아이의 취향을 저격하면 영어 듣기는 공부가 아닌 즐거운 놀이가 된다.

- 적절한 상황에서 쉬운 표현이라도 영어로 말을 걸어주면서 언어 자극을 준다. 가령, 영어 동영상을 보다가 "Are you tired?"(피곤하니?) 하는 표현을 들었다면 그날 저녁 힘들게 숙제를 다 마친 아이를 꼭 안아주며 똑같이 "Are you tired?" 하고 물어보는 식이다. 이런 활동을 통해 아이는 해당 영어 표현을 다시 한번 익힘과 동

시에 영어가 의사소통을 위한 도구임을 자연스럽게 알게 된다.

- 하루에 한 문장이라도 아이와 함께 외워서 말해보기를 실천하면 좀 더 유의미한 듣기 활동이 이루어질 수 있다. 이와 같은 아웃풋 체크 활동을 SNS나 온라인 커뮤니티에 인증을 하고 함께 엄마표 영어를 하는 이들의 피드백을 받으면 아이 역시 성취감을 느낄 수 있다.

마더구스로
소리와 친해지기

아이들이 우리말을 배울 때 〈나비야 나비야〉나 〈곰 세 마리〉 같은 동요를 많이 들려줍니다. 동요에 사용되는 단어들은 대개 한국어 기초 어휘일 뿐만 아니라 흥겨운 리듬감과 멜로디와 더불어 언어를 습득하면 그 효과가 더 크기 때문입니다. 이는 영어를 배울 때도 마찬가지입니다. 우리나라의 동요처럼 영미권에서 구전되는 동요나 시, 옛이야기를 통틀어 마더구스Mother Goose라고 부릅니다. 마더구스는 다른 말로 너서리 라임Nursery Rhyme이라고도 하는데 둘 다 비슷한 의미입니다(마더구스는 미국에서, 너서리 라임은 영국에서 많이 사용됩니다). 마더구스 또는 너서리 라임은 현대 영미권의 문학, 노래, TV 프로그램, 영화 등 문화 전반에 스며들어 있어 원어민이라면 누구나 익숙한 문화적 코드입니다. 그래서 영미권 아이들처럼 어릴 때 마더구스로 영어를 접하게 되면 나중에 서양 문화를 이해하는 데도 중요한 역할을 합니다.

모국어인 한국어에 이미 익숙해진 아이에게 영어라는 새로운 언어를 가르칠 때 가장 중요한 것은 아이가 자기도 모르는 사이에 영어에 흥미를 갖게 만드는 것입니다. 인간은 본능적으로 새로운 것을 경계하고 익숙한 것은 편안하게 받아들입니다. 마더구스는 영어 습득 초기에 아이가 영어를 낯설어하지 않으면서 관심을 가질 수 있도록 유도하는 데 매우 유용한 도구입니다. 아이들에게 친숙한 멜로디의 노래를 들려주면 영어에 대한 거부감을 줄여주고 영어 말소리에 익숙해지게 만드는 데 큰 도움이 됩니다.

마더구스의 가장 큰 장점은 영어의 리듬과 라임을 느끼게 해준다는 것입니다. 반복되는 리듬과 라임을 많이 접하게 되면 구어체 어휘와 표현, 그리고 연음에 대한 이해도가 높아집니다. 아이들은 마더구스를 통해 한국어와는 다른 '영어 소리의 맛'을 느끼면서 자기도 모르는 사이에 영어로 가사를 흥얼거리게 됩니다. 따라서 마더구스를 들려줄 때는 반주가 너무 요란한 것보다는 가사가 분명히 들려서 영어의 리듬과 라임을 분명히 느낄 수 있는 것을 골라 들려주는 것이 좋습니다.

예를 하나 들어볼까요? 한국어 동요 〈반짝반짝 작은 별〉은 마더구스 〈Twinkle Twinkle Little Star〉가 원곡입니다. 아이에게 〈Twinkle Twinkle Little Star〉를 들려주면 이미 한국어 버전을 알고 있기 때문에 쉽게 귀를 기울입니다.

Twinkle, twinkle, little star,

반짝반짝 작은 별

How I wonder what you are!

네가 뭔지 정말 궁금해!

Up above the world so high,

세상 위 아주 높은 곳에

Like a diamond in the sky.

하늘에 있는 마치 다이아몬드 같은

Twinkle, twinkle, little star,

반짝반짝 작은 별

How I wonder what you are!

네가 뭔지 정말 궁금해!

〈Twinkle Twinkle Little Star〉의 가사를 살펴보면 [twinkle-little], [star-are]처럼 동일한 음가가 반복되는 경향을 보입니다. 이를 라임 Rhyme이라고 하는데, 라임은 마더구스의 가장 큰 특징입니다. 마더구스를 통해 영어의 라임을 익혀놓으면 나중에 파닉스를 배울 때도 큰 도움이 됩니다. 가령, 파닉스를 배울 때 'a'의 경우 맨 처음에는 단모음 [애] 소리가 난다고 배웁니다. 하지만 영어에서 'a'는 [애] 소리로만 발음하지 않습니다. 경우에 따라 [에이]라고도 발음을 합니다. 마더구스를 반복해서 들으면 라임에 익숙해지면서 이와 같은 파닉스 규칙을 알지 못하더라도 'bake-rake-cake'의 'a'는 [에이] 소리가 난다는 사실을 아이가 직관적으로 깨닫게 됩니다. 오랫동안 미국인 학부모와 어린이들의 사랑을 받아온 닥터 수스Dr. Seuss의 The Cat in the Hat 시리즈는 제목부터가 라임으로 구성되어 있습니다. 이런 라임들은 아이들이 즐겁게 문장 읽기를 배울 수 있게끔 하려는 작가들의 의도적인 노력으로 만들어집니다. 실제로 이러한 라임들이 아이들의 뇌를 활성화시켜서 문장 읽기를 배우는 데 중요한 역할을 한다는 사실을 밝혀낸 연구 결과들도 있습니다.

또한, 초기 리더스에는 마더구스를 통해 익힌 표현과 기본 필수 어휘가 자주 등장하기 때문에 마더구스를 통해 구어체 어휘를 충분히 습득했다면 향후 읽기 독립과 영어책 읽기 자신감 향상에도 큰 도움이 됩니다.

앞에서 저의 경우 틈만 나면, 특히 차량으로 이동하는 시간에 동빈이에게 영어 동요를 틀어줬다고 말씀드렸는데요. 다음은 영어 노출을 처음으로 시작했을 무렵 동빈이와 함께 즐겨 부르던 영어 동요들입니다. QR 코드를 클릭하시면 유튜브를 통해 해당 동요들을 들으실 수 있습니다.

동빈이가 즐겨 들었던 마더구스 추천 목록

⟨Rain Rain Go Away⟩

⟨Five Little Monkeys Jumping on the Bed⟩

⟨Wheels on the Bus⟩

⟨Bingo⟩

⟨London Bridge is Falling Down⟩

⟨Edelweiss⟩

⟨Ten Little Indians⟩

⟨Hickory Dickory Dock⟩

마더구스,
어디서 어떻게 찾으면 좋을까?

온라인 서점 홈페이지에 들어가서서 검색창에 '마더구스'라고 키워드를 입력하면 『Hello 마더구스 세트』, 『플레이송스 마더구스』 등 우리나라에서 만들어진 마더구스 책이 다양하게 나옵니다. 대체로 음원이 함께 패키지로 구성되어 있어서 아이에게 마더구스를 들려주기가 무척 편리합니다. 외서 중에서는 노부영 마더구스나 Wee Sing Mother Goose를 추천합니다. 그중에 Wee Sing Mother Goose는 CD 1장에 71곡의 마더구스가 수록되어 있어서 활용하기 좋습니다. 가격도 부담되지 않는 데다 함께 제공되는 작은 책자 안에 마더구스 가사와 악보까지 들어 있어서 아이와 피아노 등 악기를 연주하며 함께 불러볼 수도 있습니다. 71곡이나 수록된 만큼 러닝타임이 길어서 차를 타고 장거리 이동을 하거나 간식 시간에 틈틈이 흘려듣기에 활용하기도 좋습니다. 노부영 마더구스는 세이펜 기능이 함께 제공되어서 아이가 책을 가지고 놀면서 노래를 들을 수 있어 추천합니다.

유튜브를 활용하는 것도 좋은 방법입니다. 요즘에는 유튜브에 워낙 좋은 영상들이 많이 업로딩되어 있어서 검색창에 'Mother Goose'라고 입력만 하면 Cocomelon, Mother Goose Club, Kids Club, Cocobi 등의 채널을 통해 다양한 마더구스를 무료로 즐길 수 있습니다. 채널 성격마다 댄스풍의 신나는 마더구스부터 잔잔한 마더구스까지 다양한 버전이 있으니 아이의 반응을 살피며 아이가 좋아하는 마더구스를 들려주세요. 다음은 구독자가 3,000만 명 이상인, 마더구스 또는 너서리 라임을 들을 수 있는 대표적인 유튜브 채널입니다.

 ● BabyBus

 ● Little Angel

 ● Mother Goose Club

유튜브로 마더구스를 들려줄 때 유의할 점이 하나 있습니다. 유튜브 영상은 아이의 관심을 환기하는 차원에서 처음에만 살짝 보여주고 나중에 반복해서 들을 때는 노래만 들려주어 영상에 노출되는 시간을 최대한 줄이시기를 권장합니다. 마더구스가 좋다고 1시간 이상 영상을 보여주기보다는 유튜브 음원만 다운로드 해서 틈틈이 들려주는 편이 좋습니다. 영상 보기도 물론 영어를 배우는 데 많은 도움이 되지만, 우리의 목표인 영어 읽기 독립을 위해 적절한 영상 노출 시간에 대한 기준을 분명히 갖고 계시는 것이 좋습니다.

스포티파이Spotify 같은 음원 스트리밍 서비스를 이용하는 것도 마더구스를 들려줄 때 좋은 방법입니다. 단, 음원 스트리밍 서비스는 대개 유료입니다. 만일 유료 음원 스트리밍 서비스가 부담스럽다면 '4k youtube to mp3'라는 프로그램을 이용해서 유튜브 음원을 무료로 MP3 파일로 변환하여 다운로드 해서 듣는 방법도 있습니다.

영어책 읽기의 첫발을 떼어주는 마더구스 그림책

마더구스는 그림책으로도 많이 나와 있습니다. 따라서 아이가 마더구스 듣기에 익숙해진 후에는 마더구스 그림책을 함께 읽어주는 것도 효과적인 방법입니다. 이미 노래를 통해 들었던 단어나 표현을 책을 통해 다시 만나게 되면 아이는 영어와 영어책에 더 친숙함을 느끼게 됩니다. 여기에 아이에게 들려준 마더구스에 등장하는 단어를 활용해 이야기를 나누고 간단한 액티비티를 곁들이면 아이의 흥미를 돋워줄 수 있습니다.

다음은 영미권에서 가장 인기 있는 마더구스 그림책입니다. bookroo.com에서 선정한 내용을 참조했습니다.

● 『My Very First Mother Goose』

- 『Tomie's Little Mother Goose』

- 『My First Mother Goose』

- 『Mother Goose's Pajama Party』

- 『Mother Goose Numbers on the Loose』

- 『Mother Goose Nursery Rhymes』

- 『The Classic Collection of Mother Goose Nursery Rhymes』

- 『The Real Mother Goose』

- 『Favorite Nursery Rhymes from Mother Goose』

- 『Mother Goose』

앞에서 알려드린 마더구스 음원 패키지, 유튜브 채널, 마더구스 그림책 추천 목록을 참조해 아이가 관심을 가질 만한 마더구스를 골라 엄마 아빠가 먼저 신나게 노래를 불러보세요. 엄마 아빠가 즐겁게 노래하는 모습을 본 아이들은 금방 따라 부를 테니까요. 모든 가사를 다 외우기 힘들면 일부분이나 후렴구만 불러주셔도 됩니다. 또한, 특정 동사가 나올 때는 단어의 의미를 몸으로 보여주시는 것도 좋습니다. 가령 마더구스 가사에 'sing'이 나오면 노래하는 흉내를 내고, 'dance'가 나오면 춤을 추는 식으로요.

제 경험을 말씀드리자면 동빈이와 함께 〈I am the Music Man〉을 들을 때 피아노를 치거나 바이올린을 켜는 시늉을 내면서 후렴구를 크게 따라 불렀더니 아이가 신나 했던 기억이 납니다. 이때 한 가지 팁이 있습니다. 바로 행동을 과장되게 하면 아이들이 훨씬 더 깔깔대며 재미있어 합니다. 마더구스를 통해 영어책 읽기의 첫발을 떼는 동시에 아이들과 함께 노래를 부르고 율동을 하며 즐거운 추억을 쌓을 수 있으니 이것이야말로 일석이조가 아닐까요?

흘려듣기와 집중듣기의 오해와 진실

엄마표 영어의 핵심은 책과 음원, 영상을 이용한 꾸준하고 지속적인 영어 말소리 노출입니다. 영어는 언어이기 때문에 세끼 밥 먹듯이 '매일 꾸준히 하는 것'만이 가장 빠르게 습득할 수 있는 방법입니다. 그래서 아이가 하루 일과 중 가장 많은 시간을 보내는 가정에서 매일 영어 말소리를 들을 수 있도록 환경을 조성해주는 것이 중요합니다. 엄마표 영어에서 많이 사용하는 용어 중에 '흘려듣기'와 '집중듣기'가 있습니다.

흘려듣기는 DVD나 영화, 읽었던 책 내용이 담긴 음원이나 영어 동요 등 다양한 영어 말소리를 오디오(혹은 비디오)를 통해 일상생활을 하며 틈틈이 듣는 활동입니다. 즉, 듣기 시간을 늘리기 위해 규칙적으로 영상을 보거나 영어 말소리를 틈날 때마다 배경음악처럼 틀어두고 듣는 것이지요. 집중듣기는 오디오를 들으며 책을 읽는 활동, 즉 청독을 가리킵니다. 두 용어는 학계에서 사용되는 학술적이고 전문적인 용어는 아니지만, 엄마표 영어 분야에서 이제는 거의 고유명사처럼 사용되는 용어입니다. 그래서 이 책에서도 두 용어를 그대로 사용했습니다.

앞에서 새로운 언어를 익히기 위해서는 최소 2,000시간에서 3,000시간 정도의 듣기 노출이 이루어져야 한다고 말씀드렸습니다. 그렇다면 그저 2,000~3,000시간 동안 아무 의미 없이 영어 말소리를 들려주기만 하면 되는 것일까요? 그럴 리가요. 가령, 흘려듣기를 한다고 칩시다. 말 그대로 영어 말소리를 흘려만 들으면 영어 말소리가 한쪽 귀로 들어왔다가 한쪽 귀로 바로 빠져나가버리고 맙니다. 집중듣기도 마찬가지입니다. 영어 오디오를 들으며 영어책을 펴놓고 책상에 앉아 있다 한들 머릿속으로는 딴생각을 하면 집중듣기의 의미가 전혀 없습니다.

흘려듣기를 하든, 집중듣기를 하든 핵심은 아이가 현재 듣고 있는 영어 말소리와 의미가 연결되어야 한다는 점입니다. 그렇지 않으면 영어 말소리는 그저 백색소음에 불과할 수도 있습니다. 그렇다면 어떻게 해야 아이가 흘려듣기 내지 집중듣기를 하면서 영어 말소리와 의미를 연결할 수 있을까요?

흘려듣기와 집중듣기 효과를 끌어올리는 5가지 팁

흘려듣기와 집중듣기 효과를 끌어올리는 팁은 크게 5가지가 있습니다. 첫째, 이미 보았던 영상이나 책 내용을 들려주는 것입니다. 당연한 말이지만 생전 처음 듣는 내용보다는 이미 알고 있는 내용이 들릴 때 아이들은 편안한 마음으로 듣기에 집중할 수 있습니다. 새로운 인풋을 계속 주입하겠다는 욕심은 내려놓고 아이가 좋아하거나 그 전날 듣거나 보았던 영상이나 음원을 중심으로 들려주세요.

둘째, 아이 수준에 맞는 내용을 들려주는 것입니다. 제2언어 습득론의 대가 스티븐 크라센 박사는 학습자 수준보다 약간 더 어려운 수준(i+1)의 이해 가능한 입력Comprehensible Input이 있어야만 비로소 언어 습득으로 이어질 수 있다고 강조했습니다. 이른바 '입력 가설The Input Hypothesis'입니다. 즉, 언어 학습자의 현재 수준(i)보다 약간 높은 난이도(i+1)를 가진 인풋을 제공해야 언어 습득이 최적으로 이루어진다는 가설입니다. 만일 학습자가 이해할 수 없을 정도로 어려운 인풋이 제공될 경우, 그 인풋은 학습자에게 소화가 불가능한 잡음에 불과하므로 언어 습득이 힘들다는 주장입니다. 가령, 현재 리더스를 읽을 수 있는 독서 수준을 가진 아이에게 챕터북으로 청독을 시켜봐야 아이 머릿속에 남는 것이 거의 없다는 이야기입니다. 이제 막 영어 듣기를 시작한 아이라면 빠르고 현란한 디즈니 영화보다는 말하기 속도가 빠르지 않고 발음이 선명하면서 가족이나 친구, 자연과 동물 등 아이의 정서 발달에 좋은 주제를 다룬 영상이나 영어책 음원을 추천합니다. 다음은 영어 듣기의 첫발을 내딛은 아이들이 듣기에 좋은 영상들을 접할 수 있는 유튜브 채널입니다.

STEP 0 단계의 아이들을 위한
영어 영상 유튜브 채널 추천 목록

Caillou
다섯 살 카이유의 잔잔한 일상 이야기

Clifford the Big Red Dog
주인공 에밀리와 말썽꾸러기 클리포드의 따뜻한 사랑과 우정

Dora The Explorer
도라와 빨간 부츠를 신은 원숭이가 여러 가지 문제를 해결하고
여우의 방해를 극복하면서 원하는 목적지에 도달하는 이야기

Franklin
거북이 프랭클린의 따뜻하고 잔잔한 일상

Max&Ruby
짓궂은 동생 맥스와 엄마 같은 누나 루비, 그리고 토끼 친구들의
일상을 그린 이야기

Peppa Pig
아기 돼지 페파 가족의 따뜻한 사랑과 일상

Timothy Goes to School
티모시의 즐거운 학교 생활

셋째, 아이들이 재미있어 하고 흥미를 가진 내용으로 반복해서 듣는 것입니다. 이를 리뷰듣기_{Review Listening}라고 합니다. 반복은 가장 좋은 언어 습득 방법입니다. 재미가 있어야 다시 듣고 싶은 마음이 드는 것은 당연합니다. 아이들이 읽거나 보았던 내용을 흘려듣기로 반복해서 들으며 키득키득 웃거나 입으로 따라 하는 모습을 보인다면 영어 읽기 독립에 한층 더 가까워졌다는 증거입니다. 동빈이의 경우 리틀팍스에서 Wacky Ricky, Rocket Girl, Journey to the West 등 재미있어 하는 스토리를 틈날 때마다 무한 반복으로 들려주었습니다. 처음에는 왜 자꾸 같은 것을 트느냐고 싫어하기도 했습니다. 하지만 리뷰듣기의 중요성을 누구보다도 잘 알았던 저는 "응, 이거 아빠가 공부하려고 듣는 거야. 동빈이는 안 들어도 돼" 하면서 은근슬쩍 리틀팍스 스토리를 들려주곤 했습니다. 그랬더니 나중에는 다음 대사를 미리 말할 정도로 영어 듣기 실력 향상에 도움이 됐습니다. 유튜브에서 아이가 좋아하는 영어책을 원어민이 낭독하는 영상을 반복해서 보여주는 것도 좋습니다. 책 제목과 함께 'read aloud'를 함께 넣어서 검색하면 원어민 낭독 영상을 쉽게 찾을 수 있습니다.

넷째, 영어책 외에 영화 대본이나 온라인 영어 도서관, 리딩 교재 등을 함께 활용하는 것을 추천합니다. 만약 아이가 영어책으로 하는 집중듣기를 힘들어하면, 리딩 교재를 통해 집중듣기를 하고 문장을 소리 내어 낭독해본 후 다시 흘려듣기를 하는 식으로 여러 번 반복하는 것이 훨씬 효과적입니다. 리딩 교재는 단계가 정교하게 나눠져 있어서 아이의 수준에 맞는 책을 고르기도 쉽고, 지문 내용이 그리 길지 않아서 부담 없이 집중듣기를 하기에 적절합니다.

다섯째, 집중듣기를 할 때는 어느 정도 기승전결의 구조가 갖춰져 있는 스토리를 활용하는 것이 좋습니다. 우리의 뇌는 서사가 있는 이야기를 좋아하기 때문입니다. Oxford Reading Tree나 Froggy, Curious George 등 하나의 시리즈를 쭉 이어서 들을 경우 등장인물도 동일하고 스토리가 이어지기 때문에 내용을 이해하고 몰입하기가 한층 수월합니다. 또한, 시리즈 청취를 다 끝냈을 때의 성취감도 맛볼 수 있습니다.

집중듣기의 경우 한 가지 유의할 점이 있습니다. 처음부터 너무 긴 시간을 할애하기보다는 하루에 약 5~10분씩 하는 것으로 시작해서 아이의 반응을 보면서 점차 시간을 늘려나가는 편이 좋습니다. 사실 어른들도 책상에 앉아 20분 이상 집중하기가 쉽지 않습니다. 또한, 아이 입장이 되어서 "와! 엄마도 책상에 오래 앉아 있기 힘든데, 우리 ○○이는 이렇게 집중을 잘하네"라고 아낌없이 칭찬을 해주고, 아이가 집중듣기 습관이 잡힐 때까지 옆에서 함께 있어주는 지혜도 필요합니다.

STEP 0
아웃풋 체크 타임

영어책 읽기 단계	추천 아웃풋(말하기&쓰기) 활동
STEP 0 소리에 익숙해지기	• 영어 말소리가 들리면 따라 하는 습관 만들기 • 영어 동요 따라 부르기

STEP 0에서 할 수 있는 가장 좋은 아웃풋 활동은 모방 및 흉내 내기입니다. 이 단계는 이제 막 인풋이 이루어지는 단계입니다. 따라서 눈에 띄는 영어 아웃풋을 기대하기보다는 훗날을 위해 터를 다진다는 생각으로 가벼운 활동을 하는 정도로도 충분합니다.

우선 세이펜, CD, 동영상, 온라인 영어 도서관 등을 통해서 마더구스나 스토리를 원어민 음성으로 들을 때마다 습관적으로 흉내 내는 습관을 들이도록 합니다. 이는 우리말을 배울 때 아이들이 옹알이를 먼저 한 후 말문이 트이는 것과 같은 원리입니다. 또한, 아이들은 부모의 모습을 따라 하는 것을 좋아하므로, 엄마 아빠가 먼저 영어로 말하는 것을 보여주면 더욱 효과적입니다.

처음부터 문장 단위로 영어 말소리를 따라 말하는 것은 쉽지 않으므로, 책에 나오는 짧고 쉬운 단어나 'Oh my god', 'Oops', 'Hurray', 'Wow'와 같은 감탄사를 따라 말하는 것부터 시작해보세요. 이때 영혼 없이 따라 하기보다는 리액션은 크게, 감정을 잔뜩 불어넣어서 말해야 아이의 흥미를 돋울 수 있습니다. '꼭 이렇게까지 해야 하나?' 싶고 겸연쩍을지도 모르지만 이렇게까지 해야 결과가 달라집니다. 처음 습관이 평생을 좌우한다는 사실을 절대 잊지 마세요. 아이의 흥미와 재미를 최대치로 끌어올려야 이후의 과정들도 수월하게 진행할 수 있습니다. 그러니 잠시 체면은 내려놓고 아이와 함께 큰 소리로 웃고 몸짓을 하며 영어 말하기를 흉내 내보시길 바랍니다.

영어 동요 부르기도 이 단계에서 할 수 있는 매우 탁월한 아웃풋 활동입니다. 앞에서 소개해드린 마더구스 또는 영어 동요를 달달 외울 정도로 열심히 따라 부르기만 해도 훌륭한 영어 말하기 연습이 됩니다.

Hello, hello, hello, How are you?
I'm fine. I'm fine. I hope that you are too.

이 영어 동요에는 인사할 때 쓰는 회화 표현이 등장합니다. 이처럼 마더구스나 영어 동요에는 아이가 일상생활을 하는 가운데 자주 사용하게 될 기초 회화 내지 기초 어휘가 다수 등장합니다. 아이에게 영어 동요를 음원 없이 혼자 불러보게 해보세요. 그리고 한 문장씩 말해보게 하면 훌륭한 영어 말하기 연습이 됩니다. 영어 동요를 부르면서 알게 된 단어나 표현을 영어책을 읽다가 만나면 어떤 아이는 소리를 지를 정도로 좋아합니다.

다음은 아이들이 좋아하는 영어 동요를 들을 수 있는 유튜브 채널 목록입니다. QR 코드를 통해 다음의 유튜브 채널들에 접속해서 아이와 함께 다양한 영어 동요를 들어보세요(유튜브 채널 설명에 나오는 구독자 수는 2023년 10월 기준입니다). 외워서 부를 수 있는 영어 동요 10곡만 있어도 아이의 영어에 대한 관심과 자신감이 몰라보게 높아집니다.

영어 동요를 들을 수 있는 유튜브 채널 목록

- **Cocomelon**
  1억 6천만 명의 구독자를 가진 인기 만점 영어 동요 채널입니다. 애니메이션이 예쁘고 화려해서 아이들의 눈길을 사로잡습니다.

- **Super Simple Songs**
  4,000만 명의 구독자를 가진 최고의 영어 동요 채널입니다. 아이들이 꼭 알아야 하는 기본 단어에서 필수 표현까지 이 채널 하나만으로도 충분히 습득할 수 있다고 해도 과언이 아닙니다.

- **Pinkfong Baby Shark**
  6,900만 명의 구독자를 가진 영어 동요 채널로 대표 캐릭터는 춤추는 아기 상어입니다. 핑크퐁 캐릭터는 우리나라에서 제작된 캐릭터로 지금은 전 세계의 많은 아이들에게 사랑받고 있습니다.

- Jack Hartmann Kids Music Channel
400만 명의 구독자를 가진 개인 영어 동요 채널로 다정하고 친근한 Jack Hartmann 아저씨를 아이들이 정말 좋아합니다.

- The Singing Walrus
262만 명의 구독자를 가진 영어 동요 채널로 영상에 등장하는 동물 캐릭터들이 작고 귀여워서 아이들이 정감을 느끼기 쉽습니다.

- Barefoot Books
58만 명의 구독자를 가진 영어 스토리 채널로 그림책 내용을 노래로 만들어 불러주는 채널입니다. 노부영 책들이 많이 있어서 영어 듣기를 시작할 때 활용하기가 무척 좋습니다.

Q. 한글책 읽기도 아직 안 되는데 영어책을 읽어줘도 괜찮을까요?

A. 한글책 읽기가 완성된 후 영어책 읽기를 진행하면 가장 좋겠지만, 그렇지 않다 하더라도 영어책 읽기는 얼마든지 진행할 수 있습니다. 다만 초등학교 입학 이전까지는 책 읽기 비율에 있어 한글책 읽기에 비중을 더 많이 두어야 합니다. 7:3 정도가 적당하다고 여겨집니다. 이 시기에 영어책을 읽어줄 때는 흔히 '쌍둥이 책'이라고 불리는 한글 번역서를 같이 읽어주면 아이들이 영어책에 대해 훨씬 친근감을 느낄 수 있습니다. 즉, 아이가 공부를 한다는 느낌을 받지 않고 '엄마가 재미있는 이야기를 읽어주는구나' 하는 느낌을 받으며 영어책 읽기를 즐겁게 받아들일 수 있습니다.

Q. 아이를 영어 유치원에 꼭 보내야 할까요?

A. 아이가 영어로 자신의 의사를 표현하는 데 어려움이 없을 정도로 영어 실력이 좋거나, 영어 실력이 다소 부족하더라도 사회성이 좋아서 사람들 앞에 나서기를 좋아하고 수줍음 없이 자신의 생각이나 감정을 표현하기 좋아한다면, 영어 유치원에 가는 것이 아이에게 유익한 경험으로 작용할 수 있습니다. 원어민 선생님과의 수업을 부담스러워하지 않고, 영어 몰입 교육에 정서적인 중압감을 느끼지 않는 아이라면 영어 유치원 생활도 권유할 만합니다.

하지만 그 반대의 경우라면 굳이 영어 유치원을 보낼 이유는 없습니다. 5~7세 사이에 아이들이 해야 할 가장 일차적인 과제는 모국어 기반을 탄탄하게 닦는 것입니다. 아무리 외국어 노출이 중요하다고 해도 모국어만큼 중요하지는 않습니다. 아이의 흥미와 요구가 없는 상태에서 우리말 배우기와 우리말 읽고 쓰기에 충실해야 할 시기에 영어 몰입 교육을 하게 되면 우리말 실력이 요구되는 초등학교 시기 이후에 오히려 많은 어려움을 겪을 수 있습니다.

그러므로 무작정 영어 유치원에 보내는 것보다는 일반 유치원에서 또래들과 사회성을 쌓고, 우리말의 기본을 제대로 닦는 편이 장기적인 관점에서는 영어를 잘하는 데 더 도움이 됩니다. 가까운 장래에 영어권 국가로 이민을 갈 계획이 없는 한, 모국어 능력을 튼튼히 하는 편이 훨씬 낫습니다. 영어책 읽기도 모국어 실력이 바탕이 되어야 그 수준을 수월하게 올려갈 수 있습니다.

Q. 내 아이에게 맞는 영어책 읽기 레벨은 어떻게 알 수 있나요?

A. 파닉스를 배우는 단계이거나 AR 0~1점대의 책을 보는 정도라면 아직 영어책을 스스로 읽는 데 어려움을 느낍니다. 이 단계에서는 영어책 읽어주기와 영상 보여주기, 음원 들려주기 등을 통해 최대한 많이 영어 말소리 환경에 노출시켜주는 것이 우선입니다. 부모님이

아이에게 영어책을 읽어줄 때는 아이가 평소 좋아하고 관심을 보이는 분야의 책을 선택해서 아이와 최대한 많이 소통하고 교감하면서 읽어주는 것이 중요합니다. 관심 분야의 책으로 영어책 읽기를 시작하면 그것을 매개로 아이가 영어에 대한 관심을 확장해갈 수 있습니다. 이 시기에 부모가 해야 할 핵심 과제는 아이가 영어책에 대해 편안하고 긍정적인 감정을 느끼도록 돕는 것임을 잊지 마세요.

만일 아이가 어느 정도 스스로 영어책을 읽을 수 있는 단계가 되면 그때에는 '다섯 손가락 법칙'을 이용해서 아이에게 읽힐 영어책의 레벨을 결정할 수 있습니다. 읽고자 하는 책의 한 페이지당 모르는 단어가 다섯 손가락을 넘어가지 않을 때(평균 3개 정도일 때) 읽기에 적당하다고 말할 수 있습니다. 그보다 너무 쉽거나 너무 어려우면 오히려 읽기 실력 향상에 도움이 되지 않습니다. 세계적인 언어학자 폴 네이션 교수는 '전체 어휘의 98%를 알 때' 글의 내용을 제대로 이해할 수 있다고 주장한 바 있습니다. 제2언어 습득을 다룬 많은 연구 논문들도 96% 이상 어휘를 아는 경우를 이해 가능한 입력의 기준으로 삼고 있습니다. 다독 분야에서 세계적 명성을 지닌 학자 리처드 데이Richard Day와 줄리언 뱀포드Julian Bampord 역시 픽션의 경우, 전체 어휘의 98%를 알고 있을 때 독자가 편안한 속도로 글을 읽어갈 수 있다고 말했습니다.

다음은 아이의 영어 실력을 판단할 수 있는 무료 레벨 테스트가 가능한 사이트입니다. QR 코드를 통해 해당 사이트에 접속해 우리 아이의 영어책 읽기 수준을 확인해보시길 바랍니다.

무료 레벨 테스트 사이트

● 맥밀란 리더스 레벨 테스트

● 옥스퍼드 리더스 레벨 테스트

● A*List 출판사 레벨 테스트(AR 지수와 렉사일 지수 확인 가능)

STEP 1

알파벳&파닉스 익히기
_문자와 친해지는 시간

목표	평균 AR 지수	대표적 책 형태
• 알파벳과 음가 배우기 • 파닉스 기초(읽기 준비 단계)	0.5~1.0	그림책 알파벳북 파닉스(디코더블) 리더스 사이트 워드 리더스

STEP 1에서는 재밌는 그림책으로 아이들이 영어책에 대한
좋은 첫인상과 감정을 갖는 것이 중요합니다.
이 단계에서는 알파벳을 익히고 각 알파벳의 정확한 음가와 같은
기초적인 파닉스를 배우며 영어로 된 문자와 친해지는 것이 핵심입니다.
그림과 단어 하나 혹은 한 문장으로 된 기초 리더스를 접하며
기본 어휘들의 소리, 형태와 의미에 익숙해지는 단계입니다.

STEP 1의 목표

- 알파벳 대소문자를 구분하고 쓸 수 있다.
- 알파벳 노래와 파닉스 음가 노래를 부를 수 있다.
- 기초적인 파닉스 규칙을 이해할 수 있다.
- 라임(운율)이 있는 단어를 인지할 수 있다(가령, 'rat-cat-hat').
- 짧고 단순한 문장은 반복해서 듣고 따라 하면서 통으로 외워서 말할 수 있다.
- 간단한 기초 사이트 워드를 인지한다.

영어 그림책의
놀라운 힘

    제가 엄마표 영어에 대해 알게 되고 책 육아에 부쩍 관심을 갖게 된 것은 동빈이가 초등학교 3학년 때 본격적으로 영어 공부를 시작할 무렵이었습니다. 당시 동네 도서관에서 『하루 20분 영어 그림책의 힘』을 쓰신 이명신 선생님의 특강을 들은 적이 있습니다. 이명신 선생님은 하루에 20분씩이라도 아이가 영어 그림책을 꾸준히 읽다 보면 마법처럼 영어 실력이 향상된다고 강조하셨습니다. 선생님의 강의를 듣고 선생님께서 쓰신 책까지 읽고 나니 동빈이가 어릴 때 영어 그림책을 더 많이 읽어주지 못한 것이 후회됐습니다.

    지금에 와서 되돌아보면 동빈이가 어릴 때 많은 영어 그림책을 읽어주지는 못했지만, 동빈이가 무척 좋아하던 영어 그림책들이 기억나곤 합니다. 『I am the Music Man』이나 『OTTO』같은 영어 그림책들은 무한 한복해서 읽어줘도 아이가 무척 좋아했습니다. 그때의 기억을 떠올리는 것만으로도 마음 한쪽이 따뜻하게 데워지는 기분이 듭니다. 영어 학습을 떠나서 영어 그림책 읽어주기는 아이와 좋은 추억을 쌓는 무척 좋은 방법임에 틀림없습니다.

간혹 영어 그림책의 장점에 대해 말씀을 드리면 이런 질문을 하시는 분들을 만나곤 합니다. "아이가 알파벳을 모르는데 영어 그림책을 읽어주는 게 얼마나 도움이 될까요?" 이 질문을 받으면 저는 세계적인 그림책 작가 앤서니 브라운의 말을 제 대답 대신 들려드립니다. "어른들은 그림책에서 글자를 읽고, 아이들은 그림책에서 그림을 읽는다. 그리고 어른과 아이는 중간에서 만나서 대화를 나눈다." 어른들의 의구심과는 달리, 영어 그림책을 보면서 그림에 대해 이야기를 나누는 것만으로도 아이들은 행복해합니다.

영어 그림책 읽어주기에 더 많은 분들이 동참하셨으면 하는 바람으로 현재 제가 운영 중인 네이버 '엄실모' 카페와 오픈채팅방에서는 '하루 10분 책 읽어주기' 챌린지를 진행 중입니다. 챌린지에 참여하시는 분들은 불과 몇 달 만에 모두 합쳐 1,500권이 넘는 영어책을 인증할 정도로 적극적이었습니다.

영어 그림책
읽어주기의 장점

그렇다면 영어 읽기 독립 초기 단계에서 영어 그림책을 읽어주는 것은 어떤 장점들이 있을까요? 영어 그림책 읽어주기의 장점은 셀 수 없이 많지만, 저는 크게 다음의 3가지를 꼽습니다.

첫째, 영어 어휘를 자연스럽게 익힐 수 있습니다. 외국어 공부의 성패는 결국 얼마나 많은 어휘를 익히느냐에 달려 있다고 해도 과언이 아닙니다. 그만큼 새로운 언어를 배울 때 어휘를 익히는 방법은 너무 중요합니다. 어휘가 중요하다고 사전에 있는 단어의 뜻을 모두 암기할 수도 없는 노릇입니다. 단어의 뜻을 익힐 때 단순히 그 단어의 일차적인 의미만 알아서는 실제 언어 생활에서 적절하게 활용하는 것이 어렵습니다. 그보다는 그 단어가 어떤 맥락에서 어떻게 사용되는지를 익혀야 합니다. 그래야 유창하고 정확한 발화가 가능합니다. 아이에게 영어 그림책을 꾸준히 읽어주면 아이가 영어의 기초 어휘들의 형태에 익숙해질 뿐만 아니라 그 어휘가 어떤 맥락 속에서 쓰이는지를 직관적으로 이해할 수 있게 됩니다.

제가 동빈이에게 『The Very Hungry Catepillar』를 처음에 읽어줬을 때를 예로 들어보겠습니다. 당시 동빈이는 'still'의 뜻을 몰랐지만, 주인공 애벌레가 온갖 종류의 음식을 아무리 먹어대도 "still hungry"라고 말하는 것을 보면서, "아, 애벌레가 여전히 계속 배가 고픈가 보다" 하며 'still'의 대략적인 의미를 이해했었습니다. 이처럼 맥락을 통해 단어의 뜻을 이해할 수 있는 것은 이야기가 가진 힘 덕분입니다. 우리의 뇌는 이야기를 통해 유의미하게 연결되는 것들을 훨씬 더 잘 기억합니다.

둘째, 원어민들이 사용하는 생생한 회화 표현을 배울 수 있습니다. 여러분, 지금 바로 '장난감 치워', '화 좀 그만 내'라는 문장을 1초 만에 영어로 말할 수 있나요? 만일 그렇다면 당신은 우리나라 영어 학습자 중 상위권에 속하는 분입니다. '장난감 치워'는 영어로 'Put your toys away'입니다. '화 좀 그만 내'는 'Stop being angry'이고요. 막상 영어 문장을 들어보니 너무 쉽죠? 이 표현들은 모두 AR 지수가 높지 않은 영어 그림책에 등장하는 일상 표현들입니다. 이러한 영어 그림책의 장점을 널리 알리고 싶어서 저는 제 SNS에 '그림책에서 건진 리얼 영어 회화'라는 콘텐츠를 지속적으로 올리고 있는 중입니다.

'Put your toys away'는 데이비드 섀넌David Shannon의 유명한 영어 그림책 『No, David!』에 나오는 표현입니다. 데이비드는 말썽꾸러기 소년입니다. 주변을 살펴보면 많은 아이들이 『No, David!』에 나오는 데이비드와 자신을 동일시하면서 이 책을 읽곤 합니다. 그만큼 몰입해서 보게 되는 영어 그림책이지요. 책의 마지막 부분에서는 하루 종일 일하느라 녹초가 된 엄마가 잠든 데이비드를 쓰다듬어주며 "I love you"라고 말합니다. 가슴이 절로 뭉클해지는 장면이지요. 영어 그림책의 스토리는 그리 복잡하지 않고 그림이 함께 있기 때문에 아이들이 문장의 의미를 이해하고 받아들이기가 쉽습니다.

예시로 든 또 다른 문장인 'Stop being angry'는 '그림책 같은 리더스'로 유명한 Oxford Reading Tree 시리즈 중 『Kipper and the Giant』에 나오는 표현입니다. 키퍼는 매직키 때문에 갑자기 엄청 커집니다. 덩치가 커진 키퍼는 마을 사람들이 무서워서 벌벌 떠는 성질 고약한 거인에게 훈계를 합니다. "Stop being angry and the people will like you"(화내는 걸 멈추면 사람들이 널 좋아하게 될 거야)라고요. '엄실모' 카페 회원님 중 한 분은 영어 그림책 읽어주기 후기에서 『No, David!』를 좋아해서 여러 번 읽어주었더니 어느 날 아이가 장난감을 갖고 노는 동생에게 "Put your toys away"라고 말하는 것을 보고 깜짝 놀랐다고 이야기해주셨습니다. 그뿐만이 아니었습니다. 무슨 말인지 모르지만 형이 자신에게 잔소리를 해대는 모습을 보고 동생이 화를 내자 아이는 "Stop being angry"라고도 이야기했다고 합니다. 함께 책을 읽은 엄마는 전혀 기억하지도 못하는 내용을 흡수해서 일상에서 자연스럽게 사용하는 아이들을 보면 신기하기도 합니다.

사실 영어 그림책은 엄마 아빠에게도 너무 좋은 회화 교재입니다. 영어 그림책은 영어가 모국어인 아이들을 대상으로 한 책입니다. 따라서 영어 그림책에 등장하는 표현들은 자극적이기 쉬운 미드 속 영어 표현과 달리 담백하면서도 일상에서 꼭 필요한 표현들로 가득합니다. 그렇기에 아이와 함께 영어 그림책을 읽다 보면 엄마 아빠의 영어 실력도 함께 업그레이드됩니다. 아이들 영어책으로 자기 계발을 하면서 아이와 함께 성장한다고 생각하면 엄마표 영어를 더 즐겁게 할 수 있게 됩니다.

셋째, 스토리에 녹아 있는 문법을 자연스럽게 배웁니다. 영어를 문법과 독해 중심으로 배워온 부모님 세대는 영어책을 읽으면서 재미있게 영어를 배우는 것은 좋은데, 그렇게 하면 문법은 어떻게 공부할지 걱정하시는 경우가 많습니다. 문법을 알고 나서 책을 읽는 게 더 효율적이지 않나 하는 생각도 듭니다. 하지만 역으로 생각해볼 필요가 있습니다. 우리가 한국어로 의사소통할 때를 떠올려보세요. 한국어 문법 규칙을 학교에서 배운 후에야 말하고 듣고 읽고 쓰기를 할 수 있게 됐던가요? 그렇지 않습니다. 문법은 해당 언어를 사용하는 사람들 사이의 규칙을 정리해놓은 것에 불과합니다. 그럼에도 문법을 제대로 먼저 배운 뒤 영어책을 읽겠다는 것은 마치 음악 이론을 마스터한 후에 노래를 하겠다는 것과 같습니다.

앞에서도 언급했지만 영어 그림책은 영어를 모국어로 사용하는 어린이들을 대상으로 한 책입니다. 따라서 문법 표현이나 어휘 사용에 있어 굉장히 정확하고 정제된 표현들이 등장합니다. 영어 그림책을 읽으며 책 속에 등장하는 문장들과 친숙해지다 보면 아이는 자연스레 영어 문법을 체화하게 됩니다.

이처럼 영어 그림책 읽어주기는 아이에게 영어라는 새로운 언어의 날개를 달아주는 중요한 첫걸음입니다. 앞에서는 영어 그림책이 영어라는 언어를 배우는 데 도움을 주는 측면에 중점을 두었지만, 가치 기반의 영어 그림책 읽어주기의 장점 또한 무궁무진합니다. 아이들이 인생을 살아가면서 꼭 배워야 할 중요한 가치(우정, 희생, 평등, 공감, 끈기, 자아 존중감, 사랑, 포용, 용기 등)를 간직한 영어 그림책이 너무도 많습니다.

그뿐만 아니라 영어 그림책을 읽어주는 동안 아이는 부모와 밀착해 교감을 나눔으로써 상상력과 사회성을 키우는 것은 물론이고 정서적으로나 심리적으로 안정감을 얻을 수 있습니다. 이렇게나 장점이 많은데 영어 그림책 읽기를 해주지 않을 이유가 없지 않을까요? 오늘부터 하루에 단 몇 분이라도 아이와 함께 영어 그림책 읽기를 시작해보세요. 아이가 어릴 때 영어 그림책을 꾸준히 읽어주는 것은 부모가 아이에게 건네줄 수 있는 최고의 선물입니다.

알파벳&파닉스,
이렇게 배워야 금방 익힌다

STEP 1은 본격적으로 영어책 읽기에 들어가기에 앞서 책을 읽을 수 있는 기초 준비를 하는 단계입니다. 마더구스와 영어 그림책 등을 통해 영어 말소리에 익숙해진 상태에서 동일한 단어가 반복되어 등장하는 쉬운 기초 리더스를 접하면 아이는 익숙해진 소리와 글자를 조금씩 매칭할 수 있게 됩니다. 이때야말로 알파벳과 파닉스를 시작하기에 가장 적절한 때입니다. 파닉스는 글자와 소리가 맺는 관계의 규칙을 배우는 과정입니다. 당연한 말이지만 파닉스를 시작하려면 그전에 알파벳부터 익혀야 합니다. 한글책을 읽기 전에 한글 자모를 먼저 배우듯 말이지요.

이 책 전반에 걸쳐 누누이 강조하는 부분이지만, 영어 읽기 독립의 전 과정을 진행할 때 늘 잊지 말아야 하는 것은 아이가 영어책 읽기를 학습의 연장선으로 생각하지 않도록 해야 합니다. 재미있는 활동으로 여겨서 흥미를 잃지 않는 게 포인트입니다.

알파벳을 놀이처럼 배우는 4가지 방법

알파벳 익히기는 영어책 읽기를 위한 첫 단추입니다. 따라서 가능한 한 놀이처럼 흥미롭게 배워야 합니다. 다음은 아이가 지레 겁먹거나 낯설어 하지 않고 알파벳을 익힐 수 있는 방법들입니다.

(1) 노래로 익히기

STEP 0에서 아이의 영어 귀를 열리게 하기 위한 방법으로 마더구스를 활용했던 것, 기억하시나요? 알파벳을 익힐 때도 리듬과 멜로디가 있는 노래를 활용하는 것은 아주 좋은 방법입니다. 유튜브에서 'Alphabet Song'이라고 검색하면 수많은 알파벳 노래가 나옵니다. 이 중 마음에 드는 노래를 골라 엄마 아빠가 먼저 따라 부르면 아이도 자연스럽게 곁에서 알파벳 노래를 흥얼거리게 됩니다. 이게 반복되면 나중에는 가사를 통째로 외우기까지 합니다. 다음은 수많은 알파벳 노래 중 동빈이가 알파벳 익히기에 큰 도움을 받은 영상들입니다.

알파벳 노래 추천 목록

● Honey Kids TV 채널 〈ABC Song〉
영상 속 동물들의 모습이 귀여워서 아이들이 무척 좋아할 뿐만 아니라 영상을 반복해서 보고 듣다 보면 대문자와 소문자도 구분해 함께 배울 수 있어 좋습니다.

● Patty Shukla Kids TV 채널 〈Alphabet Song〉
알파벳을 배울 때 아이들이 헷갈려 하는 것 중의 하나는 알파벳 이름과 소리가 다르다는 사실입니다. 가령, 알파벳 B/b를 지칭할 때는 '비'라고 부르지만, 단어 속에서 B의 실제 발음은 [브]에 가깝습니다. 이 알파벳 노래는 알파벳 이름과 발음을 함께 알려줍니다. 노래의 첫 구절에서부터 "Let's learn and sing the letters and their sounds!"(자, 우리 함께 알파벳 글자와 알파벳이 내는 소리를 노래로 배워보자!)라고 시작하지요. 아이가 알파벳의 형태에 익숙해졌다면 이 영상을 보여주면서 각각의 알파벳이 지닌 발음을 익힐 수 있게 해주세요. "에이, 에이, 애, 애, 애플!" 하면서 노래를 따라 부르다 보면 알파벳의 이름과 음가를 저절로 익히게 됩니다. 알파벳 이름과 음가가 다르다는 아주 간단한 사실만 아이가 확실히 인지해도 파닉스 입문이 한결 수월해집니다.

(2) 알파벳 차트 이용하기

영어를 표기하는 문자인 알파벳은 총 26개의 문자로 이루어져 있습니다. 한글과 알파벳이 가장 다른 점은 알파벳은 대문자와 소문자로 표기법이 나뉜다는 점입니다. 문장의 첫 시작이나 고유명사를 쓸 때는 반드시 대문자로 표기해야 하지요. 물론, 이런 표기 규칙을 알파벳 학습 초기부터 알려줄 필요는 없습니다. 다만, 한글과 달리 알파벳은 음가는 같지만 형태가 다른 대문자와 소문자가 별도로 존재한다는 사실을 인지시켜줄 필요가 있습니다.

아이가 알파벳을 익힐 때 무작정 알파벳을 보여주면서 쓰고 외우게 하는 것은 그다지 효과가 없습니다. 그보다는 한글을 배울 때처럼 눈에 잘 띄는 곳에 알파벳 차트를 붙여놓아 알파벳 모양을 통으로 기억하게 하는 편이 더욱 효과적입니다. 어린아이들이 글자 형태를 인지하는 데 이보다 더 탁월한 방법은 없습니다. 시중에는 알파벳의 형태와 이름, 그리고 해당 알파벳으로 시작하는 기초 단어가 컬러풀한 이미지와 함께 구성된 알파벳 차트가 많이 나와 있으니 마음에 드는 것을 골라 잘 보이는 곳에 붙여두고 수시로 아이가 볼 수 있게 해주세요.

(3) 게임하면서 익히기

놀이만큼 아이들을 집중하게 만드는 활동이 있을까요? 알파벳 익히기를 할 때 제가 동빈이와 재미있게 했던 활동 중 하나는 포스트잇에 집 안에 있는 물건들 가령, 침대나 세탁기, 텔레비전, 컴퓨터 등의 명칭을 영어로 적어 붙여놓은 뒤 해당 포스트잇을 찾는 활동이었습니다. 포스트잇 찾는 재미는 물론이거니와 찾은 포스트잇을 떼면서 아이들의 시선이 자연스럽게 포스트잇에 적힌 단어에 가게 되는데 그 과정에서 통으로 해당 물건의 이름을 영어로 익히게 됩니다.

알파벳 밟기 게임도 추천합니다. 빈 종이에 알파벳 26자를 써서 바닥에 붙인 후 함께 노래를 부르다가 언급된 알파벳을 찾아 밟는 놀이입니다. 가령, "즐겁게 춤을 추다가~ C를 밟아라!" 하면 아이가 C를 밟는 식이지요. 이때 큰 소리로 자신이 밟은 알파벳의 이름을 외치게 합니다. 대문자와 소문자를 모두 써서(총 52자) 동일한 방식으로 게임을 해도 좋습니다. 가령, "즐겁게 춤을 추다가~ 아기 a를 밟아라!" 또는 "엄마/아빠 B를 밟아라!" 하는 것이지요.

(4) 워크 시트로 쓰기 활동

아이가 한글을 쓸 줄 안다면, 핀터레스트나 키즈클럽 등 인터넷 사이트에서 알파벳 워크 시트를 출력해서 아이가 직접 알파벳을 써보도록 유도합니다. 집에서 엄마표 영어를 하다 보면 보다 다양한 활동을 해보고 싶은 마음이 들 때가 있는데, 이때 핀터레스트Pinterest, 키즈클럽Kidsclub, 스타폴Starfall 같은 온라인 사이트를 적절히 잘 활용하면 알

키즈클럽 자료 예시

핀터레스트 자료 예시

파벳 워크 시트를 비롯해 다양한 교육용 자료를 이용할 수 있어서 무척 유용합니다. 일부 자료는 유료이지만, 무료로 제공되는 워크 시트만 사용해도 충분합니다. 추가적으로 필요할 경우 비용을 지불하고 구매하면 되는데 비용이 저렴한 편입니다. 무료 자료는 회원 가입도 할 필요 없이 바로 다운로드 할 수 있어 편리합니다.

파닉스 기초를 탄탄히 다지려면

놀이와 노래를 통해 아이가 알파벳을 충분히 익혔다면 이제 본격적으로 파닉스에 입문할 차례입니다. 파닉스의 핵심은 특정한 문자가 특정한 결합에서 특정한 발음이 난다는 사실을 아이가 직관적으로 이해하는 것입니다. 알파벳 노래와 알파벳 차트를 통해 각 알파벳의 음가에 어느 정도 익숙해지면, 파닉스에 입문해도 괜찮습니다. 가령, 알파벳 B/b의 이름은 '비'인데 실제 소리는 [브]라는 것까지 아이가 이해했다고 칩시다. 이때 영어 그림책을 읽어주다가 책에서 'bus'라는 단어가 나왔다면 책을 읽어주면서 'bus'에 있는 알파벳 b도 [브] 소리를 낸다는 사실을 알려주는 것이지요. 처음에는 이렇게 각 알파벳의 대표 소리만 알려줘도 충분합니다. 'b[브]-u[어]-s[스]' 3개의 음이 모여서 [버스]라고 발음이 되는 원리, 즉 대개의 파닉스 교재에서 언급되는 '자음-모음CV', '자음-모음-자음CVC' 등의 결합 규칙을 알려주는 것은 아이들이 각 알파벳의 개별 음가에 충분히 익숙해진 다음에 해도 늦지 않습니다.

알파벳을 배울 때와 마찬가지로 파닉스에 입문할 때도 유튜브를 적극적으로 활용할 수 있습니다. 가령, 다음 쪽에서 소개해드릴 유튜브 채널 Alphablocks 등에는 파닉스의 기본 음가와 블렌딩의 원리를 재미있게 배울 수 있는 좋은 영상들이 많이 올라와 있습니다. 스마트폰으로 파닉스 학습 애플리케이션을 다운로드 해 활용하는 것도 권합니다.

과도한 스마트폰 사용은 물론 피해야겠지만 학습용으로 잠깐씩 활용하는 것도 지혜로운 방법입니다. 파닉스 애플리케이션의 종류는 무척 다양한데 저는 ABC Kids와 ABC Spelling를 추천합니다. 누구나 쉽게 사용할 수 있고, 재미있게 구성되어 있기 때문입니다.

파닉스 입문에 도움이 되는 영상

● **Alphablocks 채널 영상들**
귀여운 알파 블록들이 등장할 때마다 자기만의 소리를 내면서 아이들에게 각각의 알파벳이 갖고 있는 음가를 알려줍니다. 가령, O는 "아, 아, 아," 하면서, X는 "크스, 크스" 하면서 등장하지요. 그리고 둘이 손을 잡으면서 'ox' 발음을 들려줌과 동시에 화면에서 갑자기 황소가 나타납니다. 알파벳 개별 음가, 블렌딩 과정, 그리고 단어의 의미까지 완벽하게 제시해주는 영상입니다. 여기에 더해 재미난 스토리가 있어서 아이들을 더욱 집중하게 만들어줍니다. 또한, 짧은 대화체로 이야기가 진행되기 때문에 듣기와 말하기 능력 향상에도 도움이 됩니다.

● **Rock'N Learn 채널**
〈ABC Phonics Song with Sounds for Children〉
알파벳의 대표적인 음가만 알아도 파닉스의 절반 정도는 이해했다고 볼 수 있습니다. 앞에서 몇몇 알파벳 노래를 추천해드렸는데요. 알파벳 노래 외에도 유튜브에서 'Phonics Song'이라고 검색하시면 다양한 버전의 파닉스 노래도 찾을 수 있습니다.

파닉스를 익힐 수 있는 애플리케이션들

ABC Kids

ABC Spelling

알파벳북과
파닉스 리더스를 함께 읽히자

이 단계에서 아직 아이들은 영어 문장을 읽지 못합니다. 하지만 그렇다고 해도 우리의 목표는 '영어 읽기 독립'이라는 사실을 다시 한 번 떠올려주세요. 즉, 아이의 영어책 읽기 실력과는 관계없이 이 단계에서부터 알파벳북과 파닉스 리더스, 그림으로 된 영어 사전 등을 부모님이 읽어주면서 아이가 영어 문자와 친숙해질 수 있도록 도와줘야 합니다.

알파벳북은 쉬우면서도 그림과 단어를 재미있게 연결해 구성했기 때문에 아이가 글자를 잘 몰라도 그림만으로도 충분히 단어의 의미를 유추할 수 있습니다. 문자 학습 이전에 충분한 듣기로 아이의 귀가 어느 정도 열렸을 때 이런 책들을 읽어주면 아이가 영어 말소리와 문자를 더욱 효과적으로 연결할 수 있습니다.

알파벳을 익힐 때 도움이 되는 알파벳북들

● 『Alphabet Ice Cream』

처음 알파벳을 접하는 아이들에게 아이스크림처럼 달콤한 영어의 맛을 느끼게 해주는 책입니다. 영국의 유명 그림책 작가 닉 샤랫Nick Sharratt의 위트 가득한 그림이 시선을 사로잡습니다.

● 『Chicka Chicka Boom Boom』

유아 영어 보드북 베스트셀러인 『Brown Bear, Brown Bear, What Do You See?』의 작가 빌 마틴 주니어Bill Martin Jr의 책입니다. 이야기를 읽어나가면서 자신도 모르는 사이 알파벳을 익힐 수 있게 구성됐습니다. 야자수 나무에 서로 올라가려는 알파벳의 처절한 몸부림이 귀엽습니다.

● 『Alphabatics』

책 제목에서 유추할 수 있듯이 알파벳이 아크로바틱 선수처럼 재주를 부리며 모습이 변해가는 과정이 흥미로운 그림책입니다.

● 『Alphabet Animals』

A부터 Z까지 동물들의 이름으로 알파벳을 배울 수 있는 그림책입니다. 입체적인 슬라이딩 보드북이기 때문에 장난감처럼 가지고 놀 수 있어 아이들의 흥미를 돋우는 데 안성맞춤입니다.

● 『Tomorrow's Alphabet』

손 안에 든 작은 씨앗이 변해 사과apple가 되고 알이 변해 새bird가 됩니다. 알파벳 공부와 함께 아이들의 무한한 상상력을 자극하는 탁월한 그림책입니다.

아이가 알파벳의 형태와 기본 음가에 익숙해져서 파닉스 입문 단계로 넘어갔다면 이제 파닉스 리더스를 함께 읽힐 차례입니다. 본격적인 리더스로 바로 넘어가기 전에 알파벳북과 파닉스 리더스를 먼저 읽어주면 이후 리더스에서 익숙한 글자가 많이 나오기 때문에 한결 자신감을 가지고 리더스 읽기가 가능해집니다. 파닉스 리더스에 대해서는 초급 리더스에 대해 다루는 다음 장에서 다시 자세하게 말씀드리도록 하겠습니다.

이 단계에서는 영어의 말소리와 의미를 연결해주는 것이 가장 중요하다고 이야기했는데요. 알파벳북이나 짧은 영어 그림책만으로는 인풋의 양이 부족할 수 있습니다. 그럴 때 그림으로 된 영어 사전을 활용하면 좋습니다. 특히 'desk', 'computer' 등 사물을 지칭하는 단어들은 다의어가 아니어서 글자와 의미의 관계가 일대일로 딱 떨어지기 때문에 그림으로 된 영어 사전을 보면서 익히게 되면 효과적인 어휘 학습이 가능합니다.

패턴이 반복되는 책을 골라 읽어주자

이 단계에서는 쉬운 표현으로 된 패턴이 반복해서 나오는 영어책을 읽어주는 것이 좋습니다. 가령, 빌 마틴 주니어와 에릭 칼이 함께 만든 『Brown Bear, Brown Bear, What Do You See?』가 대표적입니다.

Brown Bear, Brown Bear, What do you see?

I see a red bird looking at me.

Red Bird Red Bird, What do you see?

I see a yellow duck looking at me.

Biscuit 시리즈도 동일한 패턴이 반복되어 나오는 구절이 많아서 이 단계 아이들에게 읽어주기에 좋습니다(아직 아이 혼자서 읽기는 무리입니다).

Time for bed Biscuit!

Woof Woof!

Biscuit wants a hug.

Time for bed Biscuit!

Woof Woof!

Biscuit wants a kiss.

엄마가 "Time for bed"(이제 잘 시간이야)를 먼저 읽어주면 아이는 "Biscuit"(비스킷) 또는 "Woof Woof"(멍멍) 하고 읽고 싶어 합니다. 물론, 이때 아이들은 글자를 보고 읽은 것이 아니라 그동안 들은 내용을 바탕으로 외워서 말하는 것이지요. 하지만 이것이 바로 혼자서 영어책 읽기의 첫 단추입니다. 미국의 초등 영어 교육 전문가들도 비기너Beginner 레벨의 아동에게서 나타나는 특징 중 하나로 '친숙해서 이미 외운 이야기들을 마치 글자를 알고 읽는 척하기Pretend to read familiar stories'를 꼽습니다. 다음 장에서 소개해드릴 사이트 워드 리더스나 디코더블 리더스도 쉬운 어휘로 된 패턴이 많이 나오기 때문에 아이가 부담스러워하지 않고 흥미를 보인다면 영어 그림책과 함께 섞어 읽어줘도 좋습니다.

이렇게 아이가 글자와 익숙해지는 과정을 지켜보다가 혼자서 영어책을 읽으려는 모습을 보일 때 파닉스를 시도하면 어렵지 않게 가르칠 수 있습니다. 파닉스는 몇 권의 교재로 끝낼 수 없습니다. 반드시 영어책 읽기를 병행하면서 파닉스를 익혀야 한다는 점을 명심해주세요.

STEP 1
실전 귀리큘럼&팁

집에서 영어책 읽기를 실천하기란 결코 쉽지는 않습니다. 마음을 먹었다고 해도 무엇부터 읽혀야 할지, 어떤 순서로 읽혀야 할지 무척 막막하기 때문입니다. 엄마표 영어를 진행하는 부모님들의 어려움을 덜어드리기 위해 STEP 1에서부터는 각 단계에 보면 좋은 영어책은 물론이고 리딩 교재, 유튜브 채널 등을 일목요연하게 정리해 알려드리고자 합니다. 제시해드린 커리큘럼을 활용하실 때 가장 중요한 것은 '우리 아이의 수준과 관심 정도'입니다. 단계별로 추천해드리는 커리큘럼을 가이드로 삼으시되 각 가정의 상황과 아이의 수준 및 관심사 등에 따라 유연하게 활용하시길 추천합니다.

다만, 아이의 영어 실력 향상을 위해서는 하루에 적어도 2~3시간은 영어 말소리와 텍스트에 노출되는 환경을 만들어주기 위한 선택과 집중이 필요합니다. 여기서 말하는 2~3시간에는 집중해서 영어책을 읽는 시간뿐만 아니라 간식 시간이나 이동 시간에 하는 흘려듣기, 온라인 영어 도서관이나 유튜브 등을 통해 영어 스토리 영상 보고 듣기 등도 포함합니다. 자투리 시간을 활용하면 하루에 2~3시간 정도 영어 노출 환경을 만들어주는 것은 불가능하지 않습니다. 아이가 챕터북을 편안히 읽을 수 있는 2차 영어 읽기 독립 후에는 시간을 점차 줄이셔도 됩니다만(아무래도 그 무렵부터는 현실적으로 다른 과목에도 시간을 할애해야 할 테니까요), 그전까지는 하루에 규칙적으로 영어에 집중적으로 노출될 수 있는 시간을 확보해주세요.

실전 커리큘럼&팁의 내용을 참고해 주간 계획표나 매일 계획표 등 구체적인 액션 플랜을 만들어 실천 여부를 체크하는 것도 추천합니다. 계획을 세울 때는 부모님 혼자서 세울 것이 아니라 아이와 의논해서 하루에 공부할 분량과 공부 시간을 함께 정해야 합니다. 그래야 아이도 책임감을 갖게 될 테니까요. 계획표를 완성했다면 냉장고나 아이 책상 등 잘 보이는 곳에 붙이고 그날의 영어책 읽기와 기타 활동 등을 잘 수행해냈다면 색연필로 색칠을 하거나 스티커를 붙이는 등 아이가 좋아하는 방식으로 계획을 완수했음을 표시하게 합니다. 이때 아낌없는 칭찬과 아이와 미리 약속한 작은 보상을 건네면 아이에게 좋은 동기부여가 됩니다.

'엄실모' 카페에 들어오시면 실천 주간 계획표 샘플을 무료로 다운로드할 수 있습니다. 실천 주간 계획표를 SNS나 온라인 커뮤니티에 인증하는 것도 영어책 읽기를 습관화하는 데 큰 힘이 됩니다. 영어 실력은 하루아침에 좋아지는 것이 아니기 때문에 결과가 바로 체감되지 않을 경우 쉽게 지칠 수 있습니다. 이때 차곡차곡 쌓이는 실천 인증 기록을 보면서 부모님도 아이도 다시 좋은 자극을 받게 됩니다. 이렇게 쌓인 기록은 아이의 성장 기록이자 멋진 포트폴리오가 되기도 하고요. 실제로 '엄실모' 카페에서 영어책 읽기 활동을 열심히 인증해온 한 친구는 그 기록을 '드림 콘테스트'에 제출해서 동상을 수상하기도 했습니다.

실천 주간 계획표 예시

다음은 STEP 1 단계의 아이에게 읽히면 좋은 추천 커리큘럼과 리딩 팁입니다.

① 정독 교재
: 알파벳과 사이트 워드를 배우기 좋은 영어 그림책

- Elephant & Piggie 시리즈

- High Frequency Words 시리즈

- I Like to Read 시리즈 A~B단계

- Scholastic First Little Readers 시리즈(A~H단계)

- See the Dog/See the Cat 시리즈

- The Pigeon 시리즈

② 다독 교재
: 문장이 쉽고 간단해서 읽어주기에 좋은 영어 그림책

● 노부영 시리즈

'노부영'은 '노래로 부르는 영어'의 준말로 다양한 영어 그림책 내용을 노래를 통해 쉽고 재미있게 읽힐 수 있는 시리즈입니다.

● Pictory 시리즈

전 세계적으로 작품성과 예술성을 인정받은 그림책 중에서 아이들의 영어 발달과 인지 발달에 도움을 주는 그림책들을 엄선해 제공하는 온라인 플랫폼 Pictory에서 나온 그림책 시리즈입니다. 연령별, 테마별로 다양한 영어 그림책들이 있고, 워크 시트나 스크립트 등도 다운로드할 수 있어 독후 연계 활동을 하기에 적절합니다.

● Pictory 홈페이지

● 가이젤 상 수상작 시리즈 중 AR 0~1점대 그림책

가이젤 상은 어린이들이 즐겁게 책을 읽는 데 이바지했던 닥터 수스의 이름을 따서 만든 상으로 처음 책 읽기를 시작하는 아이들을 지원하고 용기를 주는 책을 대상으로 합니다. 대표적인 책으로는 『The Watermelon Seed』가 있습니다.

- **칼데콧 상 수상작 시리즈 중 AR 0~1점대 그림책**

  칼데콧 상은 미국도서관협회에서 매년 수여하는 상으로 전년도에 미국에서 출판된 아동 대상 그림책 중 가장 뛰어난 작품의 일러스트레이터에게 수여하는 상입니다. 대표적인 책으로는 『When Sophie Gets Angry-Really, Really Angry…』가 있습니다.

- 『Bark George』
- 『Bear About Town』
- 『Bear at Home』
- 『Bear Hunt』
- 『Brown Bear, Brown Bear, What Do You See?』

- 『Chicka Chicka Boom Boom』
- 『Cows in the Kitchen』
- 『Dear Zoo』
- 『Dinnertime!』
- 『Five Little Monkeys Jumping on the Bed』

- 『From Head to Toe』
- 『Go Away, Big Green Monster!』
- 『Good Night Gorilla』
- 『Good Night Owl』
- 『Handa's Surprise』

- 「Hooray for Fish!」

- 「I Went Walking」

- 「I'm the Biggest Thing in the Ocean」

- 「It Looked Like Spilt Milk」

- 「Joseph Had a Little Overcoat」

- 「Pete the Cat」

- 「Quick as a Cricket」

- 「Rain」

- 「The Rainbow Fish」

- 「Rosie's Walk」

- 『Seven Blind Mice』

- 『Supertruck』

- 『The Very Busy Spider』

- 『The Very Hungry Caterpillar』

- 『Things I Like』

- 『Today Is Monday』

- 『Walking Through the Jungle』

- 『Watermelon Seed』
- 『We're Going on a Bear Hunt』
- 『What's the Time, Mr. Wolf?』
- 『Yes Day!』

| 리딩팁

　이 시기 아이들에게 가장 중요한 것은 영어 소리 듣기입니다. 세이펜이나 음원을 통해 정독 교재와 다독 교재인 영어 그림책을 반복해서 보고 듣게 해주세요. 새로운 책을 소개해주는 것도 좋지만 그보다는 아이가 이미 읽은 책과 현재 읽고 있는 책을 중심으로 반복듣기를 실천하는 것이 좋습니다.

　이 시기에 읽어야 할 유명한 그림책들은 유튜브 채널에서도 많이 소개되고 있습니다. 다음은 영어책을 읽어주는 대표적인 유튜브 채널입니다. 이 중 Illuminated Films는 영어 그림책 내용을 애니메이션으로 만들어 보여주는 채널로 영어 그림책 장면과는 또 다른 시각적인 영상이 아이들의 상상력을 자극하기 때문에 추천합니다.

영어책을 읽어주는 유튜브 채널

 ● Kid Time Story Time

 ● Little Ones Story Time Video Library(LOST VIDLIB)

 ● Ms. Becky And Bear's Story Time

 ● Pink Penguiny

 ● Story Book

 ● Story Time at Awnie's House

 ● Sue's Reading Corner

 ● The Story Time Family

 ● Illuminated Films(영어 그림책 애니메이션 채널)

STEP 1, 이것만은
꼭 기억하고 실천해주세요!

(1) 조급한 마음 버리기

엄마표 영어 실진 STEP 1에서는 무엇보다도 영어에 대한 좋은 첫인상을 심어주는 것이 중요합니다. 그러기 위해서는 엄마의 욕심을 비워야 합니다. 빨리 영어 공부를 시켜서 어려운 영어책을 읽히고 싶다는 조급한 마음을 꼭 내려놓으셔야 해요.

저는 유치원생이 AR 4~5점대 책을 읽는다고 자랑하며 선전하는 사교육 업체의 말을 믿지 않습니다. 영어로 문장을 소리 내어 읽는다고 해서 과연 그 아이가 책의 내용을 제대로 소화하며 읽었을지도 의문입니다. 제가 상담했던 아이 중에 영어를 아주 잘해서 비교적 어휘 수준이 높았던 초등 3학년 아이가 있었습니다. 그런데 영어 소설 『Because of Winn-Dixie』가 단어는 어렵지 않은데 내용이 와닿지가 않아서 재미가 없었다고 합니다. 이 책은 AR 3.9의 책이어서 어휘 수준이 아주 높지는 않습니다.

하지만 AR Book Finder 애플리케이션에서 소개한 이 책의 연령 적합성 지수IL, Interest Level는 MG 4~8로 초등 고학년이나 중학생에게 적합한 것으로 분류해놓았습니다. IL은 책의 주제, 성격, 사건 등을 바탕으로 어느 연령대의 아이가 해당 책에 흥미를 가질지를 출판사와 전문가가 판단해 매긴 지수입니다. 즉, 책을 고를 때는 단어의 수준뿐만 아니라 아이의 연령에 적합한지도 반드시 고려해야 한다는 것입니다.

그러므로 조급한 마음을 버리고, 아이의 성장 속도에 맞게 영어책 수준도 조금씩 올려가는 것이 정답입니다.

(2) 영어 듣기 노출에 계속 신경 쓰기

Step 1에서도 Step 0 때와 마찬가지로 계속해서 영어 듣기 노출에 신경을 써주세요. 열심히 영어책을 읽어주고 영어 음원에 노출시키면서 아이를 잘 관찰하다 보면 분명 아이가 영어책 속 글자에 관심을 보일 때가 다가옵니다. 아이가 영어 말소리에 충분히 익숙해져서 기본적인 음가를 조금씩 이해하는 것 같고 혼자서 영어책을 읽으려고 시도하는 모습이 보인다면 이는 드디어 본격적인 읽기에 들어갈 준비가 됐다는 뜻입니다. 이때 알파벳북과 파닉스 리더스 등으로 영어책과 한층 더 친해질 수 있는 기회를 만들어주세요. 다만, 알파벳을 익히는 단계에서는 영어를 학습이 아닌 즐거운 놀이로 인식할 수 있도록 진행해야 한다는 점을 잊지 마세요.

(3) 영어 그림책 꾸준히 읽어주기

영어 그림책은 아이에게 영어책에 대한 좋은 첫인상을 심어줄 수 있는 최고의 방법입니다. 하루에 10분이라도 매일 꾸준히 실천하면 이만큼 좋은 영어 학습법도 없습니다. 자신을 직장맘이라고 소개하신 한 어머니께서 제가 운영 중인 오픈채팅방에 올리신 글을 보고 감동받은 적이 있습니다. 그분의 아이는 잠자리 독서로 엄마가 영어책 1권을 읽어주는 시간을 가장 좋아하고 기다린다고 하더군요. 그런 아이의 모습을 보면서 왜 진작 해주지 못했을까 하고 안타까웠다고 합니다. 엄마나 아빠와 함께 읽은 영어책은 분명 아이의 인생을 바꿔줄 소중한 디딤돌이 되리라 확신합니다.

(4) 한글책 읽기로 튼튼한 모국어 능력 다지기

한글책 읽기 습관이 잡히지 않은 아이들이 영어책 읽기를 좋아할 확률은 매우 낮습니다. 책 읽기 습관도 중요하지만, 우리말 문해력이 없다면 읽어야 하는 영어책의 수준도 높이기 어렵습니다. 결국 외국어 실력 향상을 판가름하는 것은 튼튼한 모국어 실력입니다. 모국어를 제대로 구사할 줄 모르는데 무턱대고 외국어 공부만 하는 것은 모래 위에 성을 쌓는 것과 같습니다.

우리말 실력을 높이는 가장 좋은 방법은 역시 한글책 읽기입니다. 아이의 한글책 읽기 수준이 높은 경우 영어 몰입 교육을 조금 늦게 시작하더라도 금세 한글책 독서 수준을 따라잡을 수가 있습니다. 동빈이의 경우도 영어 공부를 늦게 시작했지만 그전까지 한글책 독서를 열심히 한 덕분에 영어책을 읽은 지 2년 만에 챕터북으로 금방 넘어갈 수 있었습니다. 제가 지도한 아이들 중에도 6학년 때 본격적인 영어책 읽기를 시작해서 1년 만에 챕터북을 읽은 경우도 있습니다.

한글책 독서를 통해 다져진 정서적, 논리적 지능과 문해력, 배경지식은 영어를 배울 때도 큰 힘을 발휘합니다. 따라서 언어 발달이 급격히 이루어지는 초등학교 시절에 폭넓은 한글책 독서를 했는지 여부는 이후 영어 교육에서도 아주 중요한 변수로 작용합니다. 제가 운영 중인 온라인 커뮤니티에서 학부모님들과 진행하는 '하루 10분 책 읽어주기' 프로젝트에서 한글책 읽기를 함께하는 이유입니다.

영어 말하기나 듣기를 아무리 잘하는 아이라도 한글책 독서량이 적으면 읽을 수 있는 영어책 수준도 리더스나 쉬운 챕터북에서 멈춰서 제자리걸음을 하는 경우도 많습니다. 가령, 우리말로 번역된, 비교적 문장의 호흡이 긴 뉴베리 상 수상작을 읽는 것을 힘겨워하는 아이가 영어 원서를 즐기며 읽기는 어렵습니다. 한글책을 읽으면서 문해력과 배경지식을 충분히 쌓지 못했기 때문입니다. 다시 한번 강조하지만 한글책 독서를 통해 책 읽기 근육을 만들어놓으면 영어책 읽기라는 새로운 도전에도 아이가 두려움 없이 도약할 수 있는 디딤돌을 갖춘 셈입니다.

STEP 1
아웃풋 체크 타임

영어책 읽기 단계	추천 아웃풋(말하기&쓰기) 활동
STEP 1 그림책 알파벳북 파닉스(디코더블) 리더스 사이트워드 리더스	• 영어 동요 외워서 부르기 • 알파벳 대문자&소문자 쓰기 • 기초 리더스 듣고 따라 하기 • 기초 회화 듣고 따라 하기 • 기초 단어 쓰기 → 줄이 그어진 영어 노트를 이용합니다. 한 번에 너무 많은 단어를 쓰지 않도록 주의합니다. 너무 많은 단어를 쓰게 할 경우 아이가 영어에 대해 좋지 않은 인상을 가질 우려가 있습니다.

STEP 1 단계로 올라가면 STEP 0 때보다 할 수 있는 아웃풋 활동이 다양해집니다. STEP 0에서 추천한 가장 좋은 아웃풋 활동은 모방 및 흉내 내기였습니다. STEP 1에서도 마찬가지입니다. 알파벳 노래나 파

닉스 음가의 노래 가사나 그동안 읽었던 영어책들 속에서 반복되는 패턴 문장들을 따라 하거나 외워서 말하다 보면 기초적인 영어 표현력을 키우는 데 큰 도움이 됩니다.

① 영어 동요
외워서 부르기

STEP 0에서는 마더구스를 비롯해 영어 동요들을 신나게 따라서 불렀다면 이번에는 외워서 불러볼 수 있게 도와주세요. "Rain rain go away", "How's the weather today?" 등 노래 가사를 외워서 입 밖으로 말하는 활동이 곧 영어 스피킹입니다. 처음부터 끝까지 바로 외워 부를 수 있는 영어 동요가 몇 곡만 있어도 아이들의 평생 영어 자신감으로 작용합니다. 영어 동요 외워서 부르기는 동빈이의 첫 영어 아웃풋 활동이기도 했는데 영어에 대한 자신감과 좋은 감정을 갖는 데 많은 도움이 됐습니다.

② 알파벳 대문자&소문자,
단어 쓰기

쓰기는 4가지 언어능력 중 가장 마지막으로 발달되고 완성되는 능력입니다. 언어를 이해하는 활동(듣기, 읽기)보다 표현하는 활동(말하기, 쓰기)의 난이도가 더 높기 때문입니다. 또한, 2가지 언어 표현 활동 중에서도 쓰기는 철자법을 비롯해 문법에 대한 정확한 이해, 올바른 정서법 등 말하기보다 더 높은 차원의 사고와 기술을 필요로 합니다. 하지만 그렇다고 해서 영어 쓰기를 막연히 도달하기 어려운 영역이라고 여기고 겁먹을 필요는 없습니다. 뭐든지 그렇지만 영어 쓰기 역시 아래와 같이 작은 단위에서부터 큰 단위로 차근차근 글쓰기의 영역을 확장시켜나가면 됩니다.

> 알파벳 쓰기 → 단어 쓰기 → 문장 쓰기 → 일기 쓰기 → 에세이 쓰기

물론, 이와 같은 쓰기 활동은 충분한 듣기와 단계별 책 읽기 활동이 선행되고 병행되어야 합니다. 인풋 없는 아웃풋은 불가능하기 때문입니다. STEP 1에서 할 수 있는 쓰기 활동은 알파벳 쓰기입니다. 앞에서 핀터레스트나 키즈클럽, 스타폴 등의 인터넷 사이트에서 알파벳 워크 시트를 무료로 다운로드 할 수 있다고 말씀드렸던 것, 기억하시지요?

만일 아이가 알파벳 쓰기를 어느 정도 수월하게 해낸다면 단어 쓰기에 도전해보는 것도 좋습니다. 그동안 읽었던 책들에서 비교적 길이가 짧은 기초 어휘를 중심으로 단어 쓰기를 하도록 안내해주세요. 단어 쓰기를 할 때는 문구점에서 줄이 그어진 영어 노트를 구입해 사

용하는 것을 추천합니다. 바른 정서법을 익히는 데 한층 도움이 되기 때문입니다. 또한, 한 번에 너무 많은 단어를 쓰게 하지 않도록 주의합니다. 너무 많은 단어를 쓰게 할 경우 아이가 영어에 대해 좋지 않은 인상을 가질 우려가 있습니다.

③ 기초 리더스 및 기초 회화 듣고 따라 하기

STEP 1의 목표는 알파벳과 음가를 익히고, 파닉스의 기초를 다지는 것이었습니다. 그런데 알파벳이나 파닉스를 전혀 몰라도 STEP 0에서 한두 줄짜리 기초 리더스들을 음원이나 부모님이 읽어주시는 소리로 꾸준히 들었다면 책 속의 문장을 따라 읽는 것을 충분히 해낼 수 있습니다. 이 활동을 할 때는 처음 보는 책을 이용하기보다는 전에 여러 번 음원을 들은 적이 있거나 부모님이 읽어줬던 책을 사용해 한 문장씩 따라 읽게 합니다. 번갈아 가면서 따라 읽기, 따옴표 안에 있는 문장만 아이가 따라 읽기 등 상황에 맞게 진행하는 것도 가능합니다.

따라 읽기를 할 때도 가장 중요한 것은 아이가 재미를 느끼게 해주는 것입니다. 하기 싫은데 억지로 해야 하는 활동으로 인식되어버리면 엄마도 아이도 쉽게 지칩니다. 저는 이 아웃풋 활동을 할 때 등장인물들의 흉내를 내면서 목소리를 바꿔가며 읽어주곤 했는데 아이가 엄청 재미있어 했던 기억이 납니다. 세이펜 기능이 있는 책을 이용하면 아이 혼자서도 기초 리더스를 듣고 따라 하는 활동을 충분히 잘할 수 있습니다.

　기초 리더스를 듣고 따라 하는 활동을 아이가 힘들어하지 않고 잘 따라온다면 음원이 있는 쉬운 기초 회화 책을 1권 정해서 듣고 따라 하기 활동을 하는 것도 이 단계에서 해봄직한 아웃풋 활동입니다. 시중에 엄마표 영어 회화 책도 많이 나와 있는데,『엄마표 영어 100일의 기적』의 경우에는 저자가 운영하는 유튜브에 책 내용을 올려놓았기 때문에 영상을 시청하면서 따라 할 수 있어서 좋습니다. 쑥쑥닷컴영어교육연구소에서 출간한 홍현주, 윤재원 선생님의『New 엄마표 생활영어 회화사전』도 추천합니다. 부모님도 직장에서나 일상에서 영어 때문에 고민이시라면, 기초 교재 한 권을 정해서 아이와 함께 도전해보세요! 아이 영어 공부, 부모님 영어 공부, 그리고 가족의 즐거운 추억 만들기까지 세 마리 토끼를 한 번에 잡을 수 있습니다.

Q. 영어 읽기 독립을 하려면 파닉스는 꼭 배워야 하나요?

A. 영어 읽기 독립을 위해 파닉스는 반드시 해야 하는 것은 아닙니다. 어려서부터 영어 영상이나 음원을 많이 보여주거나 들려주고 영어책을 많이 읽어준 환경에서 자란 아이들은 파닉스 과정 없이도 자연스럽게 영어 단어를 읽고 영어책을 읽기도 합니다. 하지만 그동안 그렇지 않은 환경이었다면 아이가 파닉스 규칙에 대해 공부를 하는 것이 영어책 읽기에 도움이 됩니다. 각 알파벳의 음가뿐만 아니라 알파벳들이 만나 어떤 소리를 만들어내는지 그 원리를 깨우치게 되면 아이가 스스로 영어책을 읽는 단계로 더 빠르게 진입할 수 있습니다.

파닉스 입문 단계에서 꼭 기억해야 할 사항이 2가지 있습니다. 첫째, 파닉스 규칙만 독립적으로 공부시키지 말고 반드시 쉽고 단순하면서도 재미있는 영어 그림책 읽기를 병행해야 합니다. 그래야만 아이가 파닉스 규칙이 실제로 어떻게 적용되는지를 이해할 수 있습니다.

둘째, 파닉스 규칙을 따르지 않는 단어들은 따로 가르쳐줘야 합니다. 파닉스 규칙을 따르지 않기 때문에 글자를 통째로 보고 읽어야 하는 단어를 가리켜 사이트 워드라고 합니다. 사이트 워드만 제대로 알아도 어린이 영어책의 대부분을 읽을 수 있습니다. 파닉스와 사이트 워드, 쉽고 재미있는 영어 그림책, 이 3가지를 잘 활용하면 영어책 읽기의 기초 다지기가 훨씬 빠르고 효과적으로 이루어질 수 있습니다.

Q. 엄마의 영어 발음이 좋지 않은데 영어책을 읽어줘도 되나요?

A. 여러 연구 결과에 따르면 엄마의 영어 발음과 아이의 영어 실력은 크게 관련이 없습니다. 엄마의 영어 발음보다 중요한 것은 책을 매개로 한 엄마와의 상호작용 과정을 통해 영어에 대해 긍정적인 감정을 형성하는 것입니다. 요즘에는 기술력의 발달로 원어민 발음을 들을 수 있는 방법이 다양해졌습니다. 따라서 이와 같은 소스들을 잘 활용한다면 엄마의 영어 발음은 아이의 영어 학습에 큰 영향을 주지 않습니다. 설령 엄마의 잘못된 발음으로 인해 아이의 영어 말소리 인풋에 다소 문제가 생겼더라도 추후 교정할 방법이 얼마든지 있습니다. 그러므로 발음에 대한 걱정은 내려놓고 매일 규칙적으로 아이와 함께 영어책을 읽는 시간을 가지시길 바랍니다. 엄마의 유창하지 않은 영어 발음 때문에 생기는 문제보다 엄마가 함께 영어책을 읽어주지 않아서 생기는 손실이 훨씬 많습니다.

Q. 아이와 파닉스를 재밌게 배우고 싶은데 좋은 방법이 있을까요?

A. 아이들은 놀이를 통해 성장합니다. 알파벳을 익힐 때처럼 파닉

스를 배울 때도 게임을 통해 익히면 한결 더 흥미롭게 배울 수 있습니다. 다음은 파닉스를 배울 때 할 수 있는 재미있는 게임들입니다.

● **아이 스파이** I Spy **게임**

영어 그림책 중에 I Spy 시리즈가 있습니다. 숨은 그림 찾기를 하며 어휘를 익힐 수 있어 엄마표 영어를 하는 엄마들 사이에서 인기 만점인 베스트셀러입니다.

그런데 책이 아닌 주변 사물을 이용해서도 아이 스파이 게임을 할 수 있습니다. 게임 방법은 간단합니다. 주위에 있는 물건 중 하나를 마음속으로 정한 뒤 그것의 알파벳 첫 글자를 알려주면 술래는 그 힌트를 기반으로 해당 물건을 찾는 것입니다.

좀 더 자세히 설명드리자면, 먼저 가위바위보를 해서 이긴 사람이 "I spy with my little eyes, something beginning with~ "라고 말하며 문제를 냅니다. 가령, 창문 window 을 보았다면 "I spy with my little eyes, something beginning with w"라고 말하는 식이지요. 술래는 주위에서 'w'로 시작하는 물건은 무엇이 있는지 생각하고 머릿속에 떠오른 단어를 이야기해서 맞힙니다.

문제를 낼 때 반복해서 말해야 하는 문장에 등장하는 'I', 'spy',

'eyes' 등의 단어가 라임을 이루기 때문에 이 게임을 하다 보면 운율 감을 한껏 느낄 수 있을 뿐만 아니라 주변 사물의 이름을 영어로 생각할 수 있어서 재미와 학습 두 마리 토끼를 모두 잡을 수 있습니다. 집에서뿐만 아니라 차를 타고 이동할 때 등 장소에 관계없이 할 수 있는 게임인 것도 장점입니다.

● 영어 끝말잇기 게임

한글 끝말잇기 게임과 마찬가지로 맨 마지막에 끝나는 글자로 시작하는 단어를 말하는 게임입니다. 가령, 'dog-gate-egg…'로 이어지는 식으로요. 아이 스파이 게임은 처음 시작하는 단어의 음가만 알면 되지만, 영어 끝말잇기 게임을 하려면 단어의 대략적인 스펠링을 알고 있어야 해서 이 게임은 파닉스에 어느 정도 익숙해진 후에 하는 것이 좋습니다.

● 파리채 게임

아이들은 칠판에 낙서하는 것을 무척 좋아합니다. 파리채 게임은 아이들의 그런 본성을 이용한 게임입니다. 이 게임을 하려면 화이트보드와 파리채 2개가 필요합니다. 우선 아이가 최근에 익혔던 새로운 파닉스 어휘나 사이트 워드를 화이트보드에 적습니다. 아이에게 적게 하면 쓰기 연습이 되어서 더욱 좋겠지요? 단어의 수는 10~15개 내외가 적당합니다. 자녀가 2명일 경우, 또는 엄마 아빠가 함께 게임을 할 경우, 가위바위보로 순서를 정해 한 사람은 심판을 하고 나머지 두 사람이 플레이어가 됩니다. 심판은 화이트보드에 적힌 단어 중 하나를 읽습니다. 이때 해당하는 단어를 먼저 파리채로 치는 사람이 점수를 획득합니다. 그다음에 게임을 진행할 때는 맞힌 단어는 지우고 점수판에 점수를 적습니다. 아이가 영어를 잘 읽으면, 이제는 단어 뜻으로 문제를 내게 하는 등의 변형도 가능합니다. 또는, 그날의 날짜나 날씨를 영어로 써보게 한다거나 그날 읽은 책에서 단어나 문장을 뽑아서 게임을 진행해도 좋습니다. 화이트보드가 없는 경우, 단어 카드를 만들어서 바닥이나 책상에 펼쳐놓고 파리채로 치는 방식으로 응용할 수 있습니다.

● 블렌딩 게임

아이가 파닉스로 알파벳의 개별 음가를 익히고 나면 각각의 음가를 연결해 단어를 발음하는 블렌딩을 배웁니다. 이 게임은 이 무렵에 병행하면 좋은 게임입니다. 방법은 간단합니다. 아이 앞에 다양한 장난감이나 인형, 사물을 늘어놓고 엄마나 아빠는 아이에게 파닉스 음가만 알려줘서 아이로 하여금 해당 발음으로 이루어진 단어를 연상하게 만듭니다. 아이는 그에 해당하는 물건을 찾아 영어로 단어 이름을 큰 소리로 말하면 됩니다.

가령, 엄마가 [d], [o], [g]의 발음을 각각 들려주었다면 아이가 강아지 인형을 찾은 후 "Dog!"라고 말하는 식입니다. 이처럼 게임을 통해 즐겁게 익힌 파닉스는 훨씬 더 오래 기억에 남습니다. 아이가 정답을 맞힐 때마다 아낌없는 칭찬과 격려를 건네는 것도 절대 잊지 마세요.

STEP 2

초급 리더스 읽기
-문자 읽는 힘을 기르는 시간

목표	평균 AR 지수	대표적 책 형태
• 파닉스 완성 • 디코딩에 익숙해지기 • 읽기 유창성 키우기	1.0~1.5	초급 리더스 파닉스(디코더블) 리더스 사이트 워드 리더스

STEP 2는 1차 영어 읽기 독립을 완성하는 단계입니다.

이 단계에서는 읽기 유창성을 향상시키는 것이 핵심입니다.

다양한 종류의 초급 리더스를 소리 내어 읽음으로써

파닉스의 원리를 완전히 이해, 습득하고

혼자서도 영어책을 읽을 수 있는 디딤돌을 쌓는 단계입니다.

STEP 2의 목표

- 초급 리더스 읽기를 통해 파닉스를 완성한다.

- 영어책을 소리 내어 읽으면서 읽기 유창성을 키운다.

- AR 1~2점대의 책을 많이 읽는 수평읽기로 영어책 1천 권 읽기를 달성한다.

- 이로써 1차 영어 읽기 독립을 완수한다.

파닉스 공부의 핵심, 초급 리더스 읽기

아이들이 영어의 소리와 문자에 충분히 친해지도록 도와주셨나요? 지금까지 부모님이 읽어주는 영어책을 비롯해 음원, 영상 등을 통해 알파벳의 형태와 기본적인 파닉스 음가를 익혔다면, 이제는 본격적으로 문자와 음성 사이의 규칙을 배워나가며 파닉스 학습을 완성할 단계입니다. 또한, 파닉스 리더스 같은 쉬운 책들을 읽으며 문자를 스스로 해독하는 방법Decoding(디코딩)을 익힐 차례입니다. 아이가 완전한 읽기 독립을 하기까지 밟아야 하는 모든 과정이 중요하지만, STEP 2는 별 다섯 개를 달아도 부족할 만큼 특별히 더 중요합니다.

한글은 워낙 과학적으로 만들어진 문자이기 때문에 각각의 자모 형태와 그것들이 가지는 소릿값을 익히고 나면 조합해서 읽는 것이 크게 어렵지 않습니다(그렇게 조합해서 읽은 단어의 뜻을 아는 것은 별개의 문제이지만요). 반면, 영어는 파닉스 규칙을 안다고 해도 예외가 많아서 아이들이 처음 배울 때 어려움을 느낍니다. 가령, 한글과는 달리 영어의 'i' 모음의 경우 어떨 때는 [아이]로, 어떨 때는 [이]로 발음합니다. 자음도 마찬가지입니다. 'c'의 경우 어떨 때는 [ㅋ]로, 어떨 때는 [ㅅ]로 발음합니다.

사정이 이렇다 보니 처음 영어 읽기를 배우는 아이들은 혼란에 빠지기 십상입니다. 아이들이 겪을 이와 같은 어려움에 공감해주시고 영어에 거부감을 가지지 않고 친해질 때까지 기다려주시면서 아래의 가이드들을 잘 따라오신다면, 분명 어느 순간 아이가 혼자서 영어책을 읽기 시작하는 1차 영어 읽기 독립을 맞이하리라 믿습니다.

파닉스 공부, 꼭 필요할까?

"아이가 지금 여섯 살인데, 파닉스를 가르쳐야 하지 않을까요?"
"파닉스 수업을 1년 넘게 했는데 영어책을 잘 읽지 못해요."
"파닉스 규칙대로 읽었는데, 선생님이 틀렸다고 해서 아이가 속상해해요."

언제부터인가 사교육을 중심으로 파닉스 만능주의가 만연한 듯한 인상입니다. 속전속결로 파닉스 규칙만 배우면 아이가 영어책을 줄줄 읽어나갈 것이라고 생각했는데 현실은 그렇지 못합니다. 이쯤에서 파닉스의 본래 목적을 떠올릴 필요가 있습니다. 파닉스는 본래 영어라는 언어를 태어나면서부터 자연스럽게 말소리로 듣고 배운 원어민이나 ESL 환경(영어가 제2언어인 환경)에 살고 있는 아이들이 소리와 글자와의 관계를 규칙으로 정리해 익혀나가는 것을 목적으로 합니다. 즉, 파닉스 학습은 영어 말소리에 충분히 노출이 된 상태를 전제로 합니다.

따라서 영어 말소리에 제대로 노출이 안 된 아이들에게 처음부터 파닉스를 공식이나 규칙 암기처럼 접근하게 하면 득보다 실이 더 많을 수 있으므로 주의해야 합니다. 가령, 아이는 'ride'라는 단어를 처음 봐서 그 소리와 뜻에 익숙하지도 않은데, 여기에 나오는 'e'는 '매직e' 규칙(영어 단어 끝에 'e'가 오면 앞의 모음은 본래의 소리를 낸다는 규칙)으로 발음해야 한다고 가르치는 경우를 생각해보세요. 아이는 분명 '영어는 배우기 힘들고 어려워'라는 생각을 갖게 될 것입니다. 제가 만났던 한 학생은 낭독을 할 때 이상한 발음으로 책을 읽어서 저를 놀라게 했는데요. 알고 보니 영어 말소리를 들은 대로 읽는 게 아니라 학원에서 배운 파닉스 규칙을 근거로 자기 생각대로 발음을 하고 있었습니다. 이 학생은 영어가 재미없고 힘든 과목이라고 생각하고 공부를 거부하는 상태였습니다.

그렇다면 아이들에게 파닉스 지도가 꼭 필요할까요? 파닉스 만능주의의 부작용 때문에 일각에서는 파닉스가 필요 없다는 주장을 하기도 합니다. 명시적인 파닉스 지도를 비판하는 분들의 주장은 이렇습니다. '영어 철자법은 너무 불규칙적이기 때문에 파닉스 공부는 아이들이 영어를 읽고 쓰는 데 도움을 주지 못한다.' 이분들의 말도 일견

맞습니다. 실제로 파닉스 규칙으로 읽을 수 있는 영어 단어는 전체의 50~60%에 불과합니다. 또한, 어릴 적부터 영어 말소리에 자연스럽게 노출된 환경 속에서 영어책을 많이 읽어준 아이들 중에는 파닉스를 안 배우고도 저절로 영어책을 혼자서 읽을 수 있는 아이들이 많습니다. 마치 한글책을 많이 읽어준 아이가 통으로 한글을 배우는 것처럼 요. 이와 같은 사례를 바탕으로 파닉스 무용론을 주장하는 분들도 계시는 것 같습니다.

그럼에도 저는 파닉스 규칙이 아이들이 영어책 읽는 법을 빠르게 익히는 데 분명히 도움이 된다고 생각합니다. 파닉스는 단어를 읽는 법과 기억하는 시스템을 배우는 데 큰 도움이 되기 때문입니다. 가령, 앞에서 예시로 든 '매직 e'의 원리를 이해하면 이와 같은 규칙을 적용할 수 있는 단어를 처음 보더라도(예를 들어 'muse') 어렵지 않게 읽을 수 있습니다. 특히 학년은 높은데 영어 노출 경험이 적은 아이들의 경우 영어책 읽기에 들어가기 전에 파닉스를 배우면 큰 도움이 됩니다.

하지만 효과적인 파닉스 학습의 출발점과 종착점은 영어책 읽기라는 점을 꼭 기억해주시면 좋겠습니다. 영어책 읽기를 비롯해 집중듣기와 흘려듣기를 반복적으로 함으로써 아이는 파닉스를 점차 완성해 나가게 됩니다. 파닉스 학습과 영어책 읽기 및 듣기 활동을 병행하면 서로 상호작용을 하며 시너지를 낸다고 생각하시면 됩니다.

파닉스 완성,
영어책 읽기가 답이다

　그렇다면 영어를 외국어로 배우고 있는 우리 아이들이 파닉스를 자연스럽게 익힐 수 있는 방법은 무엇일까요? 바로 아이 수준에 맞는 쉬운 영어책 읽기가 정답입니다. 누누이 반복해서 말씀드리지만 우리 아이들이 영어를 배우는 환경은 원어민 아이들과 다릅니다. 따라서 영어책, 영어 영상으로 풍부한 인풋을 주는 것이 기본 중의 기본입니다. 가급적 많은 영어책을 부모님과 아이가 함께 반복해서 읽어나가는 것이 가장 중요합니다.

　파닉스는 교재 몇 권을 뗀다고 완성되지 않습니다. 많은 양의 영어책 읽기가 뒷받침될 때 비로소 완성될 수 있습니다. 다만, 파닉스 초기 단계에서 아이가 읽는 책은 그림만 봐도 어떤 내용인지 유추할 수 있을 만큼 쉽고 단순해야 합니다. 반복되는 패턴을 가지고 있어 영어 문형을 익히기도 쉬워야 하고요. 앞에서 전집을 무조건 들여놓지 말고, 도서관에서 먼저 몇 권을 읽혀보고 아이의 반응을 보고 결정하라고 말씀드렸습니다.

　그런데 기초 리더스의 경우는 일명 '박스 떼기'라고 해서 전집을 구매해 여러 번 반복해서 읽는 것이 효과적입니다. 반복해서 읽다 보면 아이들이 거의 외울 정도가 되는데, 책의 양이 많지 않기 때문에 박스 안에 담긴 모든 책을 읽어도 그렇게 많은 시간이 걸리지는 않습니다. 책도 얇고, 요즘에는 워낙 영어책 구하기가 쉬워져서 가격도 그리 부담스럽지 않습니다.

이때 '1천 권 읽기'라는 목표를 세워놓고 읽으면 더욱 좋습니다. 아이에게 성공 시 보상으로 건넬 작은 선물을 약속하고 기초 리더스 전집을 구매해 반복해서 읽어나가면, 영어책 1천 권 읽기 목표를 그리 어렵지 않게 달성할 수 있습니다. (10번 반복해서 읽은 것을 10권으로 쳐주시면 됩니다!)

기초 리더스 중 Oxford Reading Tree 시리즈나 Scholastic 출판사에서 펴낸 First Little Readers 같은 시리즈들은 세이펜 기능이 있어 부모님이 읽어주지 않아도 아이 혼자 책을 읽을 수 있습니다. 하지만 처음에는 부모님이 아이 곁에 앉아 세이펜으로 본문을 찍어주며 함께 읽거나 번갈아 읽는 것이 좋습니다. 어떤 방식으로든 세이펜을 활용하면 쉽게 원어민 발음으로 책을 읽어주는 효과를 누릴 수 있습니다. 특히 First Little Readers 시리즈는 특정 단어와 문장이 반복되는 패턴이 많이 나와서 아이들의 영어책 읽기 자신감을 키워주는 데 도움이 됩니다. 이 시리즈는 A부터 G&H까지 각 단계마다 각각 16~25권의 책으로 구성되어 있는데(총 132권) 이 책들만 팝펜(세이펜과 비슷한 기능을 가진 펜)으로 여러 번 반복해서 읽는 것만으로도 파닉스를 완성해나가는 데 큰 도움이 됩니다.

STEP 2에서는 막힘없이 소리 내어 읽을 수 있는 읽기 유창성을 키우는 것이 중요한 목표입니다. 제대로 소리 내어 읽을 수 없는데 의미까지 제대로 파악하기란 거의 불가능합니다. 만일 영어 문장을 소리 내어 읽을 줄 안다고 해도 진정한 의미의 영어책 읽기가 가능해지려면 단어의 의미, 우리말과는 다른 전혀 다른 어순이나 표현 방법 등에 익숙해져야 합니다. 따라서 다음 단계로 영어책 읽기 수준을 높여나 가기 위해서는 꾸준한 낭독 연습을 통해 읽기 유창성을 키우는 것이 반드시 필요합니다.

이를 위해서는 AR 1~2점대의 책들을 가능한 한 많이 소리 내어 반 복적으로 읽도록 도와주실 필요가 있습니다. 그러면 읽기 유창성과 함께 자연스럽게 어휘와 표현들에 익숙해지면서 읽기 수준을 올릴 수 있는 영어의 기초 체력이 생깁니다. 이때 앞에서 소개해드린 온라인 영어 도서관들을 활용하면 낭독 습관을 들이는 데 많은 도움이 됩니 다. 특히 라즈키즈 플러스 같은 경우 모든 책마다 낭독 및 녹음 기능 이 있어서 aa나 A, B단계의 기초 리더스를 반복해서 읽고 꾸준히 녹음 을 하면서 영어의 기초를 튼튼히 다지기 좋습니다. 또한, 각 단계별로 90여 권의 책이 있기 때문에 이것들만 제대로 반복해서 읽어도 의미 있는 학습이 이루어집니다.

파닉스 학습, 언제 시작하면 좋을까?

영어를 이제 막 처음 시작하는 아이에게 준비 과정 없이 파닉스 학 습을 들이밀면 오히려 아이가 영어에 대해 안 좋은 감정을 가질 우려 가 있습니다. 영어 말소리에도 익숙하지 않고, 책 읽기와 연결되지 않은 상태에서의 파닉스 학습은 시간 대비 효율성도 낮습니다. 따라서 파닉스를 시작하는 시기는 부모가 아니라 아이가 정한다고 생각하시는 것이 좋습니다.

파닉스 노래도 열심히 따라 부르고 부모님과 함께 영어 그림책도 읽으면서 영어 말소리와 문자에 익숙해진 아이들이라면 이제 조금씩 글자에 관심을 보이기 시작할 것입니다. 통으로 외운 부분이 있다면 혼자서 읽으려고도 할 것입니다. 이는 앞에서 소개해드린 대로 읽기 발달 단계의 첫 단계에서 나타나는 현상인 '익숙한 이야기를 외워서 읽는 시늉 내기' 현상입니다.

또한, 아이들이 파닉스 동영상이나 파닉스 애플리케이션 등을 통해 각 알파벳의 대표 음가를 조금씩 인지하게 되면, 책에서 처음 보는 글자도 읽어보려는 시도를 하게 됩니다. 가령, B의 음가인 [b] 사운드를 알게 됐다면, 'boy', 'bear', 'bus' 등 B로 시작하는 처음 보는 글자들을 혼자서 읽어보려고 하는 모습을 보일 것입니다. 아이가 이런 변화를 보일 때를 부모님이 잘 포착하셔서 파닉스 학습을 시작하면 효과가 더욱 좋을 것입니다.

5단계로 마스터하는 파닉스

파닉스는 단기간에 끝낼 수 없습니다. 그런데 안타깝게도 일부 학원에서는 '3개월 완성!' 등의 문구로 단기간에 파닉스를 끝낼 수 있을 것처럼 홍보하기도 합니다. 하지만 미국의 경우만 봐도 유치원부터 초등 2학년 때까지 거의 4년에 걸쳐 파닉스를 계속 가르칩니다. 이는 영어를 모국어로 사용하는 아이들도 파닉스 규칙을 익히는 것이 쉽지 않다는 뜻입니다. 다만 미국에서는 파닉스를 따로 떼어내어 규칙으로만 배우기보다는 책을 먼저 읽고 독후 활동으로 가르치는 경우가 많습니다. 즉, 영어를 특정한 교과목으로 가르치기보다는 'Language Art'라고 해서 책 읽기를 위주로 하는 수업을 합니다. 우리나라로 치면 국어 수업 시간에 아이들 수준에 걸맞은 많은 글을 읽히는 셈입니다.

그러므로 영어 학습 초반부터 파닉스를 완벽하게 떼게 만들어야겠다는 욕심은 버리는 것이 좋습니다. 그보다는 기본적인 파닉스 규칙을 가르치되 영어책 읽기와 병행하면서 꾸준하고 지속적인 관심을 기울여야 합니다. 파닉스를 배우는 목적은 규칙 그 자체를 습득하는 데 있는 것이 아니라 궁극적으로 영어책을 읽을 수 있는 능력을 키우는 데 있다는 사실을 잊지 마세요.

그렇다면 파닉스는 어떤 순서로 배우는 것이 효과적일까요? 대부분의 파닉스 교재나 프로그램들은 비슷한 순서로 구성되어 있습니다. 가령, 학원과 엄마표 영어 파닉스 교재로 많이 사용 중인 e-Future 출판사의 파닉스 교재인 Smart Phonics 시리즈의 경우 커리큘럼 구성이 아래와 같습니다.

- 1단계: 알파벳 소리Single Letter Sounds
- 2단계: 단모음Short Vowels
- 3단계: 장모음Long Vowels
- 4단계: 이중자음Double Letter Consonants
- 5단계: 이중모음Double Letter Vowels

이 책에서도 이해하시기 편하도록 파닉스를 배우는 과정을 총 5단계로 나누어 소개하고자 합니다.

① 알파벳과 음가 배우기

알파벳과 각 알파벳의 대표 음가, 그리고 해당 음가로 시작하는 기초 단어를 익혀놓으면 파닉스를 쉽게 시작할 수 있습니다. 가령, '에이(A, 알파벳 이름) – 애([æ], 대표 음가) – 애플(Apple, 해당 음가로 시작하는 단어)'로 익히는 식으로요. 이 세 가지 요소를 한 덩이로 익힐 수 있는 노래를 적절한 것으로 한 곡 골라 완전히 외울 정도로 반복해서 들으면 좋습니다. 이 단계에서 참조할 수 있는 영상은 STEP 1의 177쪽을 참조해주세요.

② 단모음 배우기: a, e, i, o, u

언어를 배울 때 보통 자음보다 모음을 먼저 가르칩니다. 또한, 모음은 발음의 지속 시간에 따라 단모음과 장모음으로 나뉘는데, 둘 중에서는 보다 발음이 간단한 단모음을 먼저 가르칩니다. 영어의 단모음에는 'a, e, i, o, u'가 있으며, 이들의 대표 음가는 각각 [애, 에, 이, 아, 어]입니다.

아이들에게 모음 개념을 알려줄 때 모음은 '외롭게 혼자 있는 다른 글자와 글자를 연결시켜줘서 멋진 단어를 만들어주는 고마운 친구'라고 알려주시면 좋습니다. 가령, 'u'는 양손으로 'b'와 's'의 손을 꽉 잡아서 'bus'라는 단어를 만들 수 있게 도와준다는 식으로요. 그러면 어렵지 않은 방식으로 아이들에게 자모의 결합 방식에 대한 개념을 심어줄 수 있습니다.

아이들은 어떤 개념을 알려줄 때 몸으로 함께 익히면 더욱 잘 이해합니다. 영어 교수법 중에서 전신반응 교수법Total Physical Response을 창안한 애셔Asher 박사는 신체 활동과 언어를 연합시키면 아이들이 더 오래 기억할 수 있다고 말했습니다. 제가 한 교육 포털 서비스에서 신체 활동을 하며 영어의 모음을 배울 수 있는 재미난 체조 방법을 발견했는데요. 단모음을 발음할 때의 정확한 입 모양을 몸으로 익힐 수 있도록 만들어진 영상으로 실제로 적용해보니 아이들이 무척 좋아했던 기억이 납니다.

- a[애]

양팔을 옆으로 쭉 편 상태에서 입을 양옆을 최대한 벌리면서 발음한다. 긴장된 상태로 턱을 아래로 내리고 혀를 구강의 아랫부분에 둔 상태에서 소리를 낸다.

- e[에]

양팔을 앞으로 나란히 하면서 발음한다. 이때 양 손바닥이 마주하도록 팔을 앞으로 뻗는다. 'a[애]'보다 긴장을 하지 않은 이완 상태에서 소리를 낸다.

- i[이]

  양팔을 접어 옆구리에 붙이고 손끝을 귀 쪽으로 해서 발음한다.
  'e[에]'보다 구강 구조 안에서 혀를 조금 더 높게 하여 소리를 낸다.

- o[아]

  왼팔은 앞으로 나란히 하고 오른팔은 오른쪽 귀에 붙이고 쭉 편 동
  작을 하면서 발음한다. 턱을 아래로 당기고 입을 크게 벌리면서 소리
  를 낸다.

- u[어]

  양팔을 앞으로 뻗어 교차한다. 즉, 'o[아]' 발음을 할 때의 포즈에서
  오른손을 그대로 내려 크로스하며 발음한다. 입의 근육을 이완시키면
  서 편하게 소리를 낸다.

  (* 출처: 쑥쑥닷컴 참조)

영어 단모음 발음에 특화된 내용은 아니지만 유튜브에는 앞서 설
명드린 모음 체조처럼 몸을 사용해 알파벳의 형태를 익힐 수 있도록
안무가 구성된 알파벳 요가 영상도 있습니다. 모음 체조와 더불어 해
보면 아이가 파닉스 초기 단계에서 영어에 흥미를 갖는 데 도움이 되
리라고 생각합니다.

A B C D E F G H I

　지금까지의 내용에 따라 아이가 자음과 모음의 대표 음가 및 단모음 발음을 알게 됐다면, 이제 단어 읽는 연습을 시켜보세요. 특히 '자음+모음+자음CVC' 형태로 결합된 단어들을 중심으로 읽는 연습을 하는 것이 좋습니다. 가령, 영어 그림책에 'bat'라는 단어가 나왔다면 먼저 [b], [a], [t]라고 발음해보게 한 뒤, 이를 연결해 한 단어로 [bat]라고 읽게 하는 식입니다. 가족 구성원들이 파닉스 역할극을 함께 하면 아이가 알파벳을 더욱 재밌게 익힐 수 있습니다. 가령, 아이는 가운데에 자리를 잡고 [a] 소리를 내면서 A의 역할을, 아빠는 아이의 왼쪽에 서서 [b] 소리를 내며 B의 역할을, 엄마는 아이의 오른쪽에 서서 [t] 소리를 내며 T의 역할을 하면서 서로 손을 잡고 각각의 소리를 내고, 마지막에는 [bat]라는 소리를 만들어보는 것입니다.

③ 장모음 배우기

영어의 모음은 소리를 짧게 낼 때와 길게 낼 때 각각 다르게 발음이 되기 때문에 영어를 처음 배우는 학습자들을 헷갈리게 만듭니다. 하지만 바로 앞에서 알려드린 단모음 소리만 정확히 알고 있으면 나머지 모음 발음은 쉽게 익힐 수 있습니다. 장모음은 말 그대로 길게 발음을 해야 하는 모음인데, 해당 알파벳의 이름으로 발음하면 되기 때문에 읽기가 매우 쉽습니다. 즉, 'a'는 [에이], 'i'는 [아이]로 발음하면 됩니다.

장모음을 가르쳐줄 때, 꼭 알려줘야 하는 발음이 있습니다. 바로 앞에서 간단히 언급하기도 했던 '매직 e'입니다. 매직 e는 보통 단어의 맨 끝에 붙어 소리를 내지 않고 단어의 맨 앞에 처음 나온 모음의 소리를 해당 모음의 이름 그대로 소리 나게 하는 e를 가리킵니다. 그 자신은 소리가 안 나기 때문에 '사일런트 e Silent e'라고도 합니다. 가령, 'mat'는 [매트]라고 발음을 합니다. 그런데 이 단어 뒤에 매직 e가 붙은 단어 'mate'에서는 'a'를 [에이]로 발음하여 [메이트]로 읽는 식입니다.

④ 이중자음
배우기

　이중자음은 'flute', 'break', 'climate', 'great'처럼 단어의 맨 앞이나 맨 뒤에 2~3개의 자음이 연속해서 오는 경우를 가리킵니다. 이중자음은 복자음 또는 연속자음이라고도 부릅니다. 이중자음은 각각의 자음을 연결해서 발음하면 되기 때문에 아이들이 그리 어렵지 않게 배울 수 있습니다.

　만일 아이가 영어책을 많이 읽고 있는 중이라면, 파닉스 학습은 장모음 단계까지만 하고 끝내도 괜찮습니다. 이중자음과 이중모음은 단모음과 장모음을 제대로 알고 있으면 배우기가 그리 어렵지 않습니다. 또한, 영어책을 읽어가는 과정에서 자연스럽게 익숙해질 수 있는 발음들이기 때문입니다. 하지만 교재 학습을 좋아하는 아이들도 있으므로 아이의 성향에 따라 체계적으로 파닉스를 정리하고 싶어 한다면 이중자음(4단계)과 이중모음(5단계)까지 학습을 진행하고 마무리해도 좋습니다.

　이중자음의 종류에는 다음과 같은 것들이 있습니다. 다음의 표는 영어의 대표적인 이중자음과 해당 이중자음으로 발음해야 하는 기초 단어의 묶음을 표로 정리한 것입니다. 굳이 일일이 암기할 필요 없이 '이런 것들이 있구나' 하는 정도로 알고 있어도 충분합니다.

영어의 대표적인 이중자음들

2개의 이중자음		3개의 이중자음	
bl	blend, blight	shr	shroud
br	break, brown	spl	splash, splendid
cl	cluster, class	spr	spring, spray
cr	crash, cross	str	struggle, strap
dr	drive, drab	thr	throw
fl	flu, flake		
fr	freedom, frost		
gl	glad, glory		
gr	green, gravy		
nd	blend, send		
pl	play, plow		
pr	prime, prowl		
sl	slogan, sloppy		
sm	small, smart		
sn	snail, snore		
sp	special, spray		
st	stop, start		

⑤ 이중모음 배우기

이중모음은 말 그대로 모음 2개가 연이어진 것으로 가령 'ai(rain)',
'oa(coat)', 'ea(peach)', 'ie(pie)', 'ee(teen)', 'oe(toe)', 'ue(tissue)' 등이 있
습니다. 단모음과 장모음을 완전히 잘 익혔다면 이중모음도 쉽게 따
라갈 수 있습니다. 이중모음을 발음할 때는 장모음을 발음할 때처럼
맨 첫 번째 모음만 그것의 알파벳 이름으로 길게 발음하면 됩니다. 두

번째 모음은 소리가 나지 않습니다. 가령, 'rain'의 경우 첫 번째 모음인 'a'를 알파벳 이름대로 [에이]라고 발음합니다.

그런데 이중모음을 규칙으로만 공부해서는 영어책을 읽는 데 한계가 있습니다. 규칙에서 벗어나는 발음도 있기 때문입니다. 가령, 'fruit'에서 'ui'는 [우:]처럼 발음되지만, 'build'나 'guilt'에서는 [이]로 발음됩니다. 이처럼 발음 규칙에서 벗어나는 사례는 무척 많습니다. 영어책 읽기를 할 때 반드시 음원을 듣고, 또 직접 입으로 소리 내어 읽는 연습을 꾸준히 해야 하는 이유가 여기에 있습니다. 그래야만 파닉스 규칙에서 벗어나는 이중모음(이중모음 외에도 많은 파닉스 예외 규칙이 존재합니다)으로 구성된 단어의 정확한 발음이 더욱 쉽게 체화될 수 있습니다. 이는 단어를 어떻게 읽어야 할지 고민할 필요 없이 빠른 속도로 책을 읽어나가게 해주는 읽기 유창성의 바탕이 됩니다.

파닉스 교재와 초급 리더스, 무엇을 어떻게 읽힐까?

파닉스 교재와 초급 리더스를 함께 적절히 잘 사용하면 아이의 영어 읽기 독립이 한층 더 가까워집니다. 시중에 출간된 파닉스 교재들은 단계 및 구성이 대부분 비슷합니다. 먼저 타깃 파닉스 음가의 음원을 들으면서 발음을 익히고 쓰기 연습을 한 후 짧은 이야기를 통해 배운 내용을 다시 한번 복습하는 구성입니다. 이때 이야기 안에는 필수 사이트 워드도 제시되어 있어서 더불어 공부하기에 좋습니다.

참고로 미국 부모들에게도 인기 있는 Bob Books 시리즈처럼 원어민 아이들을 위해 만들어진 파닉스 교재들의 경우에는 리딩 중심으로 구성됐습니다. 즉, 알파벳과 기본적인 음가를 소개한 후 타깃 음가가 포함되어 있는 짧은 스토리의 문장을 읽게끔 만들어진 것이지요. 이들 파닉스 교재는 책에 색칠도 할 수 있게 구성되어서 아이들이 무척 좋아합니다. 또한, 플래시 카드와 워크북도 잘 만들어져 있어서 추가 학습 활동과 연계하기도 편리합니다.

● Bob Books 소개 영상

국내에서 제작된 파닉스 교재들도 내용이나 구성 면에서 아주 훌륭합니다. 만일 어떤 책을 골라야 할지 고민이 된다면, 아이의 취향과 성향에 맞춰 고르는 것이 정답입니다. 서점에 나가서서 3~4가지의 파닉스 교재를 부모님이 먼저 선별해서 고른 후 아이에게 그중 하나를 선택하게 하면 아이가 스스로 고른 책이므로 더 애착을 가지고 공부를 할 수 있게 됩니다. 아이가 해당 파닉스 교재의 1권으로 재미있게 공부했다면, 2권부터는 인터넷 서점에서 구매해도 무방합니다. 다만, 이왕이면 A*List 출판사의 Phonics Monster 시리즈처럼 QR 코드를 통해 음원을 바로 들을 수 있고, 애플리케이션이나 홈페이지 등을 통해 온라인 연계 학습이 가능한 교재를 고르면 학습할 때 편의성 측면에서 좋습니다.

다음은 파닉스 교재로 학습을 할 때 꼭 기억해야 하는 사항들입니다.

파닉스 교재 학습 시 꼭 기억해야 할 사항

- 아이와 하루에 학습할 양을 정하고 습관이 되도록 한다(주교재와 워크북 모두).

- 새로운 내용을 공부할 때는 반드시 전날 공부한 부분을 큰 소리로 읽으면서 복습하고 시작한다.

- 교재에 실린 QR 코드나 CD를 통해 원어민의 정확한 발음을 반복해서 듣고 글자를 인식하면서 글자와 소리의 관계를 깨치도록 한다.

- 교재에 단어 카드가 부록으로 달려 있다면 이를 활용해 게임으로 틈틈이 복습한다. 가령, 단어 카드를 숨기고 아이가 찾을 때마다 큰 소리로 읽게 하기, 가위바위보를 해서 이긴 사람이 단어 카드에 적힌 단어를 소리 내어 읽고 가지고 가기 등의 게임을 할 수 있다.

- 각 단원에 나온 단어들을 포스트잇에 써서 집 안 곳곳에 붙여놓고 수시로 볼 수 있게 한다.

- 배운 단어를 활용해서 아주 간단한 문장이라도 아웃풋 할 수 있도록 이끌어준다. 가령, 'cake'를 배웠다면, 간식 시간에 "Do you want some cake?" 하고 물어보는 식이다.

- 그날 배운 파닉스 교재 내용과 관련된 디코더블 리더스 또는 파닉스 리더스를 연계 도서로 읽는다.

- 주교재와 함께 미니북이 제공되기도 하는데, 이 미니북은 타깃 파닉스 음가를 짧은 이야기를 통해 익힐 수 있도록 만든 일종의 디코더블 리더스다. 새로운 단원을 나갈 때는 반드시 맨 처음부터 이

미니북을 누적, 반복해서 읽게 한다. 이때 시간 재기를 하면서 3~5회 정도 읽히면 아이들이 마치 게임을 하듯 시간을 단축하기 위해 더욱 열심히, 그리고 즐겁게 읽을 수 있다.

디코더블 리더스,
그림책에서 리더스로 넘어갈 때 유용한 도구

바로 앞에서 파닉스 교재 학습 시 꼭 기억해야 할 사항 중에 디코더블 리더스 또는 파닉스 리더스를 연계 도서로 읽으면 좋다고 말씀드렸습니다. 리더스란 영어를 모국어로 사용하는 아이들이 읽기 방법을 배우기 위해 사용하는, '단계별 읽기 연습'이라는 목적을 가지고 만들어진 책입니다. 그림책과의 가장 큰 차이점은 책 표지에 1단계, 2단계 등 출판사에서 나눈 레벨이 표시되어 있으며, 이 레벨에 맞게 세트로 구성되어 있다는 점입니다. 파닉스를 배웠다고 해도 바로 책을 읽기에는 예외 법칙이 너무 많은 관계로, 원어민 아이들도 리더스를 이용해 읽기 연습을 열심히 합니다. 시중에 셀 수 없는 리더스가 나와 있는 이유입니다.

리더스는 영어를 모국어로 사용하는 아이들의 읽기 연습용 책이다 보니, 아무리 낮은 단계라고 해도 영어를 외국어로 배우는 우리 아이들에게 리더스 읽기가 처음에는 어렵게 느껴지는 것이 사실입니다. 다음은 I Can Read 시리즈의 1단계 중 한 부분입니다.

Danny was in a hurry.

He had to see his friend the dinosaur.

"I'm six years old today," said Danny.

"Will you come to my birthday party?"

짧은 부분만 발췌해서 보여드렸지만 리더스 1단계라고 해도 'dinosaur'처럼 곳곳에 파닉스 초기 단계에서는 배우지 않는 생소한 발음의 단어들이 등장합니다. 이때 본격적인 리더스로 넘어가기 전, 중간 다리 역할을 해주는 책이 필요합니다. 바로 파닉스 리더스, 또는 디코더블 리더스 Decodable Readers 입니다. 디코더블 리더스는 파닉스 규칙을 적용해 읽을 수 있는 단어 위주로 설계된 얇은 읽기 훈련용 도서를 가리킵니다.

영미권 아이들도 파닉스를 배우고 본격적인 책 읽기에 들어가기에 앞서 디코더블 리더스를 통해 문장 안에서 파닉스 규칙을 다시 익힙니다. 짧은 스토리와 반복되는 패턴의 문장을 통해 그간 배운 파닉스 규칙을 복습하면서 읽기 훈련을 하는 것이지요. 가령, 다음과 같은 문장을 통해 단모음 [i]를 확실히 익히고 긴 문장을 읽는 연습을 하는 것입니다. 아래의 내용은 Harcourt 출판사에서 출간된 Story Town Decodable Readers 시리즈의 일부입니다.

Look at the pig. It is big.

The big pig can dig and jab.

The big pig can dip and flip.

The big pig can do a trick.

The big pig can sit and kiss.

대표적인 디코더블 리더스에는 Scholastic Decodable Readers 시리즈, Collins Big Cat Phonics for Letters and Sounds 시리즈, Educators Publishing Service 출판사의 Primary Phonics 시리즈 등이 있습니다. 영미권 학부모들도 디코더블 리더스에 관심이 많습니다. 그렇기 때문에 아마존에서 'Decodable Readers'라는 키워드로 검색해보면 수많은 종류의 디코더블 리더스를 찾아볼 수 있습니다.

다양한 종류의 디코더블 리더스

아마존에서 디코더블 리더스를 검색하면 파닉스 리더스도 함께 나옵니다. 파닉스 리더스와 디코더블 리더스는 거의 유사한 목적을 가진 리더스인데 국내에서는 동일한 개념으로 사용되고 있습니다. 우리나라 온라인 쇼핑몰에서도 쉽게 구입할 수 있는 대표적인 파닉스 리더스에는 Dora The Explorer Phonics Fun Pack 시리즈, Usborne Phonics Readers 시리즈, Scholastic Phonics Readers 시리즈, Clifford

Phonics Fun Box 시리즈, Oxford Reading Tree의 Floppy's Phonics 시리즈 등이 있습니다.

다양한 파닉스 리더스 시리즈

이 중 Clifford Phonics Fun Box 시리즈(1~6팩, 각 팩은 12권으로 구성)는 'Phonics Fun'이라는 제목처럼 아이들이 좋아하는 강아지 캐릭터 클리포드를 주인공으로 등장시킨 이야기로 재미있게 파닉스를 익힐 수 있게 만든 파닉스 리더스 시리즈입니다. Oxford Reading Tree의 Floppy's Phonics 시리즈도 아이들이 좋아하는 캐릭터인 키퍼와 플로피가 나와 파닉스 공부에 흥미를 돋워줍니다. 1단계부터 6단계까지 총 66권으로 구성된 방대한 양이지만 세이펜의 일종인 옥스퍼드펜이 함께 딸려 있어 원어민의 영어 말소리를 들으며 파닉스의 기초를 다지기에 무척 좋습니다.

디코더블 리더스 또는 파닉스 리더스는 파닉스 파트가 세분화되어 있기 때문에 목표로 하는 파닉스의 내용과 소리를 보다 집중적으로 학습할 수 있습니다. 또한, 문장으로 파닉스를 학습함에 따라 더 많은 단어에 노출되어 읽기 유창성을 키우는 데 도움이 됩니다. 디코더블 리더스 또는 파닉스 리더스를 읽힐 때는 가급적 단권 구매보다는 시리즈 전체를 구매하는 것이 좋습니다. 그리고 책의 후반부로 갈수록 제시되는 파닉스 사운드가 복잡해지므로 앞에서부터 순서대로 읽어 나가는 것을 추천합니다.

Phonics Monster 시리즈, Come On Phonics 시리즈 등 시중에서 판매되고 있는 파닉스 교재들에는 대개 해당 단원에서 배웠던 파닉스 음가를 문장으로 복습할 수 있는 파닉스 리더스가 부록으로 제공됩니다. 이 파닉스 리더스들을 음원과 함께 반복해서 들려주면서 아이가 따라 읽게 해주세요. 또한, 새로운 단원을 배울 때마다 첫 페이지부터 소리 내어 읽게 해주세요. 반복해서 읽은 내용이 누적됨에 따라 아이들의 영어 읽기에 대한 자신감은 물론이고 읽기 유창성이 높아집니다.

워드 패밀리와 사이트 워드는 꼭 따로 챙기자

영어책 읽기를 할 때 어휘력의 중요성을 빼놓을 수 없습니다. 단어를 많이 알면 문형이나 문법을 잘 모르더라도 단어의 의미를 통해 문장의 뜻을 (정확하지는 않더라도) 파악할 수 있습니다. 또한, 익숙한 단어가 눈에 띄면 영어책을 읽을 때 자신감이 생깁니다. 이런 자신감은 아이로 하여금 영어책을 읽고 싶어 하도록 동기부여를 해주기도 합니다. 영어 읽기 독립을 위한 초기 단계에서 어휘력을 확장시킬 수 있는 방법은 크게 2가지가 있습니다. 바로 워드 패밀리 학습과 사이트 워드 학습입니다.

'영어책을 읽는데 이걸 다 알아야 해?' 하실 수도 있겠지만, 보다 효과적인 방법으로 아이가 영어책 읽기에 성공하는 모습을 보고 싶다면, 원어민 아이들도 학교와 가정에서 사용하고 있는 다음의 학습 방법들을 눈여겨보시면 좋을 듯합니다. 다독을 통해서 저절로 영어 읽기 독립이 되는 아이들도 있지만, 그렇지 않은 아이들도 많기 때문입니다.

워드 패밀리를 많이 알면 영어책 읽기가 수월하다

워드 패밀리Word Family는 말 그대로 특정 단어와 가족처럼 비슷하게 생긴 단어군을 가리킵니다. 영어의 단모음 'a, e, i, o, u'는 여러 자음들과 결합하여 단어를 구성할 때 일정한 패턴을 따릅니다. 이처럼 공통의 패턴을 보이는 모음과 자음의 결합으로 만들어진 단어들의 무리를 워드 패밀리라고 합니다. 영어의 대표적인 워드 패밀리는 다음과 같습니다.

영어의 대표적인 워드 패밀리들

'-ag' Family	'-ack' Family	'-ain' Family	'-ail' Family	'-ake' Family
bag, gag, lag, rag, sag, tag, wag, flag, zigzag	back, sack, rack, black, track, crack	main, pain, rain, train, brain, chain	mail, nail, tail, snail, trail, quail	bake, cake, lake, flake, shake, brake
'-ale' Family	'-ame' Family	'-an' Family	'-ack' Family	'-ap' Family
pale, sale, tale, scale, stale, whale	game, fame, name, frame, flame, blame	fan, man, pan, clan, span, than	back, sack, rack, black, track, crack	cap, nap, rap, scrap, clap, wrap

'-ash' Family	'-at' Family	'-ate' Family	'-aw' Family	'-ay' Family
cash, dash, mash, flash, splash, trash	cat, hat, pat, chat, scat, that	date, gate, late, plate, grate, skate	jaw, paw, saw, draw, claw, straw	day, hay, way, gray, play, tray
'-eat' Family	'-ell' Family	'-est' Family	'-ice' Family	'-ick' Family
beat, meat, seat, cheat, cleat, wheat	bell, fell, tell, dwell, shell, spell	nest, rest, vest, chest, crest, quest	dice, mice, rice, price, slice, twice	kick, pick, sick, brick, chick, stick
'-ide' Family	'-ight' Family	'-ill' Family	'-in' Family	'-ine' Family
hide, slide, wide, bride, glide	flight, light, might, bright, slight	bill, fill, hill, grill, thrill, drill	fin, pin, win, chin, grin, spin	line, nine, pine, shrine, swine, whine
'-ing' Family	'-ink' Family	'-ip' Family	'-it' Family	'-ock' Family
king, ring, wing, cling, spring, string	mink, pink, sink, drink think, stink	lip, rip, zip, ship, flip, trip	bit, knit, pit, skit, quit, split	lock, rock, sock, block, clock, smock
'-oke' Family	'-op' Family	'-ore' Family	'-ot' Family	'-uck' Family
coke, joke, yoke, broke, smoke, choke	mop, hop, top, crop, prop, stop	core, fore, more, score, snore, store	cot, dot, pot, plot, spot, trot	duck, luck, puck, pluck, stuck, truck
'-ug' Family	'-ump' Family			
bug, jug, mug, plug, slug, snug	hump, pump, jump, clump, grump, stump			

워드 패밀리 익히기는 철자와 소리를 바탕으로 읽기 연습을 하는 파닉스 학습의 한 과정이라고 보시면 됩니다. 미국 가정에서도 아이들이 학교에 입학하기 전 글자 읽는 방법을 가르치는데, 이때 파닉스 음가 배우기와 더불어 워드 패밀리를 많이 활용합니다. 가령, 기본적인 파닉스 음가 학습을 통해 'bat'라는 단어를 읽을 수 있는 아이라면 워드 패밀리 학습을 통해 'cat', 'fat', 'rat', 'pat', 'mat' 등도 쉽게 읽을 수 있습니다. 이런 장점 때문에 시중에 나와 있는 파닉스 교재나 파닉

스 리더스들도 워드 패밀리를 익힐 수 있게 구성되어 있는 경우가 많습니다.

아이가 특정 조합의 단어 읽기를 어려워한다면 해당 워드 패밀리를 다룬 동영상을 유튜브에서 검색해서 보여주는 것도 좋습니다. 가령, 아이가 '-ake'로 끝나는 단어를 잘 못 읽는다면, 유튜브에서 'ake word family'라고 검색하시면 됩니다. 원어민 아이들을 위해 만들어진 좋은 영상들이 많습니다만 저는 Little Fox 유튜브에 게시된 워드 패밀리 영상을 추천합니다. 워드 패밀리를 배운 후 다시 한번 스토리를 통해 익힐 수 있도록 구성된 것이 장점입니다.

 ● Little Fox 워드 패밀리 영상

기존에 파닉스 학습을 철저히 하지 않았더라도 같은 라임의 단어를 반복 연습하는 것만으로도 단시간 내에 발음과 철자 사이의 규칙을 확실하게 터득할 수 있습니다. 앞장에서 소개해드린 것처럼 마더구스나 너서리 라임에는 많은 라임들이 나오는데, 이 노래들을 열심히 불렀던 아이들이라면 노래 속에서 나오는 단어 중 반복되는 패턴들에 이미 익숙해져 있는 상태라 워드 패밀리를 더욱 쉽게 이해합니다.

이처럼 파닉스를 공부하면서 워드 패밀리를 제대로 한번 짚고 넘어가면 비약적으로 어휘 학습의 양이 증가합니다. STEP 1에서 알파벳 학습을 위해 핀터레스트 등에서 워크 시트를 다운로드 해 쓰기 연습에 활용하는 것을 제안드렸는데요. 이곳들에는 워드 패밀리 워크 시트 역시 많이 올라와 있으니 마음에 드는 것을 골라 쓰기 연습과 병행하셔도 좋습니다.

만일 보다 체계적으로 워드 패밀리를 정리하고 싶다면 교재를 사용하는 것도 괜찮습니다. JY Books 출판사에서 나온 4권으로 구성된 Word Family In Reading 교재 등이 대표적입니다. 다만 워드 패밀리 교재를 사용할 때 주의할 점이 있습니다. 아직 아이가 쓰기에 서투르다면 쓰기 활동은 시키지 마시고, 교재의 내용을 노래를 따라 부르듯이 부모님과 함께 큰 소리로 읽는 용도로 사용하시는 것을 추천합니다. 우선은 그와 같이 낭독 위주로 접근하고, 이후 복습을 할 때 쓰기 활동을 병행해도 늦지 않습니다.

사이트 워드는 꼭 따로 배워야 한다

아이들이 영어책 속 텍스트를 해독하고 이해하기 위해서 파닉스 외에 꼭 알아두어야 할 것이 있습니다. 바로 사이트 워드입니다. 사이트 워드 개념은 앞에서도 짧게 언급했었지만 다시 이야기를 드리자면 '눈으로 한번 보면Sight 바로 알 수 있는 단어Words'라는 의미입니다. 영어 단어 중에는 파닉스 규칙을 벗어나는 단어가 굉장히 많습니다. 사이트 워드는 파닉스 규칙과는 관계없이 통으로 익혀야 하는 단어들입니다.

연구에 따르면 아이들은 글자와 그림을 인지할 때 큰 차이가 없다고 합니다. 따라서 사이트 워드를 익혀놓으면 영어책을 읽을 때 즉각적으로 단어의 형태와 의미가 인식되기 때문에 영어책 읽기를 할 때 훨씬 더 여유 있게 읽어나갈 수 있습니다. 영미권 아동 문학 도서에서 사이트 워드의 비중이 50~70%를 차지하니 그 중요성이 얼마나 큰지 이해가 되시겠지요? 이러한 이유로 사이트 워드는 어린이를 위한 출판물에서 가장 많이 나오는 단어들을 선별해서 만든 단어 목록, 즉 'High Frequency Words'(자주 쓰이는 단어 목록)라고 부르기도 합니다.

사이트 워드 학습에 가장 많이 쓰이는 교재는 Dolch Sight Words입니다. Dolch Sight Words는 윌리엄 돌치 박사Dr. Edward William Dolch가 만든 사이트 워드 목록으로 Pre-Kindergarten(40단어), Kindergarten(52단어), First Grade(41단어), Second Grade(46단어), Third Grade(41단어)로 총 220개의 단어로 구성되어 있습니다. 가령, Pre-Kindergarten 단계에서 배워야 하는 사이트 워드는 다음과 같습니다.

a, and, away, big, blue, can, come, down, find, for, funny, go, help, here, I, in, is, it, jump, little, look, make, me, my, not, one, play, red, run, said, see, the, three, to, two, up, we, where, yellow, you

여기에 필수 명사 95개까지 따로 제시하여 총 315개의 사이트 워드를 학습할 수 있습니다. Dolch Sight Words는 현재 여러 교육기관에서 사용 중입니다. '엄실모' 카페에도 Dolch Sight Words를 모두 다운로드 할 수 있도록 단어 목록을 정리해 올려두었습니다. 이러한 사이트 워드들은 플래시 카드로 만들어 단어 카드 찾기 놀이 등과 같은 게임 형태로 학습하면 아이들이 즐겁게 어휘력을 향상시킬 수 있습니다.

● '엄실모' 카페 사이트 워드 목록

STEP 1에서 그림으로 된 영어 사전을 활용하면 단어 인풋을 늘리는 데 도움이 된다고 짧게 언급했었는데요. STEP 2에서도 역시 그림으로 된 영어 사전으로 어휘 공부를 이어나가는 것을 추천합니다. My First 1,000 Words, DK My First Dictionary 등은 1,000개의 단어가 그림으로 제시되어 있어서 매일 조금씩 학습해나가면 어휘력 향상에 많은 도움이 됩니다. 특히 DK My First Dictionary의 경우 세이펜으로 단어, 그림, 캡션을 각각 읽어줄 수 있어서 단어의 정의는 물론이고 해당 단어와 관련된 정보도 알려주기 때문에 좋습니다.

그밖에 유튜브에서 Oxford Picture Dictionary를 검색하시면 약 89개 레슨의 그림 사전으로 된 방대한 어휘를 원어민 음성과 함께 학습할 수 있습니다. 고학년뿐만 아니라 성인에게도 많은 도움이 됩니다.

 ● Oxford Picture Dictionary

계속 반복하며 드리는 말씀이지만 영어 어휘 역시 꼭 소리와 함께 익히는 것이 중요합니다. 이렇게 1,000개 정도의 필수 어휘와 더불어 약 300여 개의 사이트 워드를 함께 익혀놓으면 아이들의 영어책 읽기 자신감이 쑥쑥 올라갑니다.

다음은 사이트 워드를 익히는 효과적인 방법들입니다.

(1) 단계별로 사이트 워드를 출력해서 아는 단어와 모르는 단어 구별하기

공부를 할 때 가장 중요한 것은 자신이 무엇을 알고 모르는지 구별하는 것입니다. 이를 흔히 메타 인지라고 합니다. 사이트 워드 학습 역시 마찬가지입니다. 단계별로 사이트 워드를 출력해서 아이가 모르는 단어에 형광펜으로 표시할 수 있게 해주세요.

(2) 예문과 함께 학습하기

각각의 사이트 워드를 개별적으로만 익힐 것이 아니라 해당 사이트 워드가 쓰인 예문과 함께 학습하면 나중에 말하기와 쓰기 활동으로도 연결할 수 있습니다. 가령, 'to'만 외우는 것이 아니라 'I go to school'이라는 문장과 함께 익히는 것입니다. 예문과 함께 단어를 익히는 것이 처음부터 습관이 될 수 있도록 도와주세요.

(3) 사이트 워드 플래시 카드 출력해서 게임하기

사이트 워드와 예문이 담긴 플래시 카드를 아이와 함께 만들어보는 활동도 추천합니다. 또한, 완성한 플래시 카드는 그냥 방치하지 말고 아이와 함께 다양한 방식의 게임으로 활용해보세요. 가령, 가위바위보를 해서 이긴 사람에게 플래시 카드를 보여준 뒤 카드에 적힌 단어를 읽으면 카드를 가져갈 수 있게 해서 더 많이 카드를 모은 사람이 이기는 게임을 할 수 있습니다. 플래시 카드를 집 안 곳곳에 숨기고 찾는 게임도 가능합니다. 이때 아이가 카드를 찾았다면 카드에 적힌 단어를 큰 소리로 외치게 합니다.

(4) 모르는 사이트 워드는 포스트잇에 써서 눈에 잘 띄는 곳에 붙여두기

사이트 워드는 '한눈에 알아볼 수 있는 단어'라고 말씀드렸습니다. 그러기 위해서는 단어가 시각적으로 자주 눈에 밟혀야 합니다. 아이에게 모르는 사이트 워드를 포스트잇에 직접 쓰게 한 뒤 집 안에서 가장 눈에 잘 띄는 곳에 붙여두게 합니다.

(5) 영어책에서 사이트 워드를 찾아 동그라미 치기

어휘 학습을 마친 뒤 영어책 읽기를 시작하기보다는 준비가 덜 된 상태 같더라도 영어책 읽기와 사이트 워드 학습을 병행해야 서로 시너지 효과가 납니다. 그날 공부할 사이트 워드를 정해놓고 아이와 함께 영어책 읽기를 해보세요. 그다음 영어책 속에서 해당 사이트 워드를 누가 더 먼저 찾는지 시합하는 등의 게임을 하면 영어책 읽기와 사이트 워드 학습을 보다 재미있게 병행할 수 있습니다. 특히 형용사나 부사 같은 어휘들은 책을 읽으며 익히는 것이 좋습니다.

사이트 워드 리더스로
파닉스 끝내기

앞에서 어휘 학습과 영어책 읽기를 병행해야만 시너지 효과가 난다고 말씀드렸습니다. 사이트 워드를 배울 때도 이 원리는 동일합니다. 이때 유용하게 활용하기 좋은 책이 바로 사이트 워드 리더스입니다. Scholastic 출판사에서 나온 Sight Words Readers는 50개의 핵심 사이트 워드가 잘 정리되어 있습니다. 이 책은 미국 학부모들 사이에서도 인기가 좋아서 아마존의 사이트 워드 리더스 카테고리에서도 꾸준히 베스트셀러를 유지하고 있습니다. 특히 세이펜의 일종인 팝펜과 CD로 음원도 활용할 수 있어서 좋습니다. 총 25권의 미니북으로 구성되어 있는데 가격도 저렴한 편이라 구비해두기가 그리 부담스럽지 않습니다. 또한, 1권을 읽는 데 1분이 채 안 걸리기 때문에 매일 여러 권씩 반복적으로 읽어나가면, 아이들의 읽기 자신감을 상승시키는 데

아주 큰 도움이 됩니다.

　사이트 워드 리더스를 활용하는 방법도 기본적으로 앞에서 말씀드렸던 영어 그림책, 알파벳북, 초급 리더스 등을 읽히는 방법과 동일합니다. 즉, 반복해서 음원을 들려주는 것, 하루에 읽어야 할 권수를 정해 꾸준히 읽어주는 것, 처음에는 아이 혼자 읽게 내버려두지 말고 부모님이 함께 읽어주는 것, 읽기를 강요하기보다는 기다려주고 잘해냈을 때는 폭풍 칭찬해주는 것이 중요합니다. 이처럼 긍정적으로 동기부여가 된 상태에서 사이트 워드 학습과 사이트 워드 리더스 반복 읽기가 꾸준히 함께 이루어진다면 어느 순간 아이는 어휘력의 폭발적인 성장과 더불어 파닉스를 만족스럽게 뗄 수 있는 단계에 다다르게 됩니다.

낭독, 읽기 유창성을
키우는 탁월한 비법

STEP 2의 가장 큰 목표는 단어 해독과 내용 이해 사이의 중요한 연결 고리인 읽기 유창성을 키우는 것입니다. 읽기 유창성은 적절한 속도와 정확한 발음, 적절한 표현력을 통해 주어진 텍스트를 매끄럽게 읽어내는 능력을 말합니다. 세계적인 베스트셀러인 『유창한 독자The Flent Reader』의 저자이자 미국 켄트주립대학교 교수인 티모시 라신스키Timothy Rasinski는 다음과 같이 말했습니다.

"유창한 독자는 단어를 의미 있는 구Phrase나 절Clause 단위의 덩어리로 만들고, 소리의 높낮이, 강세, 억양을 적절히 사용하며 작가의 의도에 맞는 감정을 정확하게 전달한다. 그들에게 읽기는 수월하고 자동적인 활동이며, 마치 말하는 것처럼 읽는다. 반면, 유창하지 못한 독자는 너무 느리고 길게 띄어 읽거나 마치 로봇처럼 읽는다. 단조롭다.

단어를 하나하나 읽거나 읽기가 고르지 않다. 끊어 읽기를 하지 못하고, 숨이 가쁜 것처럼 읽는다. 단어나 구를 여러 차례의 시도 끝에 읽는다. 매우 느리고 힘겨운 속도로 읽는다."

미국 국립읽기위원회는 미국 내 영어 읽기 지도와 관련된 10만 건의 자료를 분석하여 최적의 영어 읽기 지도 방식을 교사들에게 추천하고 있는 기관입니다. 미국 국립읽기위원회도 읽기 유창성의 중요성에 대해서 다음과 같이 말했습니다. "유창성은 읽기 과정에서 소리와 문자를 연결하는 중요한 다리 역할을 한다."

읽기 유창성이 확보된 아이들은 단어의 발음을 떠올리는 것에 집중하지 않아도 되기 때문에 문장이 의미하는 바를 파악하는 데 주의를 집중할 수가 있습니다. 영어책 읽기뿐만 아니라 모든 읽기 활동의 목적은 내용을 이해하고 자신만의 것으로 소화해내는 것입니다. 그리고 그것을 토대로 자신의 생각을 말과 글로 잘 표현할 수 있다면 더할 나위 없습니다. 단순히 글자를 읽는 것이 목적이 아니라는 뜻입니다. 즉, 읽기 이해력을 높이기 위해서는 읽기 유창성이 전제되어야 합니다.

읽기 유창성을 키우는
가장 좋은 방법

그렇다면 읽기 유창성을 키우기 위한 가장 좋은 방법은 무엇일까요? 바로 낭독입니다. 낭독은 말 그대로 소리 내어 읽기를 가리킵니다. 눈으로만 문장을 따라 읽으면 한 번만 읽게 되지만 소리를 내어 읽으면 세 번 읽는 효과가 있습니다. 한 번은 눈으로, 또 한 번은 목소리로, 또 한 번은 자신이 내뱉은 말소리를 귀로 들으며 총 세 차례 같은 문장을 접하게 되기 때문입니다. 미국 국립읽기위원회 역시 '지도를 받으며 반복해서 소리 내어 읽기Guided Repeated Oral Reading'를 읽기 유창성 향상 방법으로 추천합니다. 미국 국립읽기위원회에서 추천한 이 방법은 세 부분으로 쪼개어 일상에서 실천이 가능합니다.

(1) 소리 내어 읽기

예전에는 글자 공부를 할 때 소리 내어 읽는 것을 당연하게 생각했습니다. 우리 선조들도 글공부를 할 때 큰 소리로 낭독하는 것이 기본이었습니다. 하지만 요즘에는 낭독 문화가 사라진 듯합니다. 초등학교 저학년들의 경우 글씨를 처음 배울 때는 낭독을 조금 하는 것 같지만 금세 묵독으로 돌아섭니다. 하지만 연구에 따르면 자극하는 감각이 많을수록 기억력이 향상되는 경향이 있다는 사실이 밝혀졌습니다. 그런 면에서 낭독은 묵독보다 학습 효과가 높습니다. 묵독을 할 때는 시각 자극만 주어지지만, 낭독을 하면 시각과 청각이 동시에 자극됩니다.

일본 도호쿠대학교의 카와시마류타 교수 연구팀의 연구 결과도 흥미롭습니다. 이 연구팀은 어떤 행동이 뇌의 활성화에 영향을 주는지에 대한 연구를 하다가 낭독의 중요성을 발견했다고 합니다. 인간의 뇌는 어떠한 활동을 하는지에 따라 활성화되는 영역이 다릅니다. 그런데 이들 연구팀에 따르면 낭독을 할 때 뇌에 흐르는 혈류량이 많아졌을 뿐만 아니라 신경세포의 70% 이상이 반응했다고 합니다.

과학적으로 증명된, 낭독의 효과를 높이기 위한 방법으로는 다음과 같은 것들이 있습니다.

낭독의 효과를 높이는 방법

- 낭독을 하기 전, 먼저 음원을 듣고 정확한 발음을 익힌다.
- 아이가 혼자서 낭독하는 것을 힘들어한다면 음원을 짧게 듣고 오디오를 멈춘 뒤 따라 읽게 하거나 동시에 따라 읽는 섀도잉을 하게 한다.
- 한 번에 너무 많은 분량을 낭독하기보다 조금씩 읽더라도 매일 꾸준히 하는 것이 중요하다. 또한, 책 읽기의 끝은 결국 묵독이다. 따라서 모든 책을 다 낭독시켜야 한다는 부담감을 가질 필요는 없다. 낭독은 읽기 유창성을 길러주기 위한 하나의 방법임을 기억하자.
- 아이가 낭독한 목소리를 녹음해서 들려주면 자연스럽게 피드백 활동으로 이어진다.

(2) 옆에서 실시간으로 피드백 주기

'지도를 받으며 반복해서 소리 내어 읽기'에서 '지도를 받으며'는 피드백에 대한 조언입니다. 즉, 아이들이 영어책 낭독을 할 때 낭독하는 것에서만 끝내지 말고 잘못된 부분은 바로잡을 수 있도록 적절한 가이드를 해줘야 함을 의미합니다. 물론, 아이의 발음이 형편없다는 투로 지적하듯 고쳐주는 것은 삼가야 합니다. 하지만 잘못된 발음을 적절하게 바로잡아주지 않고 그냥 내버려두면 잘못된 발음이 화석화되기 쉽습니다. 가령, 아이가 'He went to school'이라는 문장을 읽을 때 [went]를 [want]로 읽었다고 칩시다. 그러면 지적하듯이 바로 고쳐주기보다는 부드러운 말투로 "He want?" 하고 넌지시 물어봐주세요. 만일 아이가 실수로 잘못 읽었던 것이라면 아마 바른 발음으로 고쳐서 제대로 다시 읽을 것입니다. 정확한 발음을 모른다면 잠시 주저하면서 부모님이 알려주기를 기다릴 테고요. 이런 기다림과 여유 있는 피드백은 가정이기에 가능한 부분이기도 합니다. 한 명의 선생님이 다수의 아이들을 가르쳐야 하는 학원에서는 아이들 한 명 한 명에게 이와 같이 낭독 피드백을 해주는 것이 현실적으로 쉽지 않기 때문입니다.

(3) 반복, 반복, 반복하기

여러 전문가들의 의견에 따르면 유창하게 읽을 때까지 같은 텍스트를 보통 4~5회 반복해서 읽는 것이 가장 효율적이라고 합니다. 티모시 라신스키 교수는 『읽기 유창성 지도법Fluency Instruction』에서 반복 읽기가 가장 실행하기 쉬운 읽기 유창성 훈련 방법이라고 강조했습니다.

반복해서 읽기를 할 때는 읽기 시간을 체크하는 것을 권합니다. 미국 초등학교 교실에서도 아이들의 읽기 유창성 향상을 위해 주기적으로 1분당 읽은 단어 수WPM를 측정합니다. 여기에서 그중 틀리게 읽은 단어의 숫자를 빼면 1분당 정확하게 읽은 단어의 수WCPM가 됩니다. 방법은 간단합니다. 스톱워치를 사용하여 읽기 시간을 재고, 아이 스스로 기록을 적게 합니다. 또한, 읽기를 마친 뒤 간단한 독후 리포트를 작성하도록 조언하는 방식입니다.

다음은 미국 국공립 교육과정 영어 리딩 프로그램인 온라인 영어 도서관 라즈키즈에서 교사용으로 제공 중인 WCPM 측정 도구의 일부입니다. 오른쪽에 있는 숫자는 단어 수입니다. 교사(또는 부모)는 아이들이 1분 동안 읽은 단어 수를 6번에 걸쳐서 체크합니다. 6번을 반복하는 동안 아이들은 자신의 읽기 유창성이 점점 향상되는 것을 눈으로 확인하며 자신감과 재미를 느끼게 됩니다.

WCPM 측정 도구 양식 예시

Dad and I go to the shelter.	7
There are so many different dogs to look at.	16
We don't want a dog that's too big.	24
We don't want a dog that's too loud.	32
And we don't want a mean dog.	39

Goal Rate		Read 1	Read 2	Read 3	Read 4	Read 5	Read 6
	WPM						
	Errors						
	WCPM						
	Accuracy / Reading Rate %						

Words Per Minute (WPM); WPM – Errors = Words Correct Per Minute (WCPM); (WCPM ÷ WPM) x 100 = Accuracy/Reading Rate %

이렇게 읽기 시간을 기록하는 이유는 무조건 영어책을 빨리 읽는 것이 목표가 아닙니다. 같은 텍스트를 반복해서 읽을 경우 읽기 시간이 점차 단축되는 경향을 보이는데 이는 아이에게 확실한 동기부여가 됩니다. '엄실모' 카페에서는 같은 텍스트를 3번 낭독하게 하고 각각의 시간을 재서 인증하는 코너가 있습니다. 그런데 영어 거부증이 심했던 한 학생이 영어책 중에서 재미있었던 장면이나 리딩 교재의 텍스트를 3번씩 읽으면서 시간을 기록하기 시작하고 큰 변화를 겪은 후기가 올라와 감동을 받은 적이 있습니다. 반복 읽기 횟수가 늘어남에 따라 읽기에 걸리는 시간이 대폭 줄어들었을 뿐만 아니라 아이가 영어 공부에 큰 흥미를 느껴 영어책 읽기에 몰두한 결과, 지금은 챕터북도 척척 잘 읽고 영어를 가장 자신 있는 과목으로 꼽게 됐다는 후기였습니다.

아이들이 영어에 거부감을 갖는 가장 큰 이유 중 하나는 '나는 잘 못해' 하는 자신감의 결여인 경우가 많습니다. 하지만 같은 텍스트를 반복해서 읽으며 시간을 단축하는 경험을 하다 보면 '꾸준히 연습을 하니 나도 충분히 잘할 수 있구나' 하는 마음이 아이의 마음속에 싹트게 됩니다. 요즘에는 스마트폰이나 태블릿 PC에서 타이머 애플리케이션을 무료로 다운로드 할 수 있습니다. 타이머 애플리케이션을 이용해서 오늘부터 아이들과 함께 즐거운 게임을 하듯이 짧은 텍스트를 읽으면서 3~5회 정도 시간을 재보세요. 일부러 살짝 늦게 읽어서 져주시면 아이들은 더 좋아합니다. 그리고 매일매일 혼자서도 꾸준히 할 수 있게 도와준다면 아이들의 읽기 유창성이 획기적으로 좋아지는 모습을 보게 되실 것이라고 확신합니다.

STEP 2
실전 커리큘럼 & 팁

이 단계가 되면 아이들은 파닉스를 100% 완벽하게 마스터하지 않았더라도 쉬운 단계의 리더스 읽기가 조금씩 가능해집니다. 그리고 이때부터 비로소 영어책 읽기의 맛과 즐거움을 느끼기 시작하지요. 하지만 아직은 완벽하게 독립적인 책 읽기는 어려운 상태이므로 매일 시간을 정해놓고 부모님이 아이에게 영어책을 읽어주는 활동을 이어 나가야 합니다. 다음은 STEP 2 단계의 아이에게 읽히면 좋은 추천 커리큘럼과 리딩 팁입니다.

| ① 정독 교재

- 『Decodable Readers』(Scholastic)
- 『Sight Word Readers』(Scholastic)
- 『Sight Words First Grade』(Bob Books)
- 『Sight Words Readers』(Creative Teaching Press)
- Biscuit 시리즈
- Danny and the Dinosaur 시리즈
- Eloise 시리즈
- Fly Guy 시리즈
- Fox 시리즈
- Oxford Reading Tree 시리즈 1~3단계
- Pete the Cat 시리즈
- Robin Hill School 시리즈

| ② 다독 교재

- A Cat the Cat Mini 시리즈
- A Crabby Book 시리즈(Scholastic Acorn Level A)
- A Frog and Dog Book 시리즈(Scholastic Acorn Level A)
- Anthony Browne 그림책 시리즈

- Bumble and Bee 시리즈(Scholastic Acorn Level A)
- Chris Haughton 그림책 시리즈
- Daniel Tiger's Neithborhood 시리즈
- Disney Fun to Read 시리즈 Level K 1
- Elephant & Piggie Like Reading! 시리즈
- Fancy Nancy 시리즈
- Fox Tails 시리즈(Scholastic Acorn Level A)
- Hello Reader 시리즈 Level 1
- Hello, Hedgehog! 시리즈(Scholastic Acorn Level A)
- I Can Read 시리즈 Level My First Level 1
- Jan Thomas 그림책 시리즈
- I Like to Read Early Readers 레벨 C~G
- Learn to Read 시리즈 Level 1
- Little Critter 시리즈
- Monkey and Cake Book 시리즈
- Mr. Panda 시리즈
- No, David 시리즈
- Paddington 시리즈
- Penny and… 시리즈
- Princess Truly 시리즈(Scholastic Acorn Level A)
- Puffin Young Readers 시리즈 Level 1~2
- Scholastic Reader 시리즈 Level 1~2

- Splat the Cat 시리즈

- Step Into Reading 시리즈 Step 1~2

- The Berenstain Bears 시리즈

- Theodor Seuss Geisel Award 수상작

- Trucktown 시리즈

- Usborne First Reading 시리즈

| ③ 파닉스 리더스

- Clifford Phonics Fun Box 시리즈

- Dora The Explorer Phonics Fun Pack 시리즈

- Floppy's Phonics 시리즈

- Scholastic Phonics Readers 시리즈

- Usborne Phonics Readers 시리즈

| ④ 디코더블 리더스

- Collins Big Cat 시리즈

- Educators Publishing Service 'Primary Phonics' 시리즈

- Phonics for Letters and Sounds 시리즈

- Scholastic Decodable Readers 시리즈

⑤ 파닉스 교재

- 『Fast Phonics』(Compass Publishing)
- 『Let's Go Phonics』(Oxford)
- 『Phonics Monster 1~4』(A*List)
- 『Smart Phonics 1~4』(e-Future)
- 『Spotlight on Phonics 1~3』(사회평론)
- 『하루 한 장 English Bite 파닉스』(Mirae N 에듀)

⑥ 보기와 듣기

(1) 파닉스를 배우는 단계에서 가장 중요한 것은 영어 말소리의 충분한 입력입니다. 쉽고 간단한 영어 노래 부르기와 영어 그림책 음원 듣기를 매일 시간을 정해놓고 꾸준히 실천합니다.

(2) 유튜브나 넷플릭스 등을 통해 교육용 애니메이션을 하루 30분에서 1시간 정도 보여줍니다. 다음은 STEP 2 단계의 아이들이 볼 만한 영어 영상이 올라와 있는 유튜브 채널 추천 목록입니다.

(3) 영어 그림책을 노래로 만든 노부영 시리즈를 반복해서 들려줌

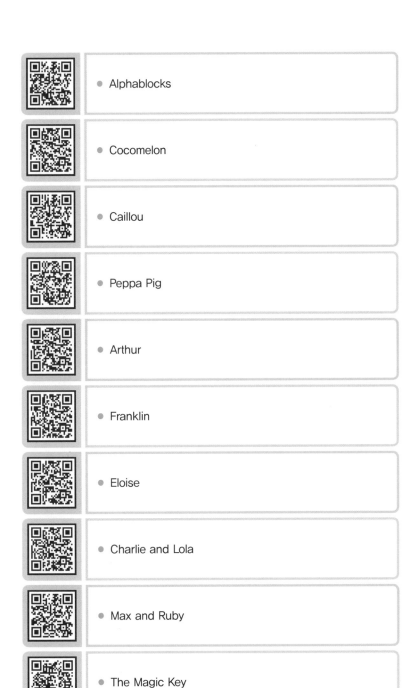

- Alphablocks
- Cocomelon
- Caillou
- Peppa Pig
- Arthur
- Franklin
- Eloise
- Charlie and Lola
- Max and Ruby
- The Magic Key

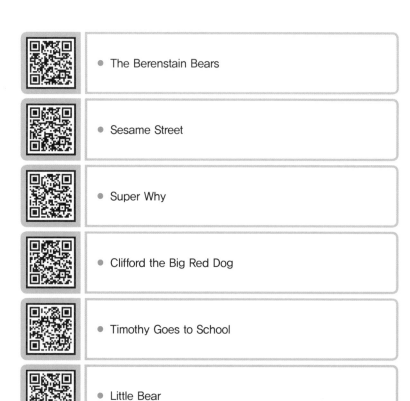

- The Berenstain Bears

- Sesame Street

- Super Why

- Clifford the Big Red Dog

- Timothy Goes to School

- Little Bear

니다.

(4) 〈The Lion King〉, 〈Frozen〉 같은 디즈니 애니메이션을 함께 시
청합니다.

리딩 팁

(1) STEP 2에 이르면 파닉스가 아직 완성되지는 않았지만 기초 단계의 리더스 읽기가 조금씩 가능해집니다. 그럼에도 아직 독립적인 책 읽기는 어려운 상태이므로 매일 시간을 정해놓고 아이에게 영어책을 읽어줍니다.

(2) 온·오프라인 영어 도서관에서 레벨에 맞는 리더스를 골라 매일 3권 이상 읽습니다.

(3) 유튜브나 넷플릭스를 통해 다양한 종류의 교육용 애니메이션을 보고 듣습니다.

(4) 새로운 책이나 영상을 많이 읽고 보는 것도 좋지만, 이미 읽은 책이나 좋아하는 책과 영상을 반복해서 읽고 보는 것을 추천합니다.

(5) 정독 교재와 다독 교재를 매일 집중해서 듣습니다.

(6) 정독 교재와 다독 교재를 소리 내어 읽은 후 녹음해서 들어봅니다.

(7) 정독 교재에 나오는 주요 문장이나 단어를 따라 쓰고, 문장 카드나 단어 카드를 만들어 복습 게임을 해봅니다.

(8) 이 단계에서도 역시 STEP 1과 마찬가지로 영어 그림책 읽어주기 활동을 계속 병행하는 것이 좋습니다. 다음은 STEP 2에서 읽음직한 영어 그림책 추천 목록입니다.

- 『Changes, Changes』

- 『Color Me Happy』

- 『Everyone Poops』

- 『Extra Yarn』

- 『Fly』

- 『Guess How Much I Love You』

- 『If You Give a Mouse a Cookie』

- 『Leo the Late Bloomer』

- 『Llama LIma Red Pajamas』

- 『Madeline』

- 『Mix It Up』

- 『My Garden』

- 『My Teacher Is a Monster No I Am Not』

- 『Pete's Pizza』

- 『Press Here』

- 『Something from Nothing』

- 『Spoon』

- 『The Doorbell Rang』

- 『The Dot』

- 『The Giving Tree』

- 『The Gruffalo』
- 『The Library』
- 『The Story of the Little Mole Who Went in Search of Whodunit』
- 『This is Not My Hat』
- 『We're All Wonders』

- 『Where the Wild Things Are』
- 『Willy the Champ』

STEP 2, 이것만은
꼭 기억하고 실천해주세요!

(1) 기초 리더스 읽기 병행하기

어떤 일을 하든지 목표가 분명해야 성취할 수 있습니다. 이 단계에서는 파닉스를 완성하고, 읽기 유창성을 키워서 AR 1~1.5점대 리더스를 혼자서 읽을 수 있는 1차 영어 읽기 독립을 목표로 합니다. 이를 위해서는 반드시 파닉스 규칙을 배우는 동안 기초 리더스 읽기를 병행해야 합니다. 교재 몇 권으로 파닉스를 100% 완벽하게 떼기란 불가능합니다. 원어민 아이들도 약 4년에 걸쳐서 파닉스를 배운다는 사실을 기억하세요. 따라서 최대한 같은 단어를 반복해서 만나면서 자연스럽게 익힐 수 있도록 이 단계에서 기초 리더스 1천 권 읽기에 도전하시면 좋습니다. 같은 책을 20번 반복해서 읽었다면 20권을 읽은 것으로 쳐주면서요. 종이책만으로는 어렵다면 온라인 영어 도서관도 함께 이용해보세요. 한결 1천 권 읽기에 도전하기가 수월해집니다.

(2) 영어 그림책 꾸준히 읽어주기

이 단계에서도 영어 그림책 읽어주기의 힘은 유효합니다. STEP 2에서 터 잡기가 제대로 되어야 아이가 나중에 챕터북과 소설책을 읽을 수 있는 힘이 생깁니다. 우리도 영어를 모국어나 제2언어로 사용하는 나라들처럼 듣기와 말하기로 먼저 영어를 배운 다음, 읽기와 쓰기 단계로 넘어가면 가장 좋겠지만, 대다수의 대한민국 가정은 그러한 환경을 조성해주는 것이 현실적으로 불가능합니다. 따라서 훨씬 접근이 용이한 책 읽기로 그 구멍을 메워주어야 합니다. 영어책 읽기는 읽기를 중심으로 언어 습득을 시작해 듣기, 말하기, 쓰기까지 자연스럽게 확장이 가능하다는 점이 가장 큰 장점입니다. 그러므로 STEP 2까지도 부모님이 아이 곁에서 꾸준히 영어 그림책을 읽어주며 영어 인풋을 늘려주는 것이 필요합니다.

STEP 2
아웃풋 체크 타임

STEP 2 초급 리더스 그림책 파닉스북 파닉스(디코더블) 리더스 사이트워드 리더스	• 초급 리더스 낭독하고 녹음하기 • 섀도잉 하기 → 재있게 들은 스토리를 흘려듣기 하면서 동시에 따라 말해봅니다. • 기초 회화를 외운 후 한글 문장을 보고 영어로 말해보기 → 동시통역 노트를 준비해서 왼쪽에는 한글을 오른쪽에는 영어를 적습니다. • 영어 말하기 애플리케이션 활용하기 • 영어 문장 소리 내어 읽으며 필사하기 • 오늘의 한 문장 쓰기&외워서 말하기 • 리딩 로그 작성하기 • 북리포트에 그동안 읽은 책 중 가장 재미있었던 책에 나오는 단어와 문장을 추려 옮겨 적고 뜻도 적기

영어를 비롯해 언어 학습은 반복이 가장 좋은 학습법입니다. 따라서 이 책에서 제시하는 각 단계별 아웃풋 활동들은 이전 단계에서 했던 활동들을 반복하되 난이도를 조금 더 끌어올려서 하는 방법을 취

합니다. STEP 2에서는 STEP 1 아웃풋 활동이었던 기초 회화 듣고 따라 하기를 조금 더 발전시켜서 이번에는 그 내용을 암기하여 한글 문장만 보고 영어로 말해보는 활동 등을 진행해봅니다. 또한, 알파벳 및 짧은 단어 쓰기에 아이가 익숙해졌다면 이제는 아이가 자신이 읽은 것들을 스스로 기록할 수 있도록 유도하는 것도 권장합니다.

① 기초 회화를 외운 후 한글 문장을 보고 영어로 말해보기

유명한 학원가가 있는 동네에 살면서 어릴 적부터 영어 유치원은 물론이고 미국 교과서로 가르치는 학원에 다니던 초등 3학년 아이를 상담한 적이 있었습니다. 이 아이는 영어 듣기와 읽기는 잘했음에도 불구하고 "오늘이 며칠이지?", "너희 할머니 어디 사시니?"와 같은 아주 기초적인 회화를 어려워했습니다. 엄마표 영어로 오랫동안 원서를 읽어온 아이들 중에도 이와 비슷한 경우가 많습니다. 의아할 수도 있겠지만 생각보다 이유는 간단합니다. 우리 뇌에서 언어를 이해하는 영역과 표현하는 영역이 완전히 다르기 때문입니다. 모국어인 우리말로 읽고 듣는 데 별문제가 없다고 해도 자신의 생각을 말이나 글로 유창하게 표현하는 것을 어려워하는 사람들이 많다는 사실을 떠올리면 이해가 쉽습니다. 우리말도 그러할진대 외국어인 영어는 그 어려움이 더 크겠지요.

동시통역사 출신인 김민식 PD는 『영어책 1권 외워봤니?』에서 영어 말하기를 잘하기 위해서는 '기초 회화 책 1권을 정해서 묻지도 따지지도 말고 무조건 외워라'라고 조언합니다. 그렇다면 어떤 기초 회화 책으로 공부하면 좋을까요? 다행스럽게도 시중에는 다양한 종류의 엄마표 영어 회화 책들이 많이 출간되어 있습니다. 홍현주 선생님의 『엄마표 생활영어 회화사전』, 고윤경 선생님의 『매일 써먹는 1일 1문장 엄마표 생활영어』, 세라샘과 도치해피맘님의 『엄마표 영어 100일의 기적』 등이 대표적인 책들입니다. 이 중에서 아이 수준에 적절한 책을 골라서 책 내용이 완전히 입에 붙을 때까지 아이와 함께 연습해보세요.

특히 "How have you been?"(잘 지냈어?)처럼 일상에서 정말 자주 쓰는 표현들은 아예 하나의 단어처럼 통으로 익히는 편이 좋습니다. 이때 문장 자체를 무작정 외우는 데 초점을 맞추기보다는 원어민 음성으로 녹음된 음원을 틈날 때마다 듣고 따라 하면서 책에 나오는 표현들에 익숙해지는 과정이 필요합니다. 그다음 많이 익숙해졌다 싶으면, 그때부터 책에 나오는 영어 표현들을 하루에 외울 만큼 분량을 정해 암기합니다. 어느 정도 암기가 됐다면 그다음으로는 한글 문장을 보고 그것을 영어로 말해보는 연습을 이어갑니다. 마지막으로 아이의 목소리를 녹음한 후 확인합니다. '엄실모' 카페에는 이와 같은 활동을 영상으로 찍어서 인증하는 코너가 있는데, 아이들의 말하기 실력이 비약적으로 느는 모습을 확인할 수 있었습니다.

시중에 나온 영어 기초 회화 교재가 너무 어렵다고 느껴진다면, 아이들이 학교에서 배우는 영어 교과서를 활용하는 것을 강력히 추천합니다. 교과서는 꼭 알아야 하는 필수 표현과 어휘, 문법 등이 정교하게 모두 녹아 들어가 있는 아주 훌륭한 교재입니다. 방법은 기초 회화책을 활용하는 방식과 동일합니다. 먼저 교과서 속 문장을 아이가 원어민 발음으로 여러 번 듣고 따라 하게 해주세요. 아래의 QR 코드를 통해 EBSe 홈페이지에 접속하시면 영어 교과서의 모든 음원을 들을 수 있습니다. 아이가 소리에 충분히 익숙해지면, 노트를 하나 마련해서 왼쪽에는 한글 표현을, 오른쪽에는 영어 표현을 적게 합니다. 그다음, 한글 표현만 보고 바로 영어로 말해보는 연습을 합니다. 마지막으로 아이의 목소리를 녹음한 후 확인합니다. 영어로 말하기 외에도 한글 표현만 보고 해당 내용을 영어로 써보는 활동까지 병행하면 아주 효과적인 쓰기 연습도 됩니다.

● EBSe 교과서 영어

② 영어 말하기 애플리케이션 활용하기

아이가 낭독이나 섀도잉 등 기존의 영어 말하기 방식을 지루해한다면 영어 말하기 애플리케이션을 활용하는 것도 좋은 방법입니다.

오딩가 잉글리시, 호두잉글리시, 플레이타임이 대표적입니다. 오딩가 잉글리시는 외계에서 온 오딩가에게 아이들이 영어 선생님이 되어 영어를 가르치는 스토리로 진행됩니다. 오딩가에게 영어를 가르쳐주다 보면 아이들의 영어에 대한 두려움이 없어지고 말하기 실력이 향상됩니다. 호두잉글리시는 게임처럼 전개되는 스토리와 비주얼로 남자아이들이 특히 좋아합니다. 주한영국문화원에서 제공하는 플레이타임은 Florence Nightingale이나 Little Red Riding Hood 같은 만화 노래와 이야기를 통해 아이들의 듣기와 말하기 실력을 향상시켜줍니다.

③ 리딩 로그
작성하기

기록만큼 기억을 강력하게 강화시켜주는 것은 없습니다. 알파벳이나 짧은 단어 쓰기에 아이가 익숙해졌다면 이제는 아이 스스로 자신이 읽은 책의 제목들을 노트에 기록하게 해보세요. 쓰기 연습도 될 뿐만 아니라 그동안 어떤 책을 읽었는지 눈으로 확인할 수 있어서 이후 영어책 읽기 동기부여에 도움이 됩니다.

My Reading Log

Month _____

No.	Book Title	Author	Date	Page	My Toughts

Best Book So Far   Notes

★ ·························   ·····················

★ ·························   ·····················

★ ·························   ·····················

④ 오늘의 한 문장 쓰기 & 외워서 말하기

미국의 유명한 언어학자 스티븐 크라센 교수에 따르면 영어를 모국어로 사용하는 아이들의 경우 100만 개의 단어를 읽을 수 있다고 해도, 자유롭게 사용(표현)할 수 있는 단어는 약 1,000개 정도밖에 되지 않는다고 합니다. 이해 가능한 언어와 표현 가능한 언어의 차이가 이렇게나 큽니다. 모국어 화자들도 이러할진대 영어를 외국어로 배우는 우리 아이들 입장에서 영어로 아웃풋 하는 것이 얼마나 힘들지 이해가 됩니다. 여러 번 반복해서 말씀드리지만 인풋만 한다고 저절로 아웃풋이 나오기는 힘듭니다. 일상에서 영어를 사용할 일이 거의 없는 우리나라 상황에서는 더더욱 그렇습니다. 집에서 아웃풋 활동을 적극적으로 병행해야 하는 이유입니다.

이런 환경에서 오늘의 한 문장 쓰기&외워서 말하기 활동은 효과가 매우 뛰어난 아웃풋 활동입니다. 언어 학습이 느린 아이들의 특징은 모르는 것과 아는 것이 혼재되어 있어서 실제로는 잘 모르면서도 왠지 아는 듯한 느낌만 가지고 있다는 점입니다. 이때 영어책 전체, 또는 한 챕터를 읽고 북리포트를 쓰면서 내용을 요약해보고 모르는 단어를 정리하다 보면 어떤 부분을 놓치고 있었는지 알 수 있어서 좋습니다.

하지만 해야 할 분량이 많으면 실천하기가 부담스러운 것도 사실입니다. 이럴 때는 그날 읽은 책에서 자신이 모르는 단어나 문장을 딱 하나만 뽑아 정리해봅니다. 그다음, 적은 내용을 큰 소리로 읽고 암기합니다. 다음 날이 되면 전날 적어둔 단어와 문장을 복습한 후 새로운 것을 적습니다. '아웃풋 활동은 인풋이 어느 정도 된 다음에 해야지' 하고 계속 나중으로 미루기보다는 이렇게 매일 조금씩 시작하면서 범위를 늘려나가는 것이 좋습니다. 하루에 한 문장씩만 해도 한 달이면 30문장이 됩니다. 이렇게 나날이 익힌 문장은 모두 말하기와 쓰기의 소중한 밑거름이 됩니다.

Q. 단어 공부, 어떻게 해야 하나요?

A. 단어 공부는 책 읽기를 많이 하다 보면 저절로 되는 경우가 많습니다. 하지만 다독을 통해 간접적으로 단어 습득을 하는 것만으로 모든 것이 해결되지는 않습니다. 우리말이 아니다 보니 돌아서면 잊어버리기 십상이거든요. 따라서 정독과 학습을 통해 반복적이고 의도적인 단어 학습도 병행해야 합니다.

단어장을 따로 만들어 필수 어휘들을 정리하고 관리하는 것은 단어 공부를 하는 매우 좋은 방법입니다. 앞면에는 영어 단어를, 뒷면에는 우리말 해석을 쓴 단어 카드를 만들어 게임처럼 단어를 익히는 것도 도움이 됩니다. 클래스카드나 보카트레인 같은 애플리케이션을 사용하면 좀 더 재미있게 단어를 학습할 수 있습니다. 지속적인 영어책 읽기를 통해 단어의 용례를 익힘과 동시에 이와 같은 활동을 병행하면 어휘 실력 향상에 도움이 됩니다. 다음은 단어 학습에 도움이 되는 교재들입니다.

- 『Wordly Wise 3000 Grade 1: Student Book 1』(Educators Pub Svc Inc)
- 『Bricks Vocabulary 300』(사회평론)
- 『기적의 초등 필수 영단어 1』(길벗스쿨)
- 『요즘 초등 영단어 1』(NE능률)

● 『교육부 지정 초등 필수 영단어 1-2학년용』(넥서스Friends)

Q. 쓰기, 어떻게 가르쳐야 할까요?

A. 영어 글쓰기는 영어 학습에서 가장 마지막에 피는 꽃이라 할 수 있습니다. 하지만 자연스러운 아웃풋이 나올 때까지 기다리기보다는 초기 단계부터 차근차근 쓰기 연습을 하는 것이 필요합니다. 이를 위해 가장 먼저 할 수 있는 활동은 현재 읽고 있는 영어책에 나오는 핵심 단어를 3번 정도 노트에 따라 쓰거나 읽고 있는 책의 일부를 필사하는 것입니다. 그 밖에 변주해서 할 수 있는 활동들은 다음과 같습니다.

● 책에서 가장 재밌었던 한 페이지를 그림으로 그리고 문장 따라 쓰기
● 책의 주제와 연결된 짧은 글쓰기
● 책 내용을 문장으로 요약해보기
● 책 내용을 6컷 만화로 요약해보기
● 결말을 내 생각대로 바꿔 써보기

세계적인 작가들이 쓴 책의 문장을 필사하다 보면 단어는 물론이고, 영어의 어순 구조도 조금씩 터득하게 됩니다. 영어 문장에 대한

감각을 익힐 수 있는 것은 물론입니다. 또한, 영어책을 많이 읽다 보면 아이 마음속에 영어 글쓰기를 하고 싶은 욕구가 차오르게 됩니다. 아이가 뭔가를 영어로 끄적거릴 때 문법 오류를 지적하면 절대 안 됩니다. 틀리더라도 자신감을 가지고 영어 글쓰기를 할 수 있도록 칭찬과 격려를 듬뿍 건네주세요.

아이의 읽기 레벨이 높아진다면 학습서 병행도 추천합니다. '기적의 영어 일기' 시리즈처럼 한 줄 쓰기, 생활 일기, 주제 일기 등의 단계별로 구성된 영어 일기 교재도 영어 쓰기 학습에 사용하기 좋은 교재입니다. 쓰기 교재를 활용할 때는 처음엔 책에 제시된 내용대로 따라 써보다가 조금씩 자기만의 문장을 만들어가는 식으로 확장하는 것이 좋습니다.

영어 문장 필사와 영어 일기 쓰기 등을 통해 쓰기에 익숙해지면 이후에는 스토리를 읽고 요약하거나 자신의 비판적인 생각을 적는 에세이 쓰기로 발전해갈 수 있습니다. 이때도 꾸준히 영어책 읽기와 낭독을 병행해야 합니다. 그래야만 영어식 사고와 표현에 익숙해져서 영어 글쓰기가 쉬워집니다.

Q. 논픽션 책은 무엇이고, 언제부터 읽는 것이 좋을까요?

A. 논픽션Nonfiction은 말 그대로 지어낸 이야기, 즉 픽션Fiction이 아닌

사실 그대로의 이야기를 의미합니다. 대체로 자연과학이나 사회과학, 역사와 일상생활과 관련된 정보와 지식을 다루는 글들이지요. 논픽션은 사실에 대한 이야기를 다루다보니 아이의 성향에 따라 재미가 없다고 느낄 수도 있습니다. 특히 어려서부터 픽션 읽기에 익숙한 아이들이라면 더더욱 그렇습니다.

따라서 독서 편식을 방지하려면 책 읽기 습관을 들이는 초기부터 픽션과 논픽션을 적절히 균형 있게 읽히는 것이 필요합니다. 라즈키즈 같은 온라인 영어 도서관에는 논픽션 책들도 많이 올라와 있습니다. 논픽션 책을 꾸준히 읽으면 다양한 분야에 걸쳐 배경지식도 넓어지고 어휘력도 풍부해질 뿐만 아니라 독해력도 향상됩니다. National Geographic Kids 시리즈, Oxford Read and Discover 시리즈 등을 추천합니다.

1차 영어 읽기 독립 핵심 포인트

❶ 영어 말소리에 많이 노출되어 구어체 영어를 어느 정도는 미리 알고 있어야 합니다. 가령, [sit]라는 소리와 '앉다'의 의미를 영어 동영상과 그림책을 통해 미리 알고 있고, 이 둘을 연관 지을 줄 안다면, 파닉스 원리도 더 쉽게 배울 뿐만 아니라 'sit'가 들어간 문장의 뜻을 금방 이해할 수 있습니다.

❷ 앞에서 소개해드린 사이트 워드 읽는 법과 의미를 꼭 익힐 수 있게 도와주세요. 그리고 기본 어휘는 꼭 알고 있어야 합니다. 책을 읽을 때 내용도 모르면서 소리로만 읽는다면 책 읽기의 재미를 놓치게 됩니다. 아이와 영어 그림책을 함께 읽는 활동을 꾸준히 하셔서 기본적인 어휘를 익혀둘 수 있게 해주세요. 이때 그림으로 된 영어 사전을 함께 활용해보면 더욱 좋습니다.

❸ 낭독을 꾸준히 하면서 읽기 유창성을 키워놓아야 합니다. 거침없이 자신 있게 읽을 수 있어야 문장의 뜻을 이해하는 여유가 생깁니다.

❹ 쉬운 책들로 다독과 반복 읽기에 꼭 도전해보세요. 1권을 10번 읽으면 10권 읽은 것으로 쳐서 100권 읽기, 1천 권 읽기 등에 성공하고 나면 아이의

영어 실력뿐만 아니라 영어 자신감도 쑥쑥 올라갑니다.

⑤ 1차 영어 읽기 독립은 파닉스를 완성하며 시작됩니다. 물론, 영어 영상을 많이 보여주고 영어책을 많이 읽어준 아이들은 파닉스를 배우지 않고도 혼자서 영어 문장 읽는 법을 배우는 경우도 있습니다. 하지만 그렇지 않을 경우 파닉스를 익힐 수 있도록 적극적으로 도와주세요. 파닉스 교재를 하나 정해서 여러 번 반복 학습하면 좋습니다.

⑥ 영어책 읽기를 혼자서 하도록 억지로 시키기보다 읽을 수 있다는 자신감을 심어주는 것이 중요합니다. 그래야 아이가 혼자 읽기를 스스로 해보려고 합니다. 이때 '패턴이 많이 들어 있는 책'을 활용하면 좋습니다. 가령, Sight Word Readers 시리즈 중 한 책에서는 'I see ~'와 같은 문장이 계속 반복됩니다. 같은 패턴이 반복되니 아이는 왠지 '혼자서 읽을 수 있겠네' 하고 자신감을 갖게 됩니다. 처음에는 엄마가 읽어주고, 그다음에는 한 문장씩 번갈아가며 읽다가 "엄마가 잘 못 읽겠는데, ○○가 한 번 읽어봐줄래?" 하면서 아이에게 혼자서 읽을 기회를 줘보세요. 물론 이때 문장 전체를 외워서 읽는 경우도 많지만, 아이가 혼자 소리 내어 줄줄 읽기 시작했다면 1차 영어 읽기 독립에 한 걸음 더 가까워졌다고 봐도 무방합니다.

드디어 2차 영어 읽기 독립의 초입에 들어서신 것을 축하합니다. 아이들이 영어 노래와 음원을 통해 영어 말소리에 익숙해지고, 부모님과 함께한 꾸준한 영어책 읽기와 파닉스 학습을 통해 혼자서도 영어책을 읽게 되었다면 정말 크게 칭찬해줄 만한 일입니다. 기특한 아이를 꼭 한번 따뜻하게 안아주시고 격려와 응원의 말도 자주 건네주세요.

2차 영어 읽기 독립의 목표는 행간에 숨은 의미를 파악할 줄 알고, 혼자서 묵독으로 책을 즐기며 읽게 되는 것입니다. 이 단계에서 아이들이 읽어야 하는 영어책은 중·고급 리더스와 얼리 챕터북 및 챕터북입니다. 이 단계 초기에 부모님들께서 가장 염두에 두어야 할 것은 '서두르는 마음 갖지 않기'입니다. 아이가 어느 정도 영어책 읽기 습관을 갖춘 듯 보이니 부모 마음에는 하루라도 빨리 챕터북이나 영어 소설도 읽히고 싶어집니다.

하지만 급한 마음에 아이에게 갑자기 수준 높은 책을 들이밀면 그간 잡힌 영어책 읽기 습관이 무너질 수도 있습니다. 그보다는 수평 다독으로 영어책 1천 권 읽기, 영어 듣기의 생활화 등 1부에서 강조했던 방법들을 병행하며 아이의 수준을 지속적으로 체크하고 그에 걸맞은 리더스와 챕터북을 서서히 권유하는 것이 좋습니다. 2부에서는 2차 영어 읽기 독립의 징검다리 단계로서 중·고급 리더스 읽기(STEP 3)와 챕터북 읽기(STEP 4)에 대해 알아보도록 하겠습니다.

2차
영어 읽기 독립

STEP 3

중·고급 리더스 읽기
_의미를 이해하는 독서를 시작할 시간

목표	평균 AR 지수	대표적 책 형태
• 읽기 이해력 키우기 • 어순 감각 키우기	1.5~2.5	중·고급 리더스

STEP 3은 의미 파악 중심의 책 읽기에 집중하는 단계입니다.
이 단계에서는 읽기 이해력을 갖추는 것이 핵심입니다.
STEP 2 때 읽던 책들보다 글자 수가 많고 내용의 수준이 올라간
중·고급 리더스 읽기를 통해 문장의 뜻을 올바로 파악하고
영어 문장 구조에 대한 감각을 익히는 단계입니다.
STEP 3은 아이표 영어 독서가 시작되는 챕터북 읽기로
넘어가는 중간 단계이기 때문에 아주 중요합니다.
더 높은 단계로 영어책 읽기를 계속 해나갈지 여부가 여기서 결정됩니다.

STEP 3의 목표

- 처음 보는 어휘도 파닉스 규칙을 적용해서 읽을 수 있다.
- 한눈에 바로 읽고 이해할 수 있는 사이트 워드 수를 늘린다.
- 청크(의미 구) 단위로 문장을 읽을 수 있다.
- 읽기 이해력(독해력)을 향상시켜 챕터북을 읽을 수 있는 힘을 키운다.
- 자신의 생각을 짧은 영어 문장으로 표현할 수 있다.

읽기 유창성에서
읽기 이해력으로

서장과 1부에서 언어 샤워를 통해 영어 말소리를 인식할 수 있는 능력을 키워주는 법, 파닉스를 통해 단어 디코딩(해독) 능력을 키워주는 법, 반복 낭독을 통해 읽기 유창성을 키워주는 방법 등을 알아보았습니다. 이 단계까지 열심히 해온 아이들은 쉬운 영어 동화책을 스스로 읽을 줄 아는 기쁨을 맛보게 됩니다. 그런데 좀 더 높은 수준의 영어 독서가로 발전하기 위해서는 어휘력과 읽은 내용을 이해하는 능력이 더해져야 합니다.

국립국어원 표준국어대사전에서 '읽기'의 의미를 검색해보면 다음과 같이 정의하고 있습니다. '국어 학습에서, 글을 바르게 읽고 이해하는 일. 또는 그런 법'. 사전에서는 국어 학습에 한정해 뜻풀이를 했지만, 이와 같은 의미는 영어 학습에도 적용됩니다. 즉, 아이가 영어책을 잘 읽는다는 것은 문자가 쓰인 그대로 잘 읽는다는 뜻과 더불어 내용을 잘 이해하는 것도 포함합니다. 지금까지는 읽기 유창성에 초점을 맞춰 영어책 읽기를 했다면 STEP 3부터는 읽기 이해력 키우기가 중요한 과제입니다.

이 단계에서 읽을 만한 영어책들은 Froggy 시리즈, Arthur Adventure 시리즈, Frog and Toad 시리즈, Henry and Mudge 시리즈, Amelia Bedelia 시리즈 등 AR 2점대 내외의 책들입니다. 이 시리즈들을 살펴보시면, AR 1점대의 책들보다 글밥이 훨씬 많아졌음을 알 수 있습니다.

STEP 3에서는 어휘력과 읽기 이해력 키우기를 목표로 원어민 초등학생 2학년 기준, 즉 AR 2점대 영어책의 다독과 정독을 병행해야 AR 3~4점대의 챕터북 읽기로 무난히 진입할 수 있습니다. 이때도 낭독은 계속 꾸준히 해야 합니다. 낭독이 읽기 유창성뿐만 아니라 읽기 이해력도 향상시켜준다는 연구 결과는 정말 많습니다.

이 단계는 아이가 영어책 읽기를 계속 해나갈지 여부가 결정되는 시기이기도 합니다. 그전까지는 영어책 읽기를 무난하게 잘 따라오던 아이들 중에서도 AR 2점대 책을 읽히기 시작하면서부터 힘들어하는 경우가 많습니다. 내용을 이해할 때 그림에 의존하지 않고 영어 문장으로만 이해해야 하는 단계로 진입했기 때문입니다. 실제로 도서관에서 AR 2점대 이상의 책부터는 대출 빈도가 훨씬 낮아진다고 합니다. 부모님도 부담되기는 마찬가지입니다. 영어 그림책이나 기초 리더스에 비해서 내용에 대한 이해도가 떨어지면서 아이의 영어책 읽기를 어떻게 이끌어가야 할지 막막해집니다.

하지만 영어책 읽기를 그만두기에는 아이가 앞으로 거둘 열매가 무척 달콤하다는 사실을 기억해주세요. 만일 STEP 3 무렵부터 엄마표 영어로만 영어책 읽기를 이어나가기가 부담스럽다면, 원서 읽기 프로그램을 진행하는 영어 공부방이나 영어 도서관 등 기관의 도움을 받으시는 것도 방법입니다. 조금만 더 힘을 내시면 아이가 스스로 챕터북을 읽을 수 있는 시기는 반드시 옵니다.

미국 국립읽기위원회의 읽기 이해력 지도 방법

앞에서 읽기 유창성을 높이는 방법을 이야기하며 미국 국립읽기위원회에서 제시한 방법을 말씀드린 바 있습니다. 미국 국립읽기위원회에서는 이와 더불어 영어를 모국어로 사용하는 원어민 학생들의 읽기 이해력 증진을 위한 지도법도 제안했습니다. 이 방법들이 영어를 외국어로 배우는 학생들의 읽기 이해력 향상에도 도움이 된다고 여겨져서 여기에서 소개해봅니다.

(1) 글의 내용을 얼마나 이해하고 있는지 모니터링하기(메타 인지 키우기)

독서를 잘하는 아이들은 책을 읽으며 이해가 되는 내용과 이해가 되지 않는 내용을 잘 구분할 줄 압니다. 가령, '76쪽 두 번째 단락은 왜 이해가 잘 안 되지?', '작가가 어떤 의미로 이런 문장을 썼을까?' 질문을 던지며 책을 읽는 동안 끊임없이 자신과 대화합니다. 그러기 위해서는 '생각에 대해서 생각하는' 메타 인지 능력이 꼭 필요합니다. 메타 인지를 이용해 아이들은 책을 읽기 전, 책을 읽는 목적과 읽을 내용에 대해서 생각합니다. 읽기 중간에는 자신이 글의 내용을 얼마나 잘 파악하고 있는지 모니터링하면서 난이도에 따라 읽기 속도를 조절합니다.

(2) 그래픽 오거나이저 사용하기

그래픽 오거나이저Graphic Organizer는 다이어그램, 맵, 그래프, 차트 등 읽기를 도와주는 시각적 도구들을 통칭합니다. 그래픽 오거나이저를 이용해 읽기를 하면 책에 나오는 개념과 내용을 보다 더 쉽게 이해할 수 있습니다. 또한, 글을 읽은 후 구조가 잘 갖춰진 요약문을 작성하는 데도 큰 도움이 됩니다. 영어책 읽기에 도움이 되는 그래픽 오거나이저는 핀터레스트 등에서 자료를 검색해 무료로 다운로드 할 수 있습니다.

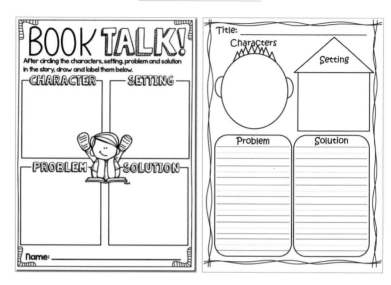

(3) 읽은 책 내용에 대해 질문하기

아이들에게 읽었던 책 내용에 대해 질문을 하면, 읽기 이해력을 훨씬 더 높일 수 있습니다. 질문의 효과는 다음과 같습니다.

- 책을 읽는 목적을 알려준다.
- 책을 통해서 알게 될 내용에 대해 집중하게 해준다.
- 책을 읽는 동안 좀 더 적극적으로 생각하게 도와준다.
- 책의 내용을 얼마나 잘 이해하고 있는지 스스로 점검할 수 있게 격려한다.
- 읽었던 내용을 복습할 수 있게 도와준다.

(4) 아이에게 스스로 질문하게 만들기

아이에게 읽었던 책 내용에 대해 스스로 질문을 던지게 해보세요. 질문을 만들려면 책 내용을 잘 이해하고 있어야 하기 때문에 책을 읽는 동안 더 집중하게 됩니다.

(5) 요약하기

요약(서머리)은 말 그대로 책 내용 중 중요한 사건과 아이디어를 모으는 활동입니다. 요약을 잘하려면 읽고 있는 내용에서 무엇이 중요한지를 결정해야 하므로 책을 읽는 동안 더 집중하게 됩니다. 이에 따라 내용에 대한 이해도가 높아짐은 물론입니다. 요약하기는 다음과 같은 순서로 하면 좋습니다.

- 주제문 정하기
- 주제문 또는 중심 생각들을 연결하기
- 주제와 상관없는 불필요한 부분 제거하기

읽기 이해력을 높이기 위한 14가지 방법

세계적인 읽기 교육 전문가 티모시 라신스키 박사는 자신의 저서 《읽기 유창성 지도법》에서 이렇게 이야기했습니다. "많은 양의 독서는 정보와 지식을 습득하는 최고의 방법이다. 하지만 다독할 수 있는 읽기 능력은 자연스럽게 얻어지는 것이 아니다. 음소 인식-단어 해독-읽기 유창성-어휘력-이해력의 다섯 가지 읽기 구성 요소가 골고루 발달되도록 지도하는 교사와 부모의 후천적인 노력이 더해져야 가능하다." 즉, 아이들이 책을 스스로 읽는 독서가로 성장하기 위해서는 아이들을 이끌어주고 지지해주는 주변 어른들의 의식적인 노력이 필요합니다.

반복해서 드리는 이야기이지만, 독서는 문자를 해독하는 동시에 내용을 이해하면서 빠르게 읽어나가는 행위입니다. 이를 위한 능력은 듣기, 말하기와는 달리 철저히 후천적으로 학습됩니다. 다음은 엄마표 영어를 하는 부모님들께서 아이의 영어책 읽기 이해력 향상을 위해 집에서 할 수 있는 활동들을 정리해본 것입니다. 일부 내용들은 읽기 유창성을 길러주는 활동과 겹치기도 합니다. 다시 되새기고 반복한다는 의미에서 참조하고 실행하면 도움이 되시리라 믿습니다.

① 아이가 좋아하는 책을 찾아서 권해주기

아이들의 읽기 이해력이 떨어지는 가장 큰 이유는 읽고 있는 책에 관심이 없어서입니다. 이는 비단 아이들만의 이야기가 아닙니다. 어른인 우리도 관심이 없는 분야의 책이나 어려운 책을 억지로 읽으려고 하면 글자도 눈에 잘 들어오지 않고 집중하기 어려웠던 경험, 다들 있지 않나요? 아이들은 무조건 책을 싫어할 것이라는 생각은 오해입니다. 대부분의 아이들은 좋아하는 책이 있으면 더 읽고 싶어 합니다. 너무 당연한 말 같지만 아이가 독서를 사랑하게 만드는 비밀은 아이가 좋아하면서 쉽게 읽을 수 있는 책을 끊임없이 찾아서 권해주는 것입니다. 책이 재미있으면 더 많이 읽고 싶어지고, 많이 읽다 보면 더 잘 읽게 되고, 책 읽기가 재밌어지는 선순환을 경험하게 됩니다.

② 영어책
꾸준히 낭독하기

우리 사회에 문해력 이슈를 던지면서 선풍적인 인기를 끌었던 EBS 다큐멘터리 〈당신의 문해력〉에서는 아이들의 문해력을 키워주는 방법으로써 '소리 내어 읽기', 즉 낭독의 중요성에 대해서 강조했습니다. 방송에서 관찰 실험에 참여한 아이들은 처음에 한글의 음가를 제대로 이해하지 못해서 소리 내어 읽지도 못하고 문장의 의미도 이해하지 못했습니다. 당연히 책 읽기를 싫어하고 어려워했습니다. 그런데 엄마와 함께 책을 꾸준히 낭독하면서 읽는 습관을 들이자 읽기 이해력이 상승하는 결과를 보여주었습니다. 나중에는 "엄마랑 책 읽는 게 재밌어요"라고 인터뷰를 할 정도로 독서에 대한 인식이 획기적으로 달라졌습니다. 이처럼 문해력, 읽기 이해력은 꾸준한 노력이 동반된다면 반드시 향상될 수 있습니다.

③ 책 표지와 제목, 목차 등으로
주의 환기시키기

무작정 책을 읽기보다는 무엇에 관한 책인지 알고 읽으면 이해도가 훨씬 향상됩니다. 그러므로 아이에게 새로운 책을 제시할 때는 우선 아이와 함께 책 표지와 제목을 살펴보면서 본문에 어떤 내용이 나올지 추측하게 해보세요. 이와 같은 사전 활동을 하면 아이가 이후 책을 읽어나갈 때 자신의 추측이 맞았는지 확인하고자 책 내용에 자연스럽게 집중하게 되고 이는 읽기 이해력 증가로 이어집니다. 또한, 책을 본격적으로 읽기 전에 책의 앞표지나 뒤표지에 있는 간단한 책 소개와 목차를 먼저 읽어두면 전체적인 내용을 대략 가늠할 수 있어서 읽기 이해력을 향상시켜줍니다.

④ 스캐닝으로 이해가 안 되는 부분 다시 읽게 하기

책을 읽을 때는 스키밍Skimming과 스캐닝Scanning이라는 읽기 방법을 번갈아 사용하게 됩니다. '훑어 읽기'라고도 불리는 스키밍은 보통 책을 처음 읽을 때 사용합니다. 책 내용에 대한 전반적인 개요를 얻기 위해 죽죽 읽어나가는 것이지요. 스키밍으로 책을 읽어도 스토리를 이해하는 데는 큰 문제가 없습니다. 이해가 안 되는 부분은 건너뛰고 읽기도 합니다.

'뽑아 읽기'라고도 불리는 스캐닝은 특정한 정보를 파악하는 책 읽기입니다. 의미 파악이 잘 안되거나, 건너뛰며 읽었던 부분의 자세한 내용이 궁금할 때는 스캐닝으로 천천히 다시 읽으면 내용 파악이 훨씬 쉬워집니다. 이때 영어 사전으로 단어의 뜻을 찾아보거나 인터넷 검색을 통해 배경지식을 알아낸 후 도저히 이해가 안 가는 부분을 천천히 해석해보는 것도 괜찮습니다. 그러는 과정에서 새로운 어휘도 익히게 되고, 영어와 한국어의 어순과 표현 방식, 그리고 문화의 차이점을 자연스럽게 이해하게 됩니다.

⑤ 손가락이나 자로 문장을 짚어가며 읽게 하기

책을 읽는 동안 아이의 시선이 자꾸 다른 곳을 향한다면 손가락이나 자 등으로 문장을 짚어가면서 읽게 합니다. 행간을 따라가며 읽기 힘들어하는 난독증이 있는 아이의 경우에도 이와 같은 방법이 읽기 이해력 향상에 도움이 됩니다.

⑥ 이해하지 못한 어휘는 따로 표시해두기

책을 읽는 동안 모르는 단어를 만나면 연필로 동그라미를 치게 하거나 포스트잇을 붙이는 등 우선 간단히 표시해두게 합니다. 전체적인 스토리를 이해하는 데 큰 무리가 없다면 문맥을 통해서 단어의 뜻을 유추하면서 죽죽 읽어나가는 편이 바람직합니다. 그리고 독서가 끝난 후 체크해둔 모르는 단어들을 노트에 적고 영어 사전에서 그 뜻을 찾아 적게 합니다. 만약 모르는 단어 때문에 문장 전체를 이해하지 못한다면 바로 뜻을 찾아보는 것이 더 좋습니다.

이렇게 정리한 단어를 활용해 자기만의 문장을 만들어보는 활동까지 이어서 한다면 단어의 의미를 보다 더 오래 기억할 수 있습니다. 다만 모르는 단어가 한 페이지에 4~5개를 넘는다면 그 책이 아이가 읽기에는 너무 어렵다는 의미입니다(다섯 손가락 법칙). 따라서 번번이 단어 뜻을 찾으면서 읽지 않아도 되는 책으로 수준을 낮춰서 읽히는 편이 좋습니다.

⑦ 아이와 읽기를 마친 책에 대해 이야기 나누기

아이가 책 읽기를 마치고 나면 그 책에 대해서 함께 이야기를 나눠보세요. 책을 읽으며 어떤 내용을 배웠는지, 읽는 동안 어떤 생각이 들었는지 등 방금 전에 덮은 책을 주제로 대화를 나누는 일이 루틴이 되면, 이후에 아이는 책을 읽을 때 부모님과의 대화를 위해 책 내용에 더욱 집중하게 되며 읽기 이해력도 그만큼 향상됩니다.

다만 이 방법을 사용할 때 주의할 점이 있습니다. 마치 아이의 암기력을 평가하는 듯 캐묻지 않아야 합니다. 부모님이 책 내용을 알고 있다면 그것을 바탕으로 가볍게 질문을 던져도 좋고, 모르면 모르는 대로 아이에게 책 내용에 대해 궁금하다는 듯이 물어보세요. 핵심은 아이 스스로 신나게 책에 대해서 이야기할 수 있는 판을 마련해주는 것입니다. 이야기를 마친 아이에게 "○○이는 어쩜 그렇게 책도 잘 읽고 말도 잘하니?" 하면서 폭풍 칭찬을 해주는 것도 잊지 마세요.

⑧ 책 내용
요약해서 말하게 하기

아이가 읽은 책 내용 전체나 챕터를 짧게 요약하게 해보세요. 자기만의 언어로 읽은 내용을 요약해서 말하는 습관을 들이면 아이의 읽기 이해력이 몰라보게 향상됩니다. 처음에는 우리말로 해보다가 아이에게 자신감이 생기면 3문장, 5문장, 7문장 등으로 문장 수를 차츰 늘려가면서 영어로 요약해 말하기로 전환해봅니다. 이는 영어 말하기 실력 향상에도 큰 도움이 됩니다.

⑨ 아는 부분과 모르는 부분
구분시키기

책을 읽고 난 뒤 자기가 이해한 내용과 모르는 내용을 정확히 구별할 줄 아는 것은 메타 인지를 활용한 독서의 시작입니다. 책을 읽다가 잘 이해가 되지 않는 부분은 밑줄 긋기나 포스트잇 붙이기 등을 통해 표시해두었다가, 앞서 소개해드린 스캐닝으로 천천히 내용을 파악하면서 꼼꼼히 읽다 보면 읽기 이해력이 증가합니다. 아이가 잘 안다고 판단한 부분은 읽은 내용을 토대로 질문을 만들도록 유도해보세요. 이는 읽기 이해력뿐 아니라 평소 생각하는 힘을 키우는 데도 많은 도움이 됩니다.

⑩ 어휘력 늘려주기

어휘력은 책 내용을 이해할 때 가장 중요한 요소입니다. 다독을 통해서 간접적으로 어휘를 익히는 방법과 아이 수준에 맞는 어휘집을 마련해서 공부하는 직접적인 방법을 병행하는 등 할 수 있는 모든 방법을 동원해 아는 영어 어휘를 늘리는 것이 성공적인 영어책 읽기의 중요한 열쇠입니다.

⑪ 하루 10분, 영어책 읽어주기

STEP 3 단계에 접어들었다고 해도 영어책 읽어주기를 완전히 끊지는 마시길 바랍니다. 아이가 영어책 읽기에 대한 흥미를 유지할 수 있도록, 바쁘고 힘들더라도 영어책 읽어주기를 이어가세요. 하루에 10분이어도 충분합니다. 중요한 것은 적은 시간이라도 영어책 읽어주기를 꾸준히 이어가는 것입니다. 부모님이 아이에게 영어책을 읽어줄 때는 보통 아이의 컨디션이나 상태를 살피는 등 상호작용하면서 읽어주게 됩니다. 이처럼 자신의 눈높이에 맞춰 정서적으로 교감해주는 상대와 함께 독서를 하는 경험은 아이의 읽기 이해력 증진에 큰 도움이 됩니다.

읽어야 하는 책의 글밥이 너무 많아져서 도저히 읽어주기가 힘들어지는 시기가 오면 이때는 부모님의 음성으로 영어책 읽기를 해주는 대신 집중듣기를 하며 함께 청독하는 것도 좋습니다. 간혹 이 방법을 권하면 "하루 10분으로 충분할까요?"라고 묻는 분들이 계십니다. 그런데 한 연구(Adams, 2006)에 따르면 하루에 책 읽는 시간을 10분만 더 추가해도, 아이들의 책 노출량에 엄청난 변화를 가지고 올 수 있다고 합니다.

가령, 학업 성취도 하위 30%에 해당되는 학생이 1년 동안 매일 10분씩 책을 더 읽을 경우, 약 70만 개 정도의 단어를 읽게 되는데 이는 상위 30%의 학생이 읽고 있는 수준을 능가하는 양이라고 합니다. 즉, 매일 10분씩만 투자해도 엄청난 다독 효과를 볼 수 있는 것입니다. 아이에게 쉽고 재미있는 책을 읽어주는 게 최고의 영어 공부법입니다.

⑫ 영어 어순 감각 키워주기

한국어는 조사가 격의 의미를 포함하고 있기 때문에 단어가 놓이는 위치가 바뀌어도 대개의 경우 같은 의미를 유지합니다. 다음의 예를 살펴보면 쉽게 이해가 될 것입니다.

나는 톰을 좋아해. / 톰을 나는 좋아해. / 좋아해 톰을 나는.

위의 세 문장은 단어들의 위치가 각각 다르지만 '내가 톰을 좋아한다'는 의미는 동일합니다. 또한, 문법적으로도 틀린 부분이 없습니다. 하지만 영어는 다릅니다.

I like Tom. / Tom I like. / Like Tom I.

위의 세 문장 중 두 번째와 세 번째 문장은 문법적으로 틀린 문장입니다. 영어에서 어떤 단어들은 같은 의미라고 해도 격에 따라 그 형태가 바뀌기 때문입니다. 그리고 목적어가 있는 문장의 경우 각 문장 요소는 '주어+동사+목적어'의 순서로 배열되어야 합니다. 이것이 영문법의 규칙입니다.

아이들의 읽기 이해력을 키우기 위해서는 이와 같은 영어식 어순에 익숙해지는 것이 반드시 필요합니다. 즉, 영어를 한국어 방식대로 해석하는 것이 아니라 영어 문장이 쓰인 순서대로 쭉쭉 읽어나가며 그 의미를 이해할 수 있어야 합니다. 우리가 영어를 어렵게 느끼는 가장 큰 이유 중 하나는 바로 이러한 어순의 차이 때문입니다. 많은 성인들이 영어를 오랫동안 배웠으면서도 어려워하는 이유는 두 언어 사이의 이러한 차이를 무시하고 한국어 어순에 맞추어 영어 문장을 한 줄 한 줄 해석하는 방식으로 영어를 공부했기 때문입니다. 이런 식으로 영어 문장을 읽는 것이 습관으로 굳어지면 스토리를 따라가면서 영어책을 읽는 재미를 느끼기가 어렵습니다. 이와 달리 영어 말소리를 충분히 듣고, 영어 그림책을 비롯해 영어책을 많이 읽은 아이들은 자연스럽게 영어식 어순 감각을 체득하게 됩니다.

영어뿐 아니라 외국어를 정확히 사용하기 위해서는 해당 언어의 문법 지식을 아는 것이 꼭 필요합니다. 다만, 영어 읽기 독립이 우선적인 목표인 아이들에게는 너무 지엽적인 문법 지식보다는 더 큰 틀에서의 문법, 즉 어순의 개념을 먼저 설명해주는 것이 훨씬 더 효과적입니다.

⑬ 한글책 읽기로 배경지식 쌓게 하기

배경지식이 많으면 같은 글을 읽어도 내용을 이해하기가 훨씬 쉽습니다. 특히 논픽션을 읽을 때 그렇습니다. 가령, 겨울에 동면을 하는 동물에 대해 사전에 알고 있다면 'hibernation(겨울잠)'을 주제로 한 글을 읽을 때 개념을 더 빨리 파악하고 넘어갈 수 있기 때문에 영어책 읽기에 자신감이 생깁니다.

실제로 영어 유치원을 다니지 않았지만 평소에 한글책을 많이 읽어서 배경지식이 많은 아이들은 영어책 읽기를 꾸준히 했을 때 성장에 가속도가 금방 붙어서 나중에는 영어 유치원을 나온 아이들과 비교해도 실력에서 큰 차이가 없습니다. 오히려 어릴 때부터 영어에 많이 노출되었지만 한글책을 많이 읽지 않은 아이들보다 영어를 훨씬 더 잘하는 경우도 많이 봤습니다. 그러니 '그때 영어 유치원를 보낼걸' 하고 자책하거나 후회하지 않으셔도 됩니다. 그 대신 영어책 1천 권 읽기 도전과 더불어 한글책 1천 권 읽기에도 함께 도전해보는 것은 어떨까요?

⑭ 리딩 교재 해석하게 하기

엄마표 영어로 영어책 읽기를 진행하는 부모님들이 가장 많이 던지는 질문 중 하나는 "영어책을 읽을 때 우리말로 해석해줘야 하나요?"입니다. 이에 대해서는 '엄마들이 가장 궁금해하는 STEP 3 Q&A'에 답변이 자세히 나와 있습니다. 저는 정독을 하면서 해석을 해주는 식의 학습이 필요할 때는 영어책보다 리딩 교재를 보는 편을 추천합니다. 대부분의 리딩 교재를 출간하는 출판사의 홈페이지에는 해석이 제공되어 있어서 영어에 부담감을 느끼는 부모님들도 도움을 받을 수 있습니다. 리딩 교재에 실리는 지문들은 대부분 흥미로운 소재의 이야기여서 재미있게 읽을 수 있습니다. 또한, 리딩 교재에는 논픽션 주제들도 많이 나오기 때문에 부족한 어휘나 배경지식의 구멍을 메우기에도 좋습니다.

다독으로 즐겁게 영어책 읽기를 이어온 아이들의 경우, 영어책을 이용한 정독 활동으로 어휘 공부 및 독후 활동을 하는 것을 자칫 부담스럽게 여길 수도 있습니다. 이런 아이들에게는 리딩 교재가 좋은 대안이 될 수 있습니다.

논픽션 읽기로
배경지식 확장하기

　리더스 읽기에서 챕터북으로 넘어갈 때는 논픽션 리더스를 읽혀주시는 것이 좋습니다. 논픽션은 픽션, 즉 허구로 만들어진 스토리가 아닌 글들을 가리킵니다. 가령, 안내문이나 설명문, 또는 지식을 얻을 수 있는 정보성 글들을 아울러 논픽션이라고 부릅니다. 논픽션도 픽션과 마찬가지로 그림책에서부터 리더스, 그리고 챕터북 등 다양한 수준으로 이루어져 있습니다.

　논픽션에는 픽션에는 잘 나오지 않는 단어들이 등장하기 때문에 동일한 리딩 지수가 매겨졌다고 해도 아이들이 훨씬 더 어렵게 느낄 수 있습니다. 하지만 같은 이유로 영어책 읽기를 할 때 논픽션 읽기를 병행하는 것이 중요합니다. 그래야만 픽션만 읽을 경우 생기기 쉬운 어휘력의 구멍을 메꿀 수 있습니다. 또한, 수능과 같은 시험에서는 논픽션 지문의 비중이 훨씬 크기 때문에 시험에서 좋은 성적을 거두고자 한다면 논픽션 읽기도 신경을 쓸 필요가 있습니다.

픽션과 달리 Time for Kids 시리즈처럼 대부분의 논픽션 리더스 시리즈는 책을 통해 배운 내용을 다시 확인할 수 있도록 워크북 형태의 페이지가 함께 제공되는데, 이 부분도 꼭 활용하는 것이 좋습니다. 논픽션은 많은 내용을 빨리 읽기보다는 정독으로 천천히 내용을 읽어나가면서 새로 나온 배경지식과 어휘들을 꼼꼼히 챙기는 것이 유리합니다. 아이들을 잘 다독여서 기본적으로 같은 책을 2~3회 정도 반복해서 읽도록 하는 것도 잊지 마세요.

논픽션은 픽션에 비해 책에 나오는 정보들이 생소하기도 하고 처음 보는 단어들도 다수 등장하기 때문에 어렵고 재미없다는 편견을 갖기 쉽습니다. 그런데 의외로 논픽션을 좋아하는 아이들도 많습니다. 특히 남자아이들의 경우, 새로운 사실을 알아가는 재미에 픽션보다 논픽션에 더 흥미를 보이기도 합니다. 한글책을 읽을 때 논픽션에 관심을 보였던 아이라면 영어책에서도 논픽션을 선호하는 경향이 있습니다.

물론, 그와 반대인 경우도 있습니다. 논픽션 영어책에 부담을 느끼는 아이들은 우선 픽션 영어책 읽기를 통해 영어로 된 글에 충분히 익숙해지도록 하는 것이 우선입니다. 논픽션을 골라줄 때 아이가 현재 읽고 있는 픽션보다 한두 단계 낮은 책을 골라줘서 아이가 부담 없이 읽어나갈 수 있게 하는 것도 현명한 방법입니다. 거기에 더해 한글책 논픽션 읽기를 병행함으로써 배경지식을 풍부하게 쌓으면 논픽션 영어책 읽기도 훨씬 더 쉽게 느껴집니다.

매력적인 논픽션 리더스 시리즈와 활용법

시중에 픽션 리더스는 많이 나와 있는 데 반해, 논픽션 리더스는 많지 않은 편입니다. 그래서 부모님 입장에서는 어떤 논픽션을 골라서 보여줘야 할지 고민이 많이 됩니다. 논픽션 리더스 시리즈를 추천해달라는 질문을 받을 때 제가 가장 많이 추천하는 시리즈는 Oxford Read and Discover 시리즈와 National Geographic Kids 시리즈입니다. 두 시리즈 모두 아이의 읽기 수준에 맞춰 레벨별로 구성되어 있으며, 영어는 물론이고 배경지식도 확장시킬 수 있는 아주 매력적인 논픽션 리더스 시리즈들입니다.

● Oxford Read and Discover 시리즈

Oxford Read and Discover 시리즈는 총 6단계 구성인데 '과학과 기술', '자연과학', '예술과 사회' 등 3가지 분야의 커리큘럼을 모두 아우르고 있습니다. 현재 영어책 전문 온라인 서점 웬디북에서 레벨별로 10종 세트를 묶음 판매 중이라 국내에서도 비교적 쉽게 구할 수 있는 것이 장점입니다. 또한, 음원도 무료로 다운로드 할 수 있어 영어 듣기 활동에도 활용이 가능합니다.

이 중 1단계 구성에 대해서만 간략히 설명해드린다면, AR 1점대 후반 수준인 약 300개의 표제어로 구성되어 있으며 'Art', 'At the Beach', 'Eyes', 'Fruit', 'In the Sky', 'Schools', 'Trees', 'Wheels', 'Wild Cats', 'Young Animals'의 10세트로 이루어져 있습니다. 각 권의 분량은 약 32쪽 정도로 주제와 관련된 다양한 정보들을 전해줍니다.

책과 함께 제공되는 워크북으로 빈칸 채우기, 매칭하기, 퍼즐 맞추기 등 다양한 독후 활동을 할 수 있도록 만들어져서 아이들이 책을 다 읽은 후 재미있는 활동을 하며 내용을 다시 되새김질할 수 있습니다. 책을 구매하기 전 어떤 내용인지 더 들여다보고 싶거나 아이 수준에 어떤 레벨이 적정한지 알아보고 싶다면 유튜브에서 'Oxford Read and Discover'를 키워드로 넣고 검색해보는 것도 방법입니다.

리딩 교재로 많이 사용되는 Bricks Reading 시리즈의 경우 예전에는 120(책에 소개된 지문의 글자 수가 약 120자라는 의미)부터 논픽션이 시작되었는데(참고로 요즘에는 30부터 논픽션이 시작됩니다) AR 2.1로, Oxford Read and Discover 시리즈 1단계는 그보다 부담 없이 읽을 수 있는 수준입니다(AR 1점대). Oxford Read and Discover 시리즈는 책 뒤에 사진과 함께 단어가 정리되어 있어서 그림으로 된 영어 사전처

럼 활용하며 어휘를 익히는 데도 좋습니다. 참고로 앞장에서 소개해
드린 온라인 영어 도서관 리딩앤에는 Oxford Reading Tree 시리즈와
더불어 Oxford Read and Discover 시리즈도 패키지로 구성하여 제공
하고 있습니다.

● National Geographic Kids 시리즈

   National Geographic Kids 시리즈는 실사 이미지가 자세하고 아름
다워서 아이들의 눈을 사로잡기 충분합니다. 어른들이 봐도 배울 것
이 많은 시리즈이기 때문에 처음에는 도서관에서 빌려보다가 아이들
이 적극적으로 관심을 보인다면 소장해서 여러 번 반복해서 봐도 좋
은 논픽션 리더스 시리즈입니다.

   National Geographic Kids 시리즈는 'Pre-reader(Ready to Read)',
'Level 1(Starting to Read)', 'Level 2(Reading Independently)', 'Level 3(Fluent
Reader)'의 총 4단계로 구성되었습니다. 실사 이미지의 퀄리티가 매우
좋기 때문에 파닉스를 배우기 전인 어린아이들에게도 사진을 보여주
면서 읽어주기에 좋습니다. 유튜브에서 'National Geographic Kids

Read Aloud'라고 키워드 검색을 하면, 레벨별로 다양한 책 읽어주기 영상이 있으니 참고하세요.

National Geographic Kids 시리즈는 자연에 대한 내용뿐 아니라 마더 테레사, 에이브러햄 링컨, 헬렌 켈러 등과 같은 위인들의 이야기도 포함되어 있습니다. 또한, 다양한 게임과 기발한 퀴즈, 주제와 관련된 동영상이 함께 제공되기 때문에 아이들이 더욱 즐겁게 논픽션과 친해질 수 있습니다.

● Guided Science Readers 시리즈

Oxford Read and Discover 시리즈와 National Geographic Kids 시리즈 외에 Scholastic 출판사에서 출간한 과학 논픽션 시리즈인 Guided Science Readers 시리즈도 추천드리는 논픽션 시리즈입니다. A~F단계의 6단계(총 76권)로 구성되었는데, 일상에서 친근하게 만날 수 있는 동물 이름, 식물 이름, 추수와 계절 등 아이들이 반드시 알아두어야 하는 기초적인 과학 지식과 어휘가 단계별로 잘 정리되어 담겨 있습니다.

National Geographic Kids 시리즈처럼 선명한 총천연색 사진이 함께 제공되기 때문에 별도로 문장을 해석해주지 않아도 아이가 직관적으로 내용을 쉽게 이해할 수 있습니다. 또한, Guided Science Readers 시리즈는 세이펜의 일종인 팝펜이 딸린 버전도 출시되어 있습니다. 팝펜을 책에 갖다 대면 바로 원어민의 음성으로 책 내용을 들을 수 있는 것도 장점입니다.

이렇게 픽션과 논픽션을 꾸준히 함께 읽어서 아이들의 리딩 레벨이 올라가면 이후에는 Ken Jennings 시리즈, Who Was 시리즈, Magic Tree House Fact Tracker 시리즈와 같은 챕터북 수준의 논픽션들도 즐겁게 읽어나갈 수 있을 것입니다.

STEP 3
실전 커리큘럼&팁

이 시기는 파닉스가 완성되고 독립적인 책 읽기가 가능해지는 단계입니다. 하지만 그와 동시에 영어책 읽기에서 가장 정체가 심한 시기이기도 합니다. 독립적인 책 읽기가 가능해지기는 했지만 여전히 많은 관심과 격려가 절대적으로 필요한 시기입니다. 이 단계를 잘 넘기면 챕터북으로 넘어가서 훨씬 더 자유롭게 영어책을 읽을 수 있게 됩니다. 이 정체기를 잘 극복할 수 있도록 아이들이 좋아할 만한 책을 많이 찾아주고 영어책 읽기에 몰입할 수 있도록 여유를 주는 것이 중요합니다. 다음은 STEP 3 단계의 아이에게 읽히면 좋은 추천 커리큘럼과 리딩 팁입니다.

| ① 정독 교재

- Amelia Bedelia 시리즈
- Arnold Lobel 시리즈
- Arthur Starter 시리즈
- Clifford the Big Red Dog 시리즈
- Froggy 시리즈
- Henry and Mudge 시리즈
- Mercy Watson 시리즈
- Oxford Reading Tree 4~6단계
- Poppleton 시리즈

| ② 다독 교재

- A Little Princess 시리즈
- Annie and Snowball 시리즈
- Arthur Adventure 시리즈
- Charlie and Lola 시리즈
- Curious George 시리즈
- Dave Pilkey Dragon 시리즈
- Disney Fun to Read 시리즈(Level 2~3)

- Dog Man 시리즈

- Fairylight Friends 시리즈

- Flat Stanley 시리즈

- Hello Reader 시리즈(Level 2~3)

- I Can Read 시리즈(Level 2~3)

- Little Bear 시리즈

- Missy's 시리즈

- Moby and Shinoby 시리즈

- Mouse and Mole 시리즈

- Mr. Putter and Tabby 시리즈

- My Weird School 시리즈

- Noodleheads 시리즈

- Olivia 시리즈

- Pig the Pug 시리즈

- Puffin Young Readers 시리즈(Level 3~4)

- Robert Munsch 시리즈

- Scholastic Reader 시리즈(Level 3)

- Step Into Reading 시리즈(Step 3~4)

- The Bad Guys 시리즈

- There Was an Old Lady 시리즈

- Unicorn and Yeti 시리즈

- Usborne Young Reading 시리즈

- Winnie the Witch 시리즈
- Zak Zoo 시리즈

| ③ 보기와 듣기

(1) 현재 읽고 있는 책을 중심으로 영상 보기와 집중듣기를 실천합니다.

(2) 유튜브나 넷플릭스로 교육용 애니메이션 영상을 보여줍니다.

(3) 주말에는 디즈니 애니메이션을 함께 시청합니다.

| 리딩팁

(1) 하루 3문장 정도 짧은 문장으로 영어 일기 쓰기를 시작해봅니다.

(2) 정독 교재를 적당량 나누어 매일 듣고, 낭독하고, 녹음합니다.

(3) 정독 교재 내용의 핵심 문장들을 찾아내고 스토리를 재구성하는 훈련을 합니다.

(4) 책에서 가장 인상적이고 감동적인 장면을 자신의 말로 표현해봅니다.

(5) 책의 주제와 연관된 짧은 글쓰기를 시도해봅니다.

STEP 3. 이것만은
꼭 기억하고 실천해주세요!

(1) 독서 편식 습관 방지하기

아이들의 독서 편식을 막기 위해 다양한 장르의 픽션과 함께 논픽션 리더스, 리딩 교재 등을 적극적으로 활용해서 보다 다양한 글감과 배경지식을 접할 수 있도록 미리미리 신경을 써두는 것이 좋습니다.

(2) 어휘력 늘려주기

연구에 따르면 약 2,000개의 워드 패밀리를 알면 AR 3점대 책들을 무난히 읽을 수 있다고 합니다. 다독을 통해서 자연스럽게 어휘 익히기, 매일 조금씩이라도 어휘 학습하기 등 가능한 모든 방법을 동원해서 어휘를 확장할 수 있도록 챙겨줄 필요가 있습니다.

(3) 아이의 흥미와 수준에 맞는 새로운 책 제공해주기

엄마표 영어를 할 때 가장 하지 말아야 하는 일은 바로 우리 아이와 다른 집 아이를 비교하는 것입니다. '○○네는 벌써 해리포터를 읽는다는데, 우리 애는 언제 그렇게 되려나' 하는 생각을 하면 오히려 지치기 쉽습니다. 남과 비교할 시간에 지금 우리 아이가 어떤 책을 좋아하는지를 잘 살피면서 다음에 어떤 책을 읽힐지 고민하는 편이 더 생산적이지 않을까요? 자신이 좋아하는 책을 한 권 한 권 읽어나가다 보면 분명 어느 순간 아이는 챕터북도 자연스럽게 읽는 수준에 다다를 것입니다. 그러니 절대 서두르지 마세요!

(4) 논픽션 리더스 읽히기

아이가 리더스 레벨에서 챕터북으로 쉽게 넘어가기 위해서는 논픽션 리더스를 함께 읽히는 것이 좋습니다. 읽기 연습을 위해 만들어진 리더스와 달리 다양한 장르와 주제를 가진 챕터북의 스토리를 소화해내려면 필수 어휘와 풍부한 배경지식이 요구됩니다. 앞에서 소개해드린, 자연, 과학, 사회 분야 등 기본적인 논픽션 리더스부터 읽기 시작해서 영미권 국가들의 역사나 그리스 로마 신화 등으로 지식을 확장해나가면, 나중에 Harry Potter 시리즈나 Percy Jackson 시리즈 같은 두꺼운 영어 소설 읽기도 한결 수월해집니다.

만일 영어책만으로 배경지식을 쌓기에 어려움이 있다면 한글책 읽기를 통해 부족한 부분을 메워주는 것도 좋은 방법입니다.

(5) 읽기 유창성 향상을 위한 연습 계속하기

STEP 3은 아이가 나중에 중·고급 단계의 챕터북까지 재미있게 읽어나갈 수 있을지, 아니면 초·중급 리더스에서 영어책 읽기를 멈추게 될지 결정되는 매우 중요한 시기입니다. 이 단계에서는 논픽션을 포함해 다양한 장르의 영어책을 읽으면서 배경지식을 쌓고, 어휘력도 늘리는 것도 필요합니다. 그렇다고 해서 읽기 유창성 향상을 위한 노력을 완전히 내려놓아서는 안 됩니다. 읽기 유창성과 읽기 이해력은 함께 성장합니다. 따라서 STEP 3에서도 STEP 2에서 집중했던 읽기 유창성 향상을 위한 연습, 즉 낭독을 계속해서 이어나가야 합니다.

아이가 파닉스를 떼고 혼자서 어느 정도 글밥이 있는 책들을 읽는 모습을 보면 부모님들 마음속에 '이제 됐구나!' 하는 생각이 피어오릅니다. 이윽고 초반에는 열성적으로 엄마표 영어를 이어오던 분들도 서서히 아이 혼자서 영어책을 읽게끔 내버려두는 경우가 많습니다.

하지만 아이가 어느 정도 혼자서 영어책을 읽을 줄 아는 능력을 갖춘 것과 아이가 스스로 즐기면서 영어책을 읽는 것은 같다고 보기 조금 어렵습니다. 따라서 아이가 어느 정도 혼자서 영어책을 읽는다고 해도 여전히 이 단계에서는 부모님께서 아이에게 영어책도 읽어주고 아이가 매일 낭독 연습을 할 수 있도록 도와주는 과정이 필요합니다. 이 부분을 꼭 염두에 두시기를 바랍니다.

이와 더불어 픽션과 논픽션을 아우르는 다양한 리더스 읽기를 통해 읽기 이해력과 배경지식을 튼튼하게 쌓아두면 아이는 머지않아 60~70쪽에 달하는 얼리 챕터북은 물론이고, 150쪽 이상의 영어책들도 어렵지 않게 읽어나갈 수 있는 실력을 갖게 될 것입니다.

STEP 3
아웃풋 체크 타임

영어책 읽기 단계	추천 아웃풋(말하기&쓰기) 활동
STEP 3 중·고급 리더스	• 중·고급 리더스 낭독하고 녹음하기(SNS에 인증하면 더 효과 있음) • 섀도잉 하기 • 기초 회화를 외운 후 한글 문장을 보고 영어로 말해보기 • 영어 말하기 애플리케이션 활용하기 • 화상 영어 활용하기(교재 수업) • 네 컷 만화로 읽은 책의 전개 상황을 그려보고 영어로 말해보기 • 영어 일기 쓰기(『기적의 영어일기-생활일기편』 등 교재 활용) • 영어 문장 소리 내어 읽으며 필사하기(이때 책을 보지 않고 필사하기) • 그동안 읽은 책 제목들 기록하기 • 북리포트에 재미있게 읽은 책을 골라서 3~5줄로 내용 요약하기 • 쓰기 교재 활용하기(『Guided Writing』, 『Write it』, 『Writing Framework: Sentence writing 1,2,3』 등) • 나만의 영어 표현 노트 만들기

STEP 3은 읽기 이해력을 높이는 것이 가장 큰 목표입니다. 따라서 아웃풋 활동도 아이가 자신이 읽은 책의 내용을 잘 이해했는지를 확인하는 활동을 중심으로 구성해보았습니다. 더불어 낭독하기, 흘려듣기 하면서 따라 말하기 등 이전 단계에서 했던 활동들의 난이도를 올려 반복함으로써 말하기에 대한 자신감을 이어나갈 수 있도록 합니다. 다만, 읽기 레벨이 올라감에 따라 그에 맞춰 쓰기 활동의 비중을 늘려서 아이가 자신의 생각을 영어로 표현할 수 있는 능력을 차츰 끌어올릴 수 있도록 신경 써줄 것을 권장합니다.

① 다양한 방식으로 책 내용 요약해서 말하기

EBS의 원조 스타 영어 강사이신 문단열 선생님께서 영어를 거의 포기했던 자녀를 단기간에 영어 전교 1등으로 만들어준 비법을 공개해서 화제가 된 적이 있습니다. 그 비법 중 하나는 바로 쉬운 영어 동화책을 읽고, 틀리는 영어라도 무조건 말해보게 하는 것이었습니다. 이처럼 영어 전문가라면 누구나 다 추천하는 요약해서 말하기 활동은 스피킹 실력뿐만 아니라 읽기 이해력도 높이는 가장 좋은 방법 중 하나입니다. 독서의 즐거움을 느끼기 위해 쭉쭉 읽어나가는 다독과 달리 요약해서 말하기를 하려면 문장을 좀 더 꼼꼼하게 읽고 생각을 더 깊게 해야 합니다. 이 과정에서 아이의 메타 인지가 발달합니다. 또한, 요약해서 말하기 활동을 하는 과정에서 책에 나왔던 어휘나 표현들을 다시 한번 사용하게 됨에 따라 학습적인 측면에서도 큰 도움이 됩니다.

이때 아이에게 "어떤 내용이었는지 서머리해봐"라며 마치 확인하듯이 요약해서 말하기를 시키지는 마세요. 훈련되어 있지 않으면 한글로 쓰인 책도 읽은 직후 바로 한국어로 요약해서 말하기가 쉽지 않습니다. 외국어인 영어는 더하겠지요. 책 내용을 요약해서 말하기 전, 아이의 부담감을 덜어주기 위해 사전 활동을 하는 것도 좋습니다.

가령, A4 용지를 네 칸으로 나누어 먼저 스토리의 기승전결을 그려보게 합니다. 그러면 아무것도 없이 책 내용을 생각해내며 말하는 것보다 훨씬 요약해서 말하기가 수월합니다. 영어책을 읽고 요약해서 말하는 활동을 아이가 버거워한다면, 먼저 한글책을 읽고 요약해서 말하는 활동을 하며 연습하는 것도 좋습니다.

아웃풋 없는 영어책 읽기는 반쪽짜리입니다. 따라서 영어책을 읽은 후 한두 문장이라도 반드시 아웃풋 할 수 있도록 처음부터 습관을 만들 수 있게 도와주세요. 읽은 책 내용을 요약해서 말하는 습관이 생기면 어떤 상황에서도 논리적으로 자신의 생각을 당당히 말할 수 있는 아이로 자라게 됩니다.

② 영어 말하기 애플리케이션 활용하기

구글 플레이 스토어 등에는 영어 문법을 비롯해 영어 말하기와 쓰기를 함께 배울 수 있는 실용적인 애플리케이션이 많이 출시되어 있습니다. 그중 대표적인 것은 전 세계적으로 약 3억 명가량이 사용 중인 '듀오링고duolingo'입니다. 새로운 언어를 배울 때 가장 중요한 것은 해당 언어에 많이 노출되고 그 언어로 말하기를 반복하는 것입니다. 그러기 위해서는 학습 방법이 재미있어야 하는데, 듀오링고는 그런 점을 고려해서 퀴즈 게임의 형태로 학습이 진행됩니다.

듀오링고 애플리케이션을 실행해 어휘 퀴즈부터 시작해서 빈칸 채우기, 순서대로 배열하기, 딕테이션Dictation(영어로 듣고 받아쓰기하는 것) 등을 매일 재미있게 하다 보면 자연스럽게 영어 문장을 쓰는 방법을 익힐 수 있습니다. 특히 'the', 'a' 중에서 알맞은 관사 고르기, 올바른 시제 넣기 등 영어를 외국어로 배우는 학습자들이 자주 틀리는 문제는 비슷한 유형이 반복적으로 제공되기 때문에 자연스럽게 기초 문법도 체득할 수 있습니다.

③ 영어 문장
소리 내어 읽으며 필사하기

　쓰기는 언어 학습에서 가장 마지막에 피는 꽃입니다. 그만큼 그 능력을 습득하는 데 오랜 시간과 노력이 필요합니다. 따라서 영어를 이제 막 배운 아이들에게 처음부터 완성된 형태의 영어 글쓰기를 요구하는 것은 무리입니다. 하지만 그렇다고 해서 마냥 듣기와 말하기, 읽기 학습에만 치중하고 와중에 자연스럽게 쓰기 능력이 성장하기를 기다릴 수도 없는 노릇입니다. 즉, 쓰기는 아이가 부담과 스트레스를 느끼지 않는 범위 안에서 조금씩 훈련을 시키는 것이 옳습니다. 좋은 글을 쓰기 위해서는 우선 좋은 글을 많이 읽고, 따라 써보는 연습이 필요합니다. 필사는 쓰기 능력을 키우는 가장 좋은 방법입니다. 아이들이 읽고 있는 영어책은 세계적인 작가들이 쓴 책들입니다. 위대한 작가들이 쓴 정확하고 아름다운 문장을 따라 쓰다 보면 아이들의 영어 글쓰기 실력도 차츰 성장할 것입니다.

　필사는 연필과 빈 종이만 있으면 가능합니다. 하지만 아직 아이가 영어로 글을 쓰는 데 익숙하지 않을 경우 줄이 그어져 있는 영어 노트를 따로 준비하는 편이 좋습니다. 그리고 하루에 일정한 시간과 필사할 책의 분량을 정해서 필사를 하게 합니다. 이때 아이가 힘들어하지 않을 정도로 시간과 분량을 정하는 것이 좋습니다. 또한, 필사하는 책은 아이가 재미있게 읽은 책 중에서 선택해야 아이가 필사를 지겨워하지 않고 집중해서 할 수 있습니다. 다음은 아이들에게 필사를 시킬 때 참조할 만한 팁들을 정리한 것입니다.

필사를 시킬 때 참조할 만한 팁

- 필사를 시작하기 전에 필사할 내용을 큰 소리로 낭독하면 오감을 자극해서 쓰기에 더욱 집중을 잘할 수 있다.
- 스토리를 떠올리면서 감정이입을 하며 필사를 하면 글쓰기 효과가 더욱 크다.
- 처음에는 한 단어씩 보고 쓰겠지만, 점차 두 단어, 세 단어 그리고 나중에는 한 문장을 한 번에 보고 쓸 수 있게 한다. 즉, 여러 차례 보지 않고 문장을 한 번에 보고 외운 후 필사하게 한다. 중간에 틀리는 내용이 생기더라도 문장을 여러 번 보면서 똑 같이 베껴 쓰기보다는 통으로 외워서 쓰는 과정을 반복하는 편이 영어 학습에 더 큰 도움이 된다.
- 필사했던 부분 중 아이가 가장 좋아하는 문장을 하나 고르게 한 뒤 그 문장을 여러 번 쓰면서 외우게 한다. 이는 훗날 자유롭게 쓰기를 할 때 귀중한 밑거름이 된다.

처음에 필사를 시작하고 자리가 잡히기까지는 적응하는 데 시간이 걸리기 마련입니다. 이럴 땐 격려를 잘해주셔야 합니다. "넌 지금 세계 최고의 작가들로부터 일대일 개인 레슨을 받고 있는 중이야"라고 아이에게 엄청난 자부심을 심어주세요. 그리고 글쓰기를 마치면 '참 잘했어요'

도장도 꾹꾹 눌러 찍어주시고요. 〈반지의 제왕〉, 〈슈렉〉, 〈식스센스〉 등을 번역한 외화 번역가 이미도 씨도 좋은 문장을 많이 베껴 적어보는 필사를 통한 영어 공부 방법을 강력 추천한 바 있습니다. 아이들이 필사를 통해 영어 쓰기의 기본과 자신감을 쌓을 수 있게 꼭 도와주세요.

④ 북리포트 꾸준히 쓰기

부모 입장에서는 아이가 영어책을 읽은 후 내용을 얼마나 잘 이해하고 있는지 늘 궁금합니다. 내용 요약(서머리)이나 북리포트 쓰기는 이를 확인할 수 있는 좋은 방법입니다. 특히 내용 요약은 영어 말하기가 서툰 아이들에게는 큰 도전이지만, 북리포트 쓰기는 영어 말하기나 쓰기에 익숙하지 않은 아이들도 얼마든지 시도해봄직한 독후 활동입니다. 다음은 북리포트 쓰기의 장점들을 정리한 내용입니다.

- 쓰기 활동을 통해 아이들의 생각을 체계화하고 정리하게 하는 데 도움이 된다.
- 북리포트를 쓰기 위해 책을 다시 집중해서 읽음으로써 읽기 실력도 증진시킬 수 있다. 즉, 책의 줄거리, 캐릭터, 설정 등을 파악하면서 읽기 이해력이 향상된다.
- 북리포트 작성 과정에서 새로운 단어를 찾고 사용하면서 어휘력

이 확장된다. 어휘를 다양하게 사용하고 문장 구조를 다양화하는 방법을 배울 수 있다.

- 책을 읽고 난 후 자신의 생각을 표현하는 연습을 할 수 있기 때문에 표현력이 향상된다.
- 책을 읽고 그 내용을 요약하고 공유하는 습관을 통해 더 많은 책을 읽고 싶어지는 동기부여가 된다.
- 북리포트를 작성하고 완성하는 과정을 통해 성취감을 느끼고 자신감을 갖게 된다.

북리포트의 종류는 단계별로 다양하기 때문에 아이 수준에 맞춰서 적절한 방식을 골라 적용할 수 있습니다. 초등 저학년 수준의 아이들은 책을 읽은 후 새로 배운 어휘와 뜻을 적어보고, 가장 재미있었던 부분을 그대로 필사하는 것으로 시작하면 됩니다. 초등 고학년 수준의 아이들은 읽었던 책 내용을 기반으로 주인공, 주요 내용, 줄거리, 기억에 남는 내용, 가장 재미있었던 내용, 새로 배운 어휘, 주인공에게 일어난 가장 심각한 문제는 무엇이었는지 그리고 주인공은 그 문제를 어떻게 해결했는지 등을 적어보게 합니다.

한글책과 달리 영어책은 아무래도 모국어로 쓰이지 않았기 때문에 책을 읽었다고 해도 그 내용을 정확하게 알지 못하고 넘어가는 경우가 있습니다. 글밥이 적은 책은 그림을 보고 어느 정도 내용을 유추하겠지만, 책의 수준이 점점 올라감에 따라 문장을 정확하게 이해할 줄 아는 읽기 이해력이 갖춰져야만 합니다. 만일 책 내용을 어렴풋이 알거나 몰라도 그냥 넘어가는 태도가 습관이 되면, 읽을 수 있는 책의 수준이 더 이상 발전하지 않고 정체됩니다. 그러므로 보다 올바르고 정확한 영어책 읽기를 위해서는 북리포트 쓰기를 통해 아이의 내용 이해 수준을 지속적으로 체크하는 활동이 필요합니다.

그렇다고는 해도 책을 읽는 재미가 우선시되어야 하기 때문에, 북리포트 쓰기를 아이가 읽는 모든 책을 대상으로 할 필요는 없습니다. 그렇게 할 경우 자칫 아이가 북리포트 쓰기를 숙제처럼 여겨 영어책 읽기를 멀리하게 될 우려도 있습니다. 따라서 아이가 부담 없이 쓸 수 있는 내용으로 북리포트 쓰기를 가볍게 시작해보시기를 권합니다. 네이버 '엄실모' 카페에는 단계별 북리포트 양식이 올라와 있습니다. 아래의 QR 코드를 통해 접속하시면 쉽게 다운로드 할 수 있습니다.

단계별 북리포트 양식 샘플

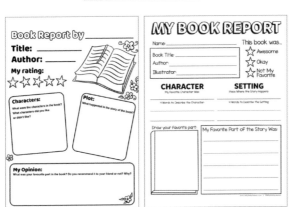

● '엄실모' 카페에 업로드 된 단계별 북리포트 양식

Q. 영어책 읽기를 해줄 때 해석도 같이 해줘야 하지 않나요?

A. 아이가 원하지 않으면 굳이 의미를 해석해주지 않아도 괜찮습니다. 영어 그림책의 경우, 그림만 보아도 어떤 내용인지 충분히 이해와 유추가 가능합니다. 만일 아이가 그림을 봐도 내용을 이해하지 못하거나 아이가 해석을 원하면 대략적인 스토리 흐름만 알려주는 정도로도 충분합니다. 문장을 일일이 한글로 해석해주면 오히려 책을 읽어나가면서 이야기의 흐름을 놓치게 됩니다. 또한, 영어를 영어로 받아들이는 데 방해가 될 수 있습니다.

물론, 아이가 우리말 뜻을 알고 싶어 할 경우 전체적인 의미를 자연스럽게 알려줘야 합니다. 아이가 우리말 뜻을 알려달라고 하는 것은 책 내용을 잘 이해하지 못해서이기도 하지만, 그만큼 책 읽기에 관심을 가지고 있다는 표현이기도 합니다.

하지만 가능하다면 영어책을 읽다가 모르는 단어와 마주치더라도 전체적인 맥락 안에서 단어의 의미를 유추하고, 그 모호함을 견디도록 이끌어주는 것이 필요합니다. 그런 과정이 반복되면 영어로 생각하고 영어로 책을 읽는 능력이 더 발전할 수 있습니다.

Q. '영어책 여러 권 한 번 읽기 vs. 한 권 반복해서 읽기', 무엇이 더 좋은가요?

A. 둘 다 필요합니다. 좋아하는 책을 여러 번 반복해서 읽는 것도 좋고, 여러 가지 다양한 책을 한 번씩 읽는 것도 좋습니다. 아이마다 책을 읽는 성향이 다르기 때문에 어느 것이 좋고 나쁘다고 딱 잘라 말할 수 없습니다. 다만, 한 가지 책을 반복해서 읽더라도 다른 분야의 책에도 관심을 갖도록 시야를 넓혀줄 필요는 있습니다. 또한, 여러 가지 책을 한 번씩만 읽을 경우에는 아이가 대충 눈으로만 읽고 넘기는 스키밍을 하지 않도록 주의 깊게 살펴볼 필요가 있습니다.

Q. 영어책, 언제까지 읽어줘야 할까요?

A. '아이가 원할 때까지'가 답입니다. 어떤 전문가들은 청소년기까지도 읽어줘야 한다고 말합니다. 부모님과 함께 책을 읽는 시간은 아이의 평생에 잊지 못할 귀중한 추억으로 남습니다. 또한, 이렇게 들인 독서 습관은 성인이 되어서도 좋은 루틴으로 작용합니다. 따라서 아이에게 영어책 읽어주기는 가능한 한 오랫동안 이어나가는 편이 좋습니다. 하지만 아이가 혼자서 읽는 것을 더 편안하게 생각하고 독립적인 독서를 원한다면 그때는 아이의 요구에 맞춰주는 것이 옳습니다.

Q. 벌써 초등학교 3학년인데, 영어책에 흥미를 보이지 않아 걱정입니다. 좋은 방법이 없을까요?

A. 아이가 영어책에 흥미를 보이지 않는 것은 아직 영어책이 얼마나 재미있는지 그 맛을 경험하지 못했기 때문입니다. 한글책을 좋아하고 꾸준히 읽어온 아이라면 영어책에도 관심을 보이는 것이 자연스러운 현상입니다. 초등학교 3학년이 되었어도 영어책에 관심을 보이지 않는다면 한글책 읽기 상황부터 먼저 확인해봐야 합니다. 또한, 문자 매체보다 영상 매체 보기에 더 시간을 쓰고 있지는 않은지도 확인해봐야 합니다.

아이가 현재 초등학교 3학년이라면 영어책 읽기를 영어 그림책으로 시작하기보다는 영어 리딩 학습서를 통해 영어 기본기를 먼저 다지는 것이 좋습니다. 한국어 인지능력은 10세 수준인데 영어책이라고는 하지만 3~4세 아이들이 보는 것을 읽으라고 하면 그 간격이 너무 크기 때문입니다. 따라서 먼저 영어 리딩 학습서를 통해 파닉스 규칙과 기본 문장을 익힌 다음, 천천히 쉬운 단계의 리더스 읽기를 병행하는 편이 좋습니다. 리더스 중에도 아이들의 흥미를 고려해서 만화 형식으로 만든 장르인 그래픽 노블이 있습니다. 그래픽 노블 형태의 리더스는 글밥도 적고 그림도 많아서 아이들이 직관적으로 내용을 이해할 수 있습니다. Scholastic 출판사에서 나온 Acorn 시

리즈와 Branch 시리즈 책들을 추천합니다. 그래픽 노블에 대해서는
다음 장에서 좀 더 자세하게 설명했으니 참조해주세요.

STEP 4

챕터북 읽기
_자기 주도적 영어책 읽기의 시작

목표	평균 AR 지수	대표적 책 형태
• 자기 주도적 아이표 영어 독서하기	2.5~4.0	얼리 챕터북 챕터북

STEP 4는 2차 영어 읽기 독립의 마지막 단계입니다.

이 단계에서는 영어책 읽기의 즐거움을 체화해 부모의 도움이 없어도

자기 주도적으로 영어책 읽기를 해나가는 것이 핵심입니다.

영어책 읽기의 꽃이라고도 할 수 있는 챕터북 읽기를 통해

영어로 사고하고 표현할 수 있는 능력에 깊이를 더하는 단계입니다.

STEP 4의 목표

- 다독과 정독으로 다양한 책을 읽으면서 바로 뜻을 알 수 있게 어휘력을 늘린다.
- 단어 각각의 뜻을 해석하기보다 앞으로 전개될 내용을 추측하면서 책을 읽는다.
- 읽기 이해력을 넘어 비판적으로 읽을 수 있는 문해력을 키운다.
- 읽기를 배우는 단계에서 읽기를 통해 배움을 확장시키는 단계로 도약한다.
- 다양한 챕터북을 읽음으로써 영어 소설을 읽을 수 있는 힘을 키운다.
- 영어를 사용해 자신의 생각을 보다 정교하게 말하고 쓸 수 있다.

우리 아이도
챕터북을 읽을 수 있을까?

STEP 3에서 읽기 이해력을 키우면서 영어 독서 습관이 정착되고 영어책 읽기의 재미를 한껏 느꼈다면 이제 부모의 개입 없이도 자발적으로 책을 읽는 아이표 영어 독서를 하는 단계로 넘어갈 차례입니다. 이 단계에서 주로 읽혀야 하는 책은 챕터북입니다. 부모님들을 대상으로 상담과 강의를 할 때면 "우리 아이는 언제쯤 매직 트리 하우스 같은 챕터북을 읽게 될까요?"라는 질문을 자주 받습니다. 엄마표 영어를 하는 분들 사이에서 챕터북은 영어책 읽기의 성공을 보여주는 일종의 상징과도 같습니다.

챕터북은 리더스와 달리 '1장, 2장, 3장······' 등으로 챕터가 나뉜 책을 가리킵니다. 영어 그림책과 리더스를 읽고 난 뒤 본격적인 단행본 영어 소설을 읽기 전에 주로 보게 되는 과도기 단계의 책이라고 할 수 있습니다. 어린이들을 위한 일종의 아동 문고로서 미국 초등학생을 기준으로 삼는다면 2~3학년 정도의 아이들을 위한 권장 도서입니다.

챕터북은 챕터를 나눠놓아야 할 만큼 (리더스에 비해) 책 내용이 긴 편입니다. 쉽게 말해 글밥이 많다는 이야기입니다. Nate the Great 시리즈나 Horrid Henry Early Reader 시리즈 같은 얼리 챕터북 시리즈들의 경우, 권당 보통 1,500~2,500단어로 이루어져 있습니다. 가장 대표적인 챕터북 중 하나인 Magic Tree House 시리즈의 경우, 첫 번째 에피소드인 『Dinosaurs Before Dark』가 68쪽, 4,737단어로 구성되어 있습니다.

큰 어려움 없이
챕터북 읽기에 들어가는 아이들의 공통점

그런데 이렇게 글밥이 많아지는 챕터북을 큰 어려움 없이 읽기 시작하는 아이들에게는 다음과 같은 공통점이 있었습니다. 우선 엄마 아빠가 아이의 성향을 고려해서 아이가 좋아할 만한 영어책들을 꾸준히 반복적으로 읽히면서 독서 습관을 잘 만들어왔습니다. 즉, 앞에서 소개해드린 대부분의 성공 사례에서 보신 것처럼 영어책 1천 권 읽기, 같은 레벨 도서 수평읽기 등 다독과 정독을 꾸준히 해온 것이지요. 여기에 더해 영어 영상 시청과 리딩 교재 학습 등 다양한 방법을 통해 스토리와 영어 문장 구조를 어려움 없이 이해하는 데 필요한 최소 약 2,000~2,500개 이상의 핵심 어휘를 알고 있습니다. 또한, 낭독도 꾸준히 해서 읽기 유창성을 갖췄음은 물론이고, 영어 말소리에도 오랜 시간 노출이 되어서 듣기 실력도 상당했습니다. 읽기 이해력과 영어 어순 감각도 있어서 영어책을 읽으면서 우리말로 해석하지 않고도 바로 이해를 했습니다.

쉽게 말해 아이에 따라 조금씩 차이는 있지만 쉬운 영어책부터 한 권 한 권 읽기 시작해 100권 읽기, 1천 권 읽기 등 목표를 세우고 한 걸음 한 걸음 꾸준히 걸어온 아이들이 챕터북 읽기로 자연스럽게 진입했습니다. 외국어 학습은 절대 단기 속성으로 끝낼 수 없습니다. 시간과 노력을 꾸준히 들여야 결과를 얻을 수 있습니다. 그러므로 엄마표 영어로 아이의 영어 독립을 이루고자 한다면 장기 로드맵과 각 단계별 목표를 잘 인지하고 묵묵히 실천해나가는 것만이 정답입니다.

보통 듣기와 말하기를 자연스럽게 체득하는 원어민 아이들도 AR 지수 레벨을 올려가며 읽는 데에 1년 정도의 기간을 거칩니다. 우리 아이들은 영어를 외국어로 배운다는 사실을 염두에 둔다면, 무작정 성급하게 AR 지수나 렉사일 지수가 높은 책을 읽히려고 하기보다는 시간이 다소 걸리더라도 기초를 단단히 다지며 읽기 레벨을 조금씩 높이는 편이 더 좋습니다. 즉, 현재 아이의 읽기 수준에 딱 맞거나 조금 낮은 단계의 영어책들을 충분히 읽히는 방식으로 단계적으로 읽기 레벨을 올려주고, 읽기 유창성과 읽기 이해력을 갖췄다고 판단이 될 때 챕터북 읽기로 넘어가야 아이가 영어책 읽기를 즐기면서 이어갈 수 있습니다. 급한 마음에 각 레벨을 대표하는 책들을 몇 권만 후다닥 읽히고 성급히 단계를 뛰어넘어가게 되면 오히려 나중에 원점으로 다시 되돌아가 영어책 읽기를 다시 시작해야 하는 경우를 많이 보았습니다.

세상의 모든 일이 그러한 것처럼 영어 읽기 독립도 임계량의 법칙에서 예외일 수 없습니다. 몇 개월 정도 영어책 읽기를 진행하다가 '우리 아이는 이 길이 아닌가 봐' 하면서 지레 포기하지 마세요. 물도 100℃가 되어야 끓듯이 영어책 읽기도 꾸준히 하면서 임계 수준을 차츰차츰 올려야만 자연스럽게 다음 단계로 올라가는 날이 찾아옵니다. 엄마 아빠의 욕심, 그리고 급한 마음을 아이에게 투사하지 마세요. 부디 아이의 영어 실력이 조금씩 성장해나가는 과정을 천천히 즐기시면 좋겠습니다. 아이 수준에 맞는 영어책을 꾸준히 읽어나가는 것이 느려 보이지만 결국 가장 빠른 길입니다.

얼리 챕터북,
리더스와 챕터북의 징검다리

리더스를 통해 읽기 연습을 한 후 빨리 챕터북으로 넘어가고 싶은 부모의 바람과는 달리, 아이들의 시동은 대부분 천천히 걸립니다. 아이 입장에서 생각해보면 갑자기 많아진 글밥과 작아진 글씨에 당혹감을 느끼는 것은 당연합니다. 그전까지 읽던 책들과 달리 그림도 별로 없고, 종이 색깔도 누런 이 낯선 책들은 왠지 너무 어려워 보여서 피하고 싶은 마음이 들기도 합니다. 이럴 때 유용하게 활용할 수 있는 책이 바로 얼리 챕터북입니다.

얼리 챕터북은 책 내용이 주로 7~10세까지의 저학년 아이들에게 적합하게 구성되어 있으며, 단어 수도 2,000단어 내외로 일반 챕터북에 비해 글밥이 적은 책을 말합니다. 글자 크기도 챕터북에 비해 큰 편이고 그림 비중도 여전히 높아서 리더스를 읽다가 갑자기 챕터북으로 넘어가는 것을 부담스러워하는 아이들이 읽기에 적합합니다. 스토리 구성도 재미있으면서 비교적 단순하고 비슷한 문장 구조가 반복되어 나오기 때문에 영어 그림책과 중·고급 리더스를 읽어온 아이들은 얼리 챕터북 읽기에 금방 적응합니다.

그렇다고 해서 얼리 챕터북의 난이도가 챕터북에 비해서 무조건 낮은 것은 아닙니다. Nate the Great 시리즈처럼 시리즈 전체 권수가 많은 얼리 챕터북 시리즈는 뒤로 갈수록 난이도가 올라갑니다. 즉, 책에 매겨진 번호에 따라 글자 수와 단어 수준이 확 달라집니다. 참고로 Nate the Great 시리즈의 AR 지수는 2.0~3.1 수준입니다. 이처럼 같은 시리즈라고 해도 그 안에서 읽기 레벨의 편차가 많이 나는 시리즈는 책에 매겨진 번호 순서에 따라 차례대로 읽는 편이 좋습니다.

영어책 읽기에 흥미를 돋워줄
얼리 챕터북 추천 목록

다음은 본격적으로 챕터북을 읽히기 전에 아이들의 흥미를 불러일으킬 만한 얼리 챕터북 추천 목록입니다. 챕터북과 견주었을 때 전반적인 난이도를 살필 수 있도록 추천 연령, 단어 수, 총 페이지 수, 주제, AR 지수 등을 표로 정리했습니다. 표에 소개한 내용과 수치는 각 시리즈의 첫 번째 권에 해당되는 것들입니다.

얼리 챕터북 추천 목록

시리즈 제목	추천 연령 (세)	단어 수 (개)	페이지 (쪽)	총 권수 (권)	주제	AR 지수
Horrid Henry Early Reader	7~10	–	64	25	유머, 재미	2.9
Press Start!	7~10	2,331	72	11	게임, 코믹	2.9
Nate the Great	7~10	1,594	80	28	탐정, 추리	2.0
Mercy Watson	7~9	2,202	80	6	유머, 재미	2.7
Black Lagoon	7~10	1,938	64	28	유머, 재미	3.2
Ricky Ricotta's Mighty Robot	7~10	1,109	106	10	모험, 로봇	2.9

(* Horrid Henry Early Reader 시리즈의 경우, 각 권의 단어 수에 대한 정보가 정확히 나온 곳이 없어 공란으로 두었습니다.)

 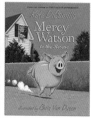  

이 중 오랫동안 사랑받고 가장 잘 알려진 시리즈는 Nate the Great 시리즈와 Horrid Henry Early Reader 시리즈입니다. Nate the Great 시리즈는 꼬마 탐정 네이트가 친구들의 사건을 해결해주는 것이 큰 줄거리입니다. 네이트가 사건을 풀어가는 과정을 따라가면서 아이들은 책 읽는 즐거움과 더불어 생각하는 힘, 문제를 해결하는 지혜를 배울 수 있습니다. Horrid Henry Early Reader 시리즈는 말썽꾸러기 헨리가 겪는 일상적인 이야기들이 주된 줄거리인데 아이들은 헨리에게 동질감을 느끼고 헨리의 문제가 해결될 때 정서적인 카타르시스를 경험하게 됩니다.

Horrid Henry 시리즈는 1,800개가 넘는 유튜브 영상을 비롯해 영화로도 나와 있어서 함께 보면 더욱 좋습니다. 이 시리즈들은 그동안 영어 말소리에 꾸준히 노출되어왔고, AR 1~2점대의 리더스를 수평읽기와 다독을 통해 열심히 읽으면서 읽기 유창성을 키워온 아이들이라면 큰 어려움 없이 읽을 수 있습니다. 아직 혼자서 읽기를 부담스러워한다면 오디오북으로 청독을 하면 도움이 됩니다. 일반 챕터북에 비해 음원 속도도 빠르지 않아서 따라가기가 어렵지 않습니다. 아이들에게 '뭐, 이 정도쯤이야' 하는 마음이 들었다면, 얼리 챕터북 읽히기는 성공이라고 볼 수 있겠지요?

다음의 책들은 컬러풀한 디자인으로 아이들의 시선을 사로잡을 수 있는 얼리 챕터북 추천 목록입니다. 아직 글밥이 많은 챕터북에 선뜻 손이 가지 않는 아이들이 관심을 가질 만한 재미있는 그래픽과 내용을 지닌 얼리 챕터북이라 추천합니다. 표에 소개한 내용과 수치는 각 시리즈의 첫 번째 권에 해당되는 것들입니다.

컬러풀한 디자인이 눈길을 끄는 얼리 챕터북 추천 목록

시리즈 제목	추천 연령 (세)	단어 수 (개)	페이지 (쪽)	총 권수 (권)	주제	AR 지수
Kung Pow Chicken	7~10	2,369	72	5	슈퍼 히어로 유머	3.0
Owl Diaries	7~10	2,553	72	18	일기 형식 대화체로 쓰임	3.0
Princess in Black	7~10	2,079	90	10	말괄량이 공주 슈퍼 히어로	3.2
Princess Pink and the Land of Fake-Believe	7~10	2,136	72	4	유머 패러디	3.1
Diary of a PUG	7~10	2,510	72	6	강아지 일기 형식	2.9
Narwhal and Jelly Book	7~10	848	64	8	해양 동물 모험과 우정	2.4

유튜브에 앞의 책 제목과 함께 'Read aloud'라고 키워드를 넣어서 검색하면, 원어민들이 해당 책들을 읽어주는 다양한 영상들을 볼 수 있습니다. 이들 영상에서는 책의 내용도 미리 볼 수 있어서, 아이의 취향에 맞는 시리즈를 선택하는 데 도움이 될 것입니다. 아이들이 영상에서 소개되는 거의 모든 책들을 읽고 싶어 할 것이라고 자신 있게 말씀드립니다.

영어 공부에 관심 있는 부모님들에게도 얼리 챕터북은 아주 좋은 영어 학습 교재입니다. 리더스는 읽기 연습을 목적으로 한 책이기 때문에 이야기가 단조로워서 아무래도 성인 학습자들에게는 지루할 수 있습니다. 반면, 얼리 챕터북의 문장은 리더스와 비슷하거나 약간 더 높은 수준이면서도 스토리도 흥미로워서 성인들도 재미있게 읽을 수 있습니다. 소리 내어서 낭독을 하다 보면, 영어 말하기에도 도움이 되는 것은 물론입니다.

요즘에는 그림책 작가들이 얼리 챕터북을 많이 창작하다 보니 삽화가 화려한 책들도 많이 출간되었습니다. 덕분에 시각적인 이미지에 익숙한 아이들이 좀 더 쉽게 얼리 챕터북에 친숙해질 수 있게 되었습니다. 제가 지도한 아이 중에서 영어책 읽기를 좀 늦게 시작한 초등학교 고학년 학생이 있었는데, 컬러로 된 삽화가 많이 실린 Princess in Black 시리즈를 재미있게 읽으면서 챕터북 읽기에도 자신감을 가지는 모습을 볼 수 있었습니다.

얼리 챕터북,
보다 효율적으로 읽히는 방법

얼리 챕터북 읽기는 리더스에서 챕터북 읽기로 넘어가기 전에 아이들에게 자신감을 충전해줄 수 있는 좋은 기회입니다. 따라서 얼리 챕터북을 제대로만 활용한다면 난이도가 훌쩍 높아지는 챕터북을 읽기 전에 아이들의 영어책 읽기 기본기를 단단히 다지고 갈 수 있습니다. 다음은 얼리 챕터북을 효율적으로 읽히는 방법들입니다.

먼저 책 읽기를 하기 전에 얼리 챕터북 음원을 집중듣기 해서 어느 정도 내용을 파악한 후 묵독과 낭독을 통해 여러 차례 반복하며 읽는 것을 추천합니다. 만일 아이가 시리즈에 있는 모든 책들을 정독으로 반복해서 읽기 힘들어한다면, 시리즈의 앞쪽 몇 권만이라도 꼭 반복해서 정독할 수 있도록 도와주세요. 주인공이 어떤 인물인지, 어떤 배경을 가지고 있는지 등을 파악하고 나면 시리즈의 나머지 책들도 어렵지 않게 읽어나갈 수 있습니다. 특정한 얼리 챕터북 시리즈에서 아이가 좋아하는 캐릭터를 만났을 경우(이런 경우를 두고 '홈런북'을 만났다고 합니다)에는 많은 시리즈를 읽히기보다 아이가 좋아하는 한두 개 시리즈를 여러 번 반복해서 읽히는 것도 좋습니다.

또한, 아이가 내용을 제대로 잘 파악하고 있는지, 책에 나오는 어휘의 의미를 어느 정도 이해하고 있는지 확인하는 과정도 필요합니다. 물론, 다음 에피소드에서는 어떤 일이 일어날지 궁금해하면서 아이가 책을 재미있게 읽고 있다면 굳이 아이의 이해 정도를 속속들이 확인할 필요는 없습니다. 하지만 왠지 진도가 잘 안 나가고 아이의 반응이 썩 신통치 않다면, 책이 아이 수준에 비해 너무 어려운 경우일 가능성이 큽니다. 이럴 때는 아이에게 한 챕터를 골라서 읽게 한 후, 모르는 단어를 체크해보게 하세요. 또는 다섯 손가락 법칙을 사용해서 파악했을 때 모르는 단어가 너무 많다면(일반적으로 한 페이지에 네 개 이상 나올 경우) 계속 얼리 챕터북을 읽히기보다는 그보다 쉬운 리더스를 더 읽히고, 리딩 교재를 통해 필수 어휘를 추가적으로 학습한 후 얼리 챕터북 읽기에 도전하는 편이 더 좋습니다. 얼리 챕터북이라고 할지라도 그림책이나 리더스와 달리 어휘가 내용을 이해하는 데 큰 비중을 차지하기 때문에 어휘력이 부족할 경우 얼리 챕터북 읽기를 즐기는 것은 불가능하기 때문입니다.

아이가 캐릭터나 화려한 그래픽 등을 이유로 책에 관심을 보인다면 내용적인 측면에서 아이에게 다소 어려운 수준이라고 해도 읽게 두셔도 괜찮습니다. 이때는 묵독보다 오디오북과 함께 집중듣기를 하면서 대략적인 스토리만 이해하고 가볍게 넘어가는 것으로도 충분합니다.

얼리 챕터북에서 챕터북으로 넘어갈 때 유의할 점

얼리 챕터북을 읽으면서 본격적으로 영어책 읽기의 세계에 들어선 아이들은 챕터북을 통해 드디어 '엄마표 영어'에서 '아이표 영어'로 첫 발을 내딛게 됩니다. 좋아하는 작가와 좋아하는 장르의 시리즈 도서를 즐겨 읽으면서 자기 주도적인 독서의 길로 조금씩 들어서게 되고, 서서히 독립적인 독서가로 성장해나가게 되는 것이지요.

챕터북은 리더스에 비해 글자 수는 많고 글자 크기는 작아지는 데다가 종이 재질도 거칠거칠한 갱지에 삽화도 적어서 리더스와 얼리 챕터북을 충분히 읽지 않은 아이들은 챕터북 읽기를 어렵게 느낄 수도 있습니다. 하지만 1차 영어 읽기 독립을 달성하고 영어책 읽기의 재미를 놓치지 않고 이어온 아이들이라면 챕터북도 충분히 즐겁게 읽을 수 있습니다.

챕터북도 사실 영어 소설을 읽기 전에 거치는 중간 과정입니다. 그래서 어휘 수준이나 문장의 난이도를 고려하지 않고 영미권 문화를 기초로 문학적인 가치를 표현하는 데 초점을 맞춘 영어 소설에 견주면 읽기 난이도가 훨씬 낮다고 볼 수 있습니다. 미국 원어민 초등학생을 기준으로 했을 때, 1학년까지는 읽기 훈련을 위해 리더스를 읽다가 2학년쯤 되면 얼리 챕터북 읽기를 거치고, 3학년 무렵에 주로 챕터북을 읽기 시작합니다(여기에는 물론 개인차가 존재합니다).

어려서부터 영어책 읽기를 꾸준히 해온 아이들이라면 영어를 제2외국어로 배운다고 할지라도 미국 학생들의 독서 수준과 비슷하게 성장할 수 있습니다. 하지만 원어민이 아닌 우리 아이들이 원어민 아이들의 독서 수준보다 평균적으로 한 학년 또는 두 학년 정도 늦는 것은 전혀 문제가 되지 않으므로 아이의 읽기 레벨이 낮은 것 같다고 생각하면서 너무 걱정하지 마시길 바랍니다.

만일 현재 초등 고학년인데 AR 2~3점대의 얼리 챕터북이나 챕터북을 읽는다면 우리나라 중학교 1~2학년 수준의 영어 실력을 갖추고 있다고 봐도 무방합니다. 또한, 영어책 읽기에 재미를 느껴서 이후에도 꾸준히 영어책을 읽어나간다면 읽기 실력은 계속해서 우상향할 것입니다. 한글책 독서 수준이 같은 연령대에 비해 낮지 않고 영어책 읽기에 재미도 느끼고 있다면 중학교에 진학해서도 꾸준히 영어책 읽기 수준을 높여나갈 수 있습니다.

얼리 챕터북에서 챕터북 읽기로 넘어갈 때, 아이들이 어려워하는 이유와 해결 방안

그런데 얼리 챕터북에서 챕터북으로 넘어갈 때 힘들어하는 아이들이 적지 않습니다. 가장 큰 이유는 챕터북으로 넘어가면서부터 단어 수가 급격히 늘어나기 때문입니다. 40~70쪽 이내의 평균 단어 수가 2,000개 정도인 비교적 얇은 책들을 읽다가 70~100쪽 분량의 평균 단어 수가 4,000~7,000개 이상이 되는 책을 읽어야 하니 당연히 처음에는 어렵고 힘들 수밖에 없지요. 읽어야 하는 책의 레벨이 높아질수록 어휘력이 점점 중요해지는 이유가 바로 여기에 있습니다.

책의 내용이 길어지면서 장시간 집중하는 것에 어려움을 느끼기도 합니다. 또한, 다양한 인물이 등장함에 따라 아이들이 복잡한 구조의 이야기 흐름을 따라가는 것을 벅차하기도 합니다. 그래서 챕터북을 읽히기 시작할 때는 앞에서 강조한 대로 시리즈의 처음 몇 권은 순서대로 정독하면서 내용을 정확히 이해하는 것이 중요합니다. 시리즈 앞 권에서는 주인공이 어떤 인물인지, 어떤 배경을 지녔는지 등이 자세히 나오는데 이러한 정보를 정확히 숙지하고 나면 이후에 이야기의 흐름을 따라가기가 쉬워집니다. 그렇다면 어떻게 해야 이와 같은 아이들의 어려움을 해결해줄 수 있을까요? 다음은 얼리 챕터북에서 챕터북 읽기로 넘어갈 때 신경 써서 실천해야 하는 내용입니다.

(1) 아이가 좋아할 만한 책 권해주기

아이들이 글밥이 많아지고 두꺼워진 챕터북에 도전할 수 있는 가장 큰 힘은 재미와 흥미입니다. 주인공이 어떻게 위기를 벗어날지, 다음 장면이 어떻게 전개될지 궁금해지면 책을 안 읽고 싶어도 안 읽을 수가 없습니다. 동빈이의 경우에도 꾸준한 영어책 읽기를 통해 영어 말문도 트이고 영어 실력이 급상승했음에도 불구하고 챕터북 이상의 두꺼운 책을 읽히기가 쉽지 않았습니다. 그때 큰 도움을 받았던 것이 대브 필키Dav Pilkey의 Captain Underpants 시리즈였습니다. 어른인 제 눈에는 너무 유치한 내용이었는데 동빈이는 키득거리며 읽기를 멈추지 않더라고요. 거의 10번 이상은 반복해서 읽은 것 같습니다. 나중에는 동빈이 스스로 대브 필키의 다른 작품들을 찾아보더니 Dog Man 시리즈도 사달라고 졸라서 아주 재밌게 읽었습니다.

다른 아이들의 경우를 보더라도 챕터북 읽기로 자연스럽게 넘어가려면 지금까지 해온 것처럼 아이의 성향과 취향을 고려해 재미있는 책을 찾아주는 것이 가장 중요합니다. 동빈이가 Captain Underpants 시리즈를 즐겁게 읽었던 이유를 나중에 곰곰 생각해보니 엉뚱하고 기발한 슈퍼 히어로의 이야기를 읽으면서 상상의 나래를 펴며 나름의 카타르시스를 느낀 것 같습니다.

Captain Underpants 시리즈의 저자 대브 필키도 난독증과 ADHD로 학교생활에 잘 적응하지 못했다고 합니다. 가만히 있지를 못하고 수업을 방해하는 바람에 수업 시간에는 늘 복도에 나가서 서 있는 벌을 받아야 했다고도 합니다. 하지만 대브 필키의 어머니는 그런 아들을 도서관에 데리고 다니면서 어떤 종류의 책을 읽어도 잘하고 있다고 격려해줬다고 합니다. 어려운 상황에서도 변함없이 지지해주신 어머니가 있었기에 대브 필키는 책 읽기에 조금씩 빠져들 수 있었고 지금은 세계적인 작가가 됐습니다. 동빈이도 대브 필키 작가처럼 어릴 때 ADHD 성향이 있었고 학교생활도 힘들어했는데요. 그 때문인지 유년 시절 비슷한 경험이 있는 작가의 작품에 이입을 잘했던 것도 같습니다.

챕터북은 수십 권의 시리즈로 구성되는 경우가 많은데, 스토리 구조가 탄탄한 어드벤처나 판타지 챕터북은 아이들을 책의 재미에 쏙 빠져들게 만듭니다. 저는 아이들의 흥미를 돋워줄 만한 챕터북 시리즈를 추천해달라는 질문을 받으면 늘 빼놓지 않고 The Zack Files 시리즈를 추천합니다. The Zack Files 시리즈는 10살 소년 잭 주변에서 일어나는 미스터리한 사건들을 중심으로 이야기가 펼쳐지는데, 사건의 진행이 무척 흥미진진해서 아이들이 다음 페이지를 넘기지 않을 수가 없습니다. 가령, 증조할아버지가 고양이로 환생해서 나타나기도 하고 시간 여행자가 되어 미래에서 온 아들을 만나기도 합니다.

하지만 성별과 아이의 성향에 따라 선호하는 장르가 다르기 때문에 아이가 어떤 챕터북 시리즈를 좋아할지 예측하기 어렵다면 전 권을 모두 구매하기보다는 우선 시리즈의 첫 권을 읽혀보고 결정하는 것이 좋습니다. 만일 첫 권을 재밌게 읽었다면 이후 전체 시리즈 제목을 보여주면서 슬쩍 관심을 북돋워보세요.

(2) 오디오북 활용하기

전문 성우들의 맛깔나는 낭독과 효과음은 챕터북에 대한 부담감을 덜어줍니다. Horrid Henry 시리즈, Andrew Lost 시리즈, Geronimo Stilton 시리즈 등의 경우 듣는 것만으로도 마치 한 편의 드라마를 보는 듯한 느낌을 선사합니다. 처음에는 오디오북으로 집중듣기를 하고, 책을 묵독으로 읽은 후에는 틈틈이 흘려듣기를 하다 보면 반복을 통해 점점 영어라는 언어에 익숙해지면서 챕터북 읽기에 더욱 자신감이 생기게 됩니다.

(3) 한글책 독서도 꾸준히 하기

챕터북을 어렵지 않게 읽으려면 긴 이야기도 거침없이 읽어나갈 수 있는 독해력이 있어야 합니다. 리더스와 얼리 챕터북에 비해 챕터북은 전체 길이가 길어진 만큼 스토리와 플롯이 당연히 더 복잡할 수밖에 없습니다. 이때 한글책 독서를 많이 한 경험이 쌓여서 두꺼운 책에 대한 부담이 없는 아이라면 챕터북 스토리도 잘 소화해낼 수 있습니다.

⑷ 낭독 꾸준히 이어가기

챕터북을 잘 읽기 위해서는 읽기 유창성이 유지되어야 합니다. 앞에서도 여러 차례 설명했지만 낭독은 읽기 유창성을 길러주는 가장 좋은 방법입니다. 문제는 낭독을 조금만 쉬어도 읽기 유창성이 금방 떨어진다는 점입니다. 그러므로 챕터북을 읽어야 하는 단계에 이르렀더라도 예전에 읽었던 리더스를 정독하면서 낭독하며 읽기를 반복하도록 도와주는 것을 추천합니다. 이미 읽었던 책들이기 때문에 아이가 힘들지 않게 읽으면서 기본기를 다시 탄탄하게 다질 수 있습니다.

매직 트리 하우스,
챕터북 읽기의 바로미터

'마법의 시간 여행'이라는 제목으로 우리말로도 번역, 출간된 Magic Tree House 시리즈는 많은 부모님이 아이에게 꼭 읽히고 싶어 하는 영어책 위시 리스트 중 하나입니다. Magic Tree House 시리즈는 AR 2~3점대 수준으로 '챕터북의 교과서', '챕터북의 바이블'로 불리며 전 세계적으로 약 1억 3천만 부가 넘게 팔렸을 정도로 큰 사랑을 받고 있는 시리즈입니다.

미국 펜실베이니아주의 한 작은 마을에 사는, 동물과 모험을 좋아하는 용감한 7살 소녀 애니와 책과 메모하기를 좋아하는 한 살 위의 오빠 잭이 이야기의 주인공으로 두 남매가 집 근처에서 시간 여행이 가능한 나무집을 발견하고 이후 다양한 시공간으로 모험을 떠나는 것이 전체적인 줄거리입니다. 스토리가 워낙 재미있는 데다가 미국의 역사와 문화 등을 배울 수 있어서 미국 현지 초등학교 교사들이 필독 도서로 선정해 교실에 비치해놓고 수업 시간에도 교과서처럼 많이 활용하는 시리즈이지요.

Magic Tree House 시리즈는 리더스를 읽던 아이들이 단행본 영어 소설 읽기로 자연스럽게 넘어갈 수 있도록 그 구성이 단계적이고 체계적입니다. 즉, 처음에는 부담 없이 AR 2점대부터 시작해서 이후 AR 3~4점대의 훨씬 더 높은 레벨까지 읽어나가도록 구성됐습니다. 스토리의 진행에 따라 한 권의 책이 10개의 챕터로 구성되어 있는데, 하나의 챕터는 간단한 삽화와 함께 약 6~8쪽 정도로 부담 없이 읽을 수 있습니다(오디오북의 경우 3~5분 정도의 분량으로 1분에 약 120단어를 읽어주는 정도의 속도입니다. 저자가 직접 녹음을 했으니 아이들에게 이 책을 쓴 작가 직접 책을 읽어준다고 알려주면 좀 더 친근하게 느낄 거예요).

Magic Tree House 시리즈는 Magic Tree House(1부, 37권, AR 2.6~3.5), Merlin Missions(2부, 27권, AR 3.5~4.2), Fact Tracker(논픽션 시리즈, AR 4.2~5.5) 등 지금까지 총 3부로 출간되었습니다. 시리즈 분량이 방대한 만큼 Magic Tree House 시리즈 전체만 제대로 읽어도 상당한 분량의 영어책 읽기가 가능합니다. 이 중 Fact Tracker 시리즈는 Magic Tree House 시리즈에 등장했던 주제나 역사적 사실을 좀 더 자세히 알려주는 논픽션입니다.

가령, Fact Tracker 시리즈의 29번째 책인 『Soccer』는 Merlin Missions 시리즈 중 『Soccer on Sunday』(한국어판 제목은 '월드컵 결승전에서 만난 펠레')와 관련이 있습니다. 1970년 브라질 월드컵으로의 시간 여행에서 돌아온 잭과 애니는 '축구는 어떻게 시작되었는지', '가장 위대한 축구 선수는 누구였는지', '월드컵이 무엇인지' 등의 질문을 갖게 되는데, 논픽션『Soccer on Sunday』는 그에 대한 대답을 찾아가는 내용으로 상세한 사진과 삽화로 축구의 역사, 기본적인 룰, 세계적인 선수 등을 사세히 소개해줍니다.

Magic Tree House 시리즈는 계속해서 신간이 출간되며 업데이트되고 있는 중이기 때문에 언제 구입하는지에 따라 소장하게 되는 전체 권수가 다를 수 있습니다. 이 시리즈는 지금으로부터 약 30년 전인 1992년에 처음 출간되었기에 최근에 나오는 개정판들은 변화하는 언어와 문화에 맞춰 내용을 조금씩 수정한 버전입니다.

Magic Tree House 시리즈는 가급적 순서대로 읽는 편이 좋다는 것이 제 개인적인 생각입니다. 특히 주인공과 전체 시리즈의 스토리 구조를 파악할 수 있는 앞쪽에 위치한 책들은 더욱 그렇습니다. 동빈이에게 Magic Tree House 시리즈를 처음 읽힐 때 도서관에서 빌려서 읽히곤 했는데 재미있어 보이는 에피소드를 위주로 빌렸더니 스토리 연결이 되지 않아 아이가 짜증을 부린 적도 있었습니다. Magic Tree House 시리즈는 주인공들이 시간 여행을 하면서 미션을 해결하기 위해 단서를 찾아야 하는데 주로 한 권마다 한 개의 단서가 나오기 때문에 순서대로 읽어야만 스토리가 연결되어 이해가 가능한 경우가 많습니다.

하지만 어떤 책을 먼저 읽을지 최종적으로 결정하는 권한은 아이에게 맡겨주세요. 영어책 읽기를 할 때는 아이의 흥미와 호기심을 존중하는 것이 가장 중요합니다. 참고로 새로운 책을 읽을 때 프롤로그에 있는 요약본을 읽으면 큰 줄기의 스토리를 따라가는 데 도움이 됩니다.

Magic Tree House 시리즈의 스토리에 빠진 아이들은 주인공 남매인 잭과 애니와 함께 손에 땀을 쥐며 다양한 시공간으로 모험을 떠나게 됩니다. 공룡이 나오는 고대, 기사가 등장하는 중세, 그리고 달 기지가 나오는 미래에 이르기까지 아이들은 지구와 인류의 역사를 책을 통해 간접적으로 경험합니다.

챕터북의 경우 성별에 따라 선호하는 시리즈가 나뉘는 경향이 있습니다. 가령, 남자아이들은 남자 주인공이 나오는 Horrible Harry 시리즈, Mervin Redpost 시리즈, The Zack Files 시리즈를, 여자아이들은 여자 주인공이 나오는 Junie. B. Jones 시리즈, Tiara Club 시리즈, Judy Moody 시리즈를 좋아하는 식입니다. 아무래도 자신과 같은 성별의 주인공에게 감정이입을 하기가 쉽기 때문이라고 여겨집니다. 그런데 Magic Tree House 시리즈는 남매가 주인공이다 보니 성별을 떠나 모든 아이들에게 인기가 있는 편입니다.

Magic Tree House 시리즈를
더 재미나게 읽는 방법

Magic Tree House 시리즈에는 미국의 독립기념관이나 파리의 에

펠탑 등 전 세계의 유명한 장소들이 이야기의 배경으로 나옵니다. 책을 읽은 후 아이와 관련된 내용을 인터넷에서 검색해보거나 구글 어스에서 해당 장소를 입력해서 찾아보는 독후 활동을 병행한다면 아이들의 기억 속에 책 내용이 훨씬 더 오래 남게 될 것입니다.

Magic Tree House 공식 홈페이지를 방문하면 다양한 도서 정보와 작가 소개, 그리고 흥미진진한 미션 게임을 120개나 무료로 할 수 있습니다. 'Kids, Adventure Club' 탭을 클릭하면 각 권의 내용을 토대로 한 퀴즈를 풀 수도 있습니다. 퀴즈를 풀 때마다 스탬프를 모아 나만의 패스포트를 획득할 수도 있어서 아이가 모든 책의 패스포트를 모으기 위해 책을 다시 열심히 읽게 됩니다.

● Magic Tree House 공식 홈페이지

Magic Tree House 시리즈는 오디오북을 저자가 직접 읽어주는 것도 특색입니다. 효과음도 없는 잔잔한 톤의 낭독이지만, 계속 듣다 보면 주인공들의 감정을 실감나게 표현하는 작가의 스토리텔링 매력에 빠져들게 됩니다. 유튜브에서 'Magic Tree House'를 키워드로 검색하면 다양한 나라의 영어 발음으로 책 내용을 들을 수도 있습니다.

개인적으로 영어책 읽기에 도전하는 아이들이 모두 한 번쯤은 Magic Tree House 시리즈를 읽어봤으면 하는 바람이 있습니다. 기본적으로는 모험 이야기이지만, 잭과 애니가 미션을 달성해가면서 삶의 다양한 가치를 배워나가는 성장 스토리이기 때문입니다. 또한, 문제가 생길 때마다 책을 통해 지혜를 얻어서 해결하려는 주인공 남매의 모습은 성인인 제게도 긍정적인 자극을 줍니다.

이처럼 Magic Tree House 시리즈는 어른들이 읽어도 손색이 없을 만큼 구성이나 내용이 탄탄합니다. 만일 영어 공부를 계획하고 있는데 바로 영어 소설이나 묵직한 원서 읽기가 부담이 된다면 아이와 함께 Magic Tree House 시리즈를 읽으며 영어 공부를 하는 방법도 권합니다. 아이와 함께 하루에 한 챕터씩이라도 집중듣기를 하고, 소리 내어 읽어보세요. 책의 줄거리와 더불어 엄마 아빠가 역사적인 배경 등도 설명해준다면 아이도 Magic Tree House 시리즈 읽기를 통해 챕터북을 읽는 즐거움에 흠뻑 빠져들 것입니다.

STEP 4
실전 커리큘럼&팁

이 단계는 영어책 읽기의 폭발이 일어나는 시기입니다. 영어책 읽기와 영상 보기를 기본으로 하되 말하기, 쓰기, 문법, 어휘까지 아우르며 전반적인 영어 실력 향상에 집중해야 합니다. 다음은 STEP 4 단계의 아이에게 읽히면 좋은 추천 커리큘럼과 리딩 팁입니다.

① 정독 교재

- A to Z Mysteries 시리즈
- Cam Jensen 시리즈
- Dragon Masters 시리즈

- Junie B. Jones 시리즈

- Magic Tree House 시리즈

- Marvin Redpost 시리즈

- Nate the Great 시리즈

- Owl Diaries 시리즈

- Oxford Reading Tree 7~9단계

- The Princess in Black 시리즈

② 다독 교재

- Big Nate 시리즈

- Black Lagoon 시리즈

- Diary of A Pug 시리즈

- Dr. Seuss 시리즈

- Franny K. Stein 시리즈

- Geronimo Stilton 시리즈

- Horrible Harry 시리즈

- Horrid Henry 챕터북 시리즈

- Horrid Henry Early Reader 챕터북 시리즈

- I Can Read 시리즈(Level 4)

- Isadora Moon 시리즈

- Ivy+Bean 시리즈

- Judy Moody 시리즈

- Judy Moody and Friends 시리즈

- Kung Pow Chicken 시리즈

- Lunch Lady 시리즈

- Magic Bone 시리즈

- Magic Kitten 시리즈

- Magic Tree House Fact Tracker 시리즈

- Magic Tree House Merlin Missions 시리즈

- My Weird School 챕터북 시리즈

- Press Start 시리즈

- Raina Telgemeier 시리즈

- Rainbow Magic 시리즈

- Ricky Ricotta's Mighty Robot 시리즈

- Roscoe Riley Rules 시리즈

- Seriously Silly Stories 시리즈

- Tales From Deckawoo Drive 시리즈

- The Secrets of Droon 시리즈

- The Zack Files 시리즈

- Thea Stilton 시리즈

- Unicorn Diaries 시리즈

- Usborne Young Reading 시리즈

│ 리딩 팁

(1) 영어 일기 쓰기와 읽은 책을 영어로 요약하고 발표하는 훈련을 계속합니다.

(2) 온·오프라인 도서관에서 정독 교재와 비슷한 레벨의 책을 매일 3권 이상 읽습니다.

(3) 정독 교재를 매일 집중해서 듣고 소리 내어 읽은 후 녹음해서 들어봅니다.

(4) 정독 교재의 중요 문장과 단어를 암기합니다.

│ STEP 4. 이것만은
│ 꼭 기억하고 실천해주세요!

(1) 전집보다는 챕터북 시리즈 첫 권 먼저 읽히고 아이의 흥미 정도 살피기

챕터북은 보통 20~30권 정도의 시리즈로 구성되어 있기 때문에 다독 습관을 만들기에 좋습니다. 하지만 아무리 유명한 시리즈라고 해도 아이가 재미를 느껴야 끝까지 읽을 수 있습니다. 그러므로 챕터북 시리즈 전집을 무조건 들여놓고 아이를 채근하기보다는 시리즈의 첫 번째나 두세 번째 책들을 먼저 읽혀본 후 아이가 재미를 느끼는 것 같을 때 전집을 구매하는 편이 더 낫습니다. 큰돈을 지출해 전집을 들여놓으면 아무래도 부모 입장에서는 본전 생각이 나다 보니 자기도 모르게 잔소리를 하게 됩니다. 그럴수록 아이는 억지로 읽고 싶지 않은 마음에 갖은 핑계를 댑니다. 그러다 보면 서로 감정이 상하게 되는 경우가 발생할 수도 있습니다. 따라서 챕터북 전집을 사기 전에는 아이의 흥미를 파악하고 아이와 함께 의논하는 과정을 거친 후에 구매를 결정하는 것을 권합니다.

또한, 챕터북을 읽을 때쯤이면 아이에게 좋아하는 작가 및 장르가 생기게 됩니다. 때로는 주인공이 남자인지 여자인지가 책을 결정하는 데 중요한 요인으로 작용하기도 합니다. 이와 같은 여러 요소를 고려해 우리 아이에게 딱 맞는 맞춤형 챕터북 커리큘럼을 만들어보는 것도 권합니다. 맞춤형 커리큘럼이야말로 엄마표 영어로 진행하는 영어책 읽기의 진가가 발휘되는 지점입니다. 한 시리즈를 다 끝냈다면, 아이의 의견과 선호도를 적극 반영해서 좋아하는 작가들의 다른 시리즈를 구해서 읽히거나 아이가 좋아하는 장르의 다른 책들을 찾아서 읽혀보세요.

(2) 픽션과 논픽션 균형 있게 읽히기

STEP 4에서도 STEP 3 때와 마찬가지로 독서의 편식을 방지하기 위해 픽션과 논픽션의 비중을 적절하게 조정해서 균형 있게 읽히는 것이 중요합니다. 픽션(문학)만 읽다 보면 논픽션(비문학)을 읽으면서 배울 수 있는 어휘와 배경지식을 배울 수 없습니다. 논픽션의 경우, 생소한 어휘와 배경지식의 부족으로 아이가 어렵게 느낄 수도 있으므로 아이가 현재 읽고 있는 픽션보다 읽기 레벨이 한두 단계 낮은 수준의 책으로 골라 읽히면 좋습니다.

논픽션 외에도 〈NE Times〉, 〈The Junior Times〉처럼 종이로 된 어린이 영자신문을 정기 구독해서 읽는 방법도 추천합니다. 두 신문 모두 수준별로 기사가 제공되므로 해당 홈페이지에서 샘플을 확인하신 후 현재 아이의 읽기 레벨에 맞춰 신청하면 됩니다. 두 신문은 EBSe 홈페이지에서 온라인으로 무료 서비스를 제공 중이어서 적극 활용하면 아이의 배경지식과 논픽션 어휘를 확장하는 데 많은 도움이 됩니다. 단계별로 제공된 기사를 인쇄할 수도 있고 어휘 학습 및 원어민 음성 녹음도 지원되어서 좋습니다.

● EBSe 무료 영자신문

이렇게 엄마표로 단계별 영어 독서를 하면서 자신의 레벨에 맞는 영자신문도 함께 읽으면, 배경지식과 시사 상식도 풍부해지고 나중에 중학교 내신과 수능을 위한 기본기를 쌓는 데도 큰 도움이 됩니다. 수능을 위한 영자신문 활용법은 STEP 5에서 다시 설명하겠습니다.

만일 아이에게 어떤 논픽션을 읽혀야 할지도 잘 모르겠고, 책을 전부 구입하는 것이 부담스럽다면 Unite for Literacy 홈페이지를 방문해보세요. Unite for Literacy는 문맹률이 높은 지역의 아이들에게 많은 책을 읽히고자 만들어진 논픽션 원서 읽기 플랫폼인데, 주제별로 수백 권의 논픽션을 무료로 읽을 수 있을 뿐만 아니라 원어민 음성으로 책 내용을 들을 수도 있습니다. 읽기 레벨도 리더스 수준으로 그리 어렵지 않아서 아이들이 부담 없이 읽기에 딱 좋습니다.

● Unite for Literacy 홈페이지

(3) 오디오북 적극적으로 활용하기

STEP 4에서도 오디오북의 활용 가치는 여전합니다. 영어책 읽기에 부담을 갖는 아이들에게 오디오북을 슬쩍 흘려듣기로 미리 들려주면 책에 대한 흥미를 불러일으킬 수 있습니다. 저도 동빈이에게 읽히고 싶은 책의 오디오북을 미리 틀어주고 바람을 잡곤 했습니다. 가령, Encyclopedia Brown 시리즈의 음원을 식사 시간에 틀어놓고 "와, 이건 꼬마 탐정에 대한 이야기네! 이 책 진짜 재미있겠다!" 하면서요.

영미권에서 출간되는 책들은 오디오북의 완성도가 정말 높습니다. 전문 성우들이 다양한 효과음과 함께 책을 실감나게 읽어주기 때문에 책의 재미를 배가시켜줍니다. 아직까지도 묵독이 부담스러운 아이들은 오디오북 집중듣기를 하다 보면 글밥이 많은 책들도 부담 없이 읽을 수 있습니다. 챕터북 오디오북은 리더스와 달리 1분당 최소 120 단어(120WPM) 이상의 속도감으로 읽어주기 때문에 영어 귀가 트이는 데도 도움이 됩니다. 참고로 우리나라 수능 영어 듣기평가 속도가 약 130~140WPM 정도입니다.

오디오북 음원은 도서관에서 빌리거나 유튜브 무료 음원 듣기 등을 활용할 수 있습니다. 또는, 아마존 등에서 구매도 가능합니다. 아마존에서 관심 있는 영어책의 오디오북을 검색하면 음원 미리듣기도 가능하고 독자들이 남긴 후기도 읽을 수 있어서 선택하는 데 도움이 됩니다.

(4) 말하기, 쓰기 등 표현 영어에도 신경 써주기

아이가 챕터북 읽기에 진입했다면 이전보다 말하기와 쓰기 등 영어로 표현하는 것에도 더 많이 신경 써줘야 합니다. 즉, 이전 STEP들보다 아웃풋 활동에 큰 관심을 쏟아야 합니다. 챕터북은 분량이 많기 때문에 책 전체를 낭독하는 것이 물리적으로 힘들겠지만, 앞부분의 몇 페이지 정도는 꾸준히 소리 내어 읽게 하고, 내용을 요약해서 말하거나 쓰게 하는 등의 활동을 해야 합니다. 북리포트 쓰기 등을 비롯해 이 단계에서 해야 하는 아웃풋 활동들은 다음 장에서 보다 구체적으로 설명하겠습니다.

STEP 4
아웃풋 체크 타임

영어책 읽기 단계	추천 아웃풋(말하기&쓰기) 활동
STEP 4 얼리 챕터북 챕터북	• 챕터북 중 인상 깊었던 부분 낭독하고 녹음하기 • 챕터북 읽으며 한 챕터당 요약 노트 정리하기 • 화상 영어 활용하기(프리 토킹 수업) • 서머리(리텔링) 연습 및 녹음하기 • 쉽고 건전한 내용의 팝송 외워서 부르기 • 프레젠테이션 연습 및 녹음하기 • 북리포트 7줄 요약하기(한 단락으로 쓰기 연습) • 문법 교재를 활용해 영작 연습하기(『Grammar In Use』 Beginner 등) • 영어 일기 쓰기(『기적의 영어일기-주제일기편』 등 교재 활용) • 쓰기 교재 활용하기(『Guided Writing』, 『Write it』, 『Writing Framework: Sentence writing 1,2,3』 등) • 에세이 쓰기 시작하기(자유 주제 글쓰기, 라이팅 프롬프트 이용)

STEP 4까지 다다른 아이라면 이제 일정 분량의 영어책을 무리 없

이 읽을 수 있습니다. 또한, 그동안 영어 읽기 독립 로드맵에 따라 듣기, 말하기, 쓰기 활동도 꾸준히 병행해왔다면 영어의 4가지 영역을 골고루 잘할 수 있는 토대를 갖췄으리라고 여겨집니다. STEP 4의 아웃풋 활동은 '언어 학습의 꽃'이라고 할 수 있는 쓰기 활동에 큰 비중을 두어 구성해보았습니다. 지금까지는 기존에 읽었던 책을 요약해서 말하거나 정리하는 수준의 아웃풋 활동이었다면, STEP 4에서는 본격적으로 자유 주제 글쓰기에 도전해봅니다. 또한, 프레젠테이션 연습 및 녹음하기를 통해 자신의 생각을 영어로 표현하는 활동도 해봅니다.

① 책 내용 요약해서 말하기

책 내용 요약해서 말하기, 즉 서머리 또는 리텔링은 동빈이를 비롯해 '엄실모' 카페의 많은 아이들의 영어 말문을 트이게 해준 효과 만점의 영어 말하기 연습 방법입니다. 반복적으로 이 활동을 강조하는 이유는 영어 말문을 틔우는 데 이만한 것이 없기 때문입니다.

리텔링은 앞서 소개해드린 EBS의 원조 스타 영어 강사인 문단열 선생님께서도 추천한 방법으로 한글만 보고 영어로 말해보는 한영 스위칭 연습과 더불어 자녀를 단기간에 영어 고수로 만들어준 영어 공부법으로 화제가 되기도 했습니다. 문단열 선생님은 김연아 선수와 손흥민 선수의 경기 장면을 100번, 1000번 돌려 본다고 해서 피겨스케이팅과 축구를 잘할 수 없다고 말합니다. 마찬가지로 영어도 인풋만 열심히 한다고 갑자기 잘하게 되는 것이 아니라 반드시 처음부터 인풋과 아웃풋이 함께 가야 한다고 강조했습니다.

우리나라에 살면서 평소에 영어로 말할 수 있는 기회는 현실적으로 그리 많지 않습니다. 그런데 국내파 영어 고수 분들의 학습법을 연구하다 보니 이들이 공통적으로 강조한 것이 있었습니다. 바로 틈날 때마다 '혼자 말해보는 연습'을 했던 것입니다. 하지만 아직 영어에 익숙하지 않은 아이들이 아무런 콘텐츠 없이 바로 자유 주제로 혼자서 말하는 연습을 하기는 어렵습니다. 그래서 제가 많은 고민 끝에 생각해낸 것이 서머리 또는 리텔링이었습니다. 즉, 아이에게 재미있게 읽은 책의 줄거리를 요약해서 다시 말해보게 하는 것입니다. 책에서 배운 단어와 문장을 활용하면 말하기에 대한 부담감을 줄여줄 뿐만 아니라, 연습 과정 자체가 읽었던 책을 다시 복습하게 하는 과정이기에 일석이조의 효과가 있습니다.

물론, 처음부터 이 활동을 능숙하게 하기란 쉽지 않습니다. 우리말로 책 내용을 요약하는 것도 경험이 없으면 쉽지 않으니까요. 동빈이도 처음에는 한두 문장으로 요약해 말하는 것조차 힘들어했습니다. 하지만 매일 연습해서 녹음한 것을 SNS에 인증하는 습관을 들이자 책 내용 요약해서 말하기에 조금씩 익숙해지기 시작했습니다. 나중에는 녹음도 혼자 알아서 척척 잘하더군요. 책 내용 요약해서 말하기의 효과는 정말 놀라웠습니다. 책 내용을 요약하는 동안 읽은 책에 나왔던 다양한 어휘나 표현 등을 자연스럽게 사용하며 완전히 자기 것으로 만들 수 있었습니다.

또한, 유창하게 말하는 스킬뿐만 아니라 논리적으로 말하는 연습이 저절로 되었습니다. 영어 말하기에 대한 자신감이 생긴 덕분에 관내 영어 말하기 대회, 성균관대학교 영재교육원 면접 시험, 학교 말하기 수행평가 등에서 좋은 결과를 얻을 수 있었습니다. 학교 원어민 선생님들로부터 외국에서 살다 왔냐는 말도 많이 들었고요.

이 아웃풋 활동을 할 때 부모님이 해주셔야 할 일은 아이가 문법적인 오류를 보이더라도 일일이 지적하고 수정해주려 하기보다는 아이가 계속 영어로 말할 수 있도록 격려해주는 것입니다. 아이가 영어로 말하기를 시도하는 것 자체에 집중해서 칭찬해줌으로써 아이의 노력을 보상해주세요.

② 영어 노래 부르기

어른이 된 지금도 학창 시절에 즐겨 듣던 팝송의 한두 구절쯤은 기억나지 않나요? 많이 듣고 따라 부르다 보면 저절로 외워지는 경험이 누구에게나 있을 것입니다. STEP 1에서도 마더구스 같이 익숙한 멜로디의 영어 동요를 통해 아이들이 영어와 친해지도록 하는 방법을 알려드렸는데요. 이처럼 영어 노래는 특정한 문장이 반복되거나 후렴구가 있어서 몇 번만 따라 불러도 어느새 영어 문장에 익숙해지게 됩니다.

영어 노래 부르기의 또 다른 장점은 노래를 부르며 자기도 모르게 율동을 따라 하면서 가사에 나오는 내용들을 장기기억으로 저장하기가 쉽다는 것입니다. 영어 교수법 중에도 이를 이용한 교수법(전신반응 교수법)이 있을 정도입니다. 이 교수법을 주장하는 미국 산호세대학교의 제임스 애셔 같은 언어학자들은 외국어를 배울 때 몸동작과 함께 배우면 아이들의 언어 습득에 도움이 많이 된다고 합니다. 가령, 'Walking walking walking hop hop hop'이라는 가사의 노래를 부르면서 걷다가 폴짝폴짝 뛰는 행동을 같이 하면 단어의 의미가 좀 더 머릿속에 선명히 각인되는 식이지요.

동빈이의 경우 초등학교 4학년부터 중학교 2학년 때까지 대학로에 있는 한 영어 뮤지컬 극단의 단원으로 활동했는데, 공연을 위해 영어 노래를 외우고 부르면서 영어에 대한 자신감을 갖고 영어 말문이 트이는 데 많은 도움을 받았습니다. 그때 생긴 습관으로 요즘은 영어로 된 팝송을 비롯해 폴란드어, 보스니아어, 스페인어 등으로 된 노래를 들으며 가사를 외우곤 하는데 이는 제2외국어 공부를 할 때도 효과 만점입니다.

하지만 아이들이 초등 고학년이 되면 영어 동요는 좀 시시해할 수도 있습니다. 그때는 팝송을 외워서 불러보게 하세요. 제가 사립초등학교에서 영어 선생님으로 근무할 때, 고학년 수업은 늘 팝송을 부르면서 시작했는데, 아이들의 집중도가 확 끌어올려지는 것이 느껴졌습니다. 다만 팝송 중에는 선정적인 내용의 가사도 있으므로 아이들의 정서에 좋은 가사가 담긴 팝송으로 잘 선택해 가르쳐줘야 합니다. 제가 아이들과 즐겨 부르던 팝송은 브루노 마스Bruno Mars의 〈Count On Me〉였는데, 친구들과의 우정을 다룬 서정적인 가사라 아이들에게 알려주기에 적절했습니다. 〈Happy〉, 〈It's A Beautiful Day〉, 〈Do Re Mi Song〉, 〈I Will〉은 멜로디가 단순하지만 경쾌하고 가사도 쉬운 편이라 초등학생도 따라 부르기 좋습니다. 그밖에 〈Heal The World〉, 〈You Raise Me Up〉, 〈True Colors〉는 희망과 긍정적인 메시지를 담은 가사라서 추천합니다.

③ 책 내용 요약해서 쓰기

2차 영어 읽기 독립 단계에 들어서면서부터 아웃풋 활동에서 쓰기 활동의 비중을 차츰 늘려나갔는데요. 필사하기를 통해 아이들이 영어로 글쓰기에 조금 익숙해졌다면, 이제는 읽은 책 내용 중에서 가장 재미있었거나 인상 깊었던 챕터 또는 단락을 골라서 써보는 연습을 해봅니다. 이렇게 전체 글을 빠르게 훑어 읽으면서(스키밍) 원하는 문장을 골라내다 보면 글을 요약하는 힘이 생기게 됩니다. 그리고 골라낸 문장들을 중심으로 전체 내용을 요약해봅니다.

처음에는 머릿속으로 요약한 내용을 바로 영어 문장으로 적는 것을 아이들이 어려워할 수도 있습니다. 그럴 때는 STEP 3 아웃풋 체크 타임에서 소개해드린 대로 스토리 구성에 따라 네 컷 정도로 간단히 그림을 그려보게 한 후 먼저 스토리를 말로 요약해보게 합니다. 그러고 나서 글로 옮기면 훨씬 수월하게 영어로 책 내용을 요약해 쓸 수 있습니다.

자신의 비판적인 의견을 적는 에세이 수준의 글을 쓰기 위해서는 먼저 읽은 책의 내용을 요약할 수 있는 능력이 반드시 있어야 합니다. 글의 전체적인 흐름을 이야기하면서 자신의 생각을 추가로 적는다면 좀 더 짜임새 있는 글을 쓸 수 있습니다.

④ 라이팅 프롬프트로 글쓰기

필사하기와 영어 일기 쓰기로 아이가 어느 정도 영어로 글쓰기에 자신감이 생긴 듯 보인다면 쓰기 주제를 제공하는 라이팅 프롬프트 Writing Prompt를 활용해보세요. 라이팅 프롬프트는 미국 초등학교에서 아이들의 작문 실력 향상을 위해 만든 것으로 글쓰기를 시작할 수 있는 질문 또는 주제를 가리킵니다. 가령, 'What is your favorite toy and why?'(네가 가장 좋아하는 장난감은 무엇이고, 그 이유는 뭐니?) 같은 간단한 질문부터 'Describe a day in your life if you were famous'(네가 유명해졌을 경우, 너의 하루를 묘사해보렴)처럼 더 깊은 생각을 필요로 하는 질문도 있습니다.

보통 글을 쓸 때는 무엇을 써야 할지 모르겠거나 어떻게 시작해야 할지 모를 때가 많은데, 라이팅 프롬프트를 이용하면 질문에 맞춰 답을 하는 식으로 바로 글을 써내려갈 수 있어서 좋습니다. 흥미롭고 다양한 질문들이 아무것도 없는 하얀 종이 위를 어떻게 채워나가야 할지 고민하는 아이들에게 첫 문장을 쓸 수 있게 도와줍니다. 그렇게 우선 첫 문장을 쓰고 나면 그다음부터는 작문하기가 훨씬 쉬워집니다. 챕터북 읽기에 들어간 아이라면 꼭 라이팅 프롬프트를 활용해 글쓰기를 시도해보세요. 다음은 100가지의 라이팅 프롬프트를 무료로 제공하는 사이트입니다.

 ● 100가지 라이팅 프롬프트

이 사이트에서 제시하는 주제가 다소 어렵다면 구글에서 'Writing prompts for first grade'와 같이 아이의 학년에 맞춰 검색어를 입력하여 더 쉬운 라이팅 프롬프트를 찾을 수 있습니다.

⑤ 북리포트
쓰기

STEP 3 아웃풋 체크 타임에서 북리포트 쓰기에 대해 처음으로 소개해드렸는데요. 북리포트는 읽은 책의 제목, 인물, 사건, 배경 등을 다시 적어보는 활동입니다. 이 과정을 통해 자연스럽게 아이가 자신이 읽은 책을 다시 한번 되돌아볼 수 있을 뿐만 아니라 글의 요지와 줄거리를 정리하면서 영어 쓰기 실력도 향상시킬 수 있습니다. 아이들은 북리포트를 쓰면서 재미있었던 부분이나 등장인물의 성격을 다시금 떠올리게 됩니다. 이 과정을 통해 영어책 읽기가 문제 풀이를 하는 학습이 아닌 즐거운 취미가 되는 환경이 만들어집니다.

그런데 북리포트에 너무 많은 내용을 적어야 하면 책 읽는 활동 자체가 부담이 될 수 있습니다. 따라서 처음에는 책 내용을 기억하기 위해 간단히 정리하는 것으로 시작하는 편이 좋습니다. 가령, 저학년을 위한 북리포트는 가장 재미있었던 장면의 그림을 그리고 문장 한두 개를 적게 하는 것으로도 충분합니다. 그러나 아이의 읽기 레벨이 높아지면 그에 맞춰 아웃풋 활동의 난이도도 높아져야 합니다. 북리포트 역시 캐릭터와 배경에 대한 내용을 적거나 스토리를 요약하게 하는 등 글쓰기 분량을 차츰 늘려나갑니다. 이처럼 아이의 읽기 레벨에 맞는 북리포트 쓰기를 통해 글쓰기의 기본기를 다지다 보면 어느새 에세이를 쓰는 힘까지 자연스럽게 길러집니다.

Q. 영어 문해력은 어떻게 키우면 좋을까요?

A. 영어 지문에 대한 이해력을 키우기 위해서는 3단계 접근이 필요합니다. 첫째, 문장을 구성하는 기본 단위인 어휘(단어)를 많이 알아야 합니다. 어휘력을 늘리기 위해서는 다양한 책을 많이 읽는 것뿐 아니라 어휘 공부를 별도로 해야 합니다. 왜냐하면 어휘에는 일상생활에서 사용하는 기본적인 단어 외에도 학습 어휘나 전문 분야에서 사용하는 용어들도 있기 때문입니다.

둘째, 단어들이 모여서 만들어진 문장 구조를 이해할 수 있어야 합니다. 셋째, 문장들이 모여서 만들어진 컨텍스트(맥락)를 이해할 수 있어야 합니다. 그런데 문장 구조와 맥락에 대한 이해는 한글 문해력과도 깊은 상관관계가 있습니다. 따라서 영어책 읽기와 함께 평소 한글책을 많이 읽고, 한글 읽기 이해력을 넓히는 것이 영어 문해력을 확장하는 지름길이라 말할 수 있습니다.

Q. 영어책 읽기가 좋은 것은 알겠는데, 문법 공부는 어떻게 병행해야 할까요?

A. 부모님 세대는 문법에 치우친 영어 교육을 받은 세대이기 때문에 영어 공부와 관련해서 늘 문법에 대한 걱정이 많으십니다. 그런데 처음부터 문법을 꼭 배워야 한다는 생각은 마치 운전을 하기 위

해서는 엔진 구조를 비롯해 자동차를 움직이게 하는 원리를 모두 알아야 한다고 생각하는 것과 비슷합니다. 처음 영어를 배울 때는 앞서 말씀드린 대로 영어와 우리말 어순의 차이 정도만 알아도 충분합니다. 재미있는 책과 영상으로 다독과 다청을 하다 보면 자연스럽게 영어 문법이 체화되기 때문입니다.

다만, 아이가 챕터북 읽기에 어렵지 않게 도전할 정도가 되었다면 중학교 내신을 대비해서 한국식 교육제도에 맞춰 문법도 한번 정리해놓는 것이 좋습니다. 만일 영어 문법을 쓰기와 연계해서 공부하고 싶다면, Step 4 아웃풋 체크 타임에서 소개해드린 원서 교재 『Grammar in Use』를 추천합니다. 동빈이도 챕터북을 한참 읽고 있을 때, 이 책으로 공부하면서 기본 문법 개념과 쓰기를 동시에 해결할 수 있었습니다.

중학교 수행평가에서도 문법과 연계된 쓰기 활동이 많이 나옵니다. 가령, 자신이 좋아하는 영화를 소개하는 글을 쓰면서 관계대명사(who/which/that)를 반드시 사용해야 하는 식입니다. 평소에 문법을 공부하면서 배운 내용을 영작이나 말하기를 통해 실제로 사용해본 경험이 있는 아이들이라면 이와 같은 활동을 그리 어렵지 않게 해낼 수 있을 것입니다.

2차 영어 읽기 독립 핵심 포인트

❶ **한글책 읽기가 무조건 기본이 되어 있어야 합니다.** 한글책을 읽지 않으면서 영어책을 좋아하기는 어렵습니다. 한글책 읽기를 통해 문해력이 생겨야 챕터북의 스토리와 플롯을 잘 이해하면서 읽어나갈 수 있습니다.

❷ **영어 영상과 영어책 음원을 꾸준히 들으면서 구어체 단어와 표현에 익숙해져 있어야 합니다.** 챕터북을 읽으면서 익숙한 단어와 표현들이 많이 나오면 아이가 자신 있게 읽어나갈 수 있습니다.

❸ **이전 단계를 차근차근 밟아서 기본을 충분히 다져놓아야 합니다.** AR 1~2점대 책들을 1천 권 읽기(반복 읽기 포함) 하면서 기초적인 영어 문장들은 바로바로 이해가 되는 수준으로 끌어올려야 합니다.

❹ **낭독하기가 생활화되어야 합니다.** 읽기 유창성이 담보가 되어야 챕터북을 읽을 때도 문장을 쭉쭉 읽어나갈 수 있습니다. 따라서 이 단계에서도 낭독하며 읽기를 꾸준히 이어가는 것이 중요합니다.

❺ **챕터북으로 넘어가기 전에는 꼭 얼리 챕터북 읽기로 준비운동을 합니다.** 리더스를 읽다가 갑자기 글밥이 많아진 챕터북으로 넘어가게 되면 아이

의 영어에 대한 흥미도가 떨어질 수 있습니다. 이때 컬러풀한 삽화도 들어가 있고, 글자 수와 단어 수준도 아이의 이해도에 맞게 제한된 얼리 챕터북을 읽히면서 준비를 해두면 좋습니다.

❻ 챕터북을 읽을 때는 꼭 음원을 사용하세요. 전문 성우가 재미있게 읽어주는 음원을 듣게 되면 책에 대한 흥미도를 높일 수 있습니다. 청독으로 들은 책은 나중에 다시 묵독으로 혼자 반복해서 읽게 하고, 읽었던 책의 음원은 틈틈이 흘려듣기로 듣게 해주세요.

❼ 챕터북으로 진입하기 전, 기본 어휘력은 꼭 다져놓아야 합니다. 챕터북 읽기로 넘어가면 그림이 아닌 텍스트로만 내용을 이해해야 합니다. 다독을 통해 문맥을 유추하면서 단어 뜻 익히기, 정독을 하며 모르는 단어를 단어장에 정리하기, 리딩 교재를 공부하며 어휘 익히기, 그림으로 된 영어 사전을 보며 단어 외우기 등 다양한 방법을 동원해 아이가 자신의 수준과 상황에 맞게 단어를 익힐 수 있도록 도와주세요. 이때 스펠링을 자세히 외우게 하지 않아도 괜찮습니다. 정확한 철자 쓰기는 필사나 북리포트 쓰기 등을 하다 보면 자연스럽게 좋아집니다.

2차 영어 읽기 독립 이후. 영어책 읽기의 재미에 푹 빠진 아이들은 스스로 책을 읽으며 영어책 읽기에 몰입하는 모습을 보여줘서 부모의 마음을 흐뭇하게 만듭니다. 바야흐로 감격적인 아이표 영어 독서의 시작이지요. 글밥이 꽤 많은 두꺼운 영어책을 아이가 혼자서 재미있게 읽는 모습을 보면 대견한 나머지 밥을 안 먹어도 배가 부를 정도입니다.

영어책 읽기가 이제는 하지 않으면 못 배기는 즐거운 취미가 된 아이들은 부모님들이 "이제 책 좀 그만 읽고 밥 먹어야지"라고 할 정도로 손에서 영어책을 놓지 못합니다. 옛말에 '물 들어왔을 때 노 저어라'라는 말이 있는데요. 이렇게 아이가 영어책 읽기에 푹 빠졌을 때야말로 아이의 취향을 저격할 만한 재미있는 책들을 계속 공급해주면서 영어책 읽기에 대한 관심이 타오르도록 불을 지펴줘야 할 때입니다.

3차 영어 읽기 독립의 목표는 분량이 훨씬 늘어난 영어책을 스스로 읽는 것은 물론이고 영어로 사고하는 능력까지 향상시키는 것입니다. 그야말로 완전한 영어 읽기 독립이 이루어짐과 동시에 진정한 의미의 어린이 독서가가 탄생하는 것이지요. 이 단계까지 지나고 나면 이제 아이는 뉴베리 상 수상작 소설부터 해리포터나 나니아 연대기 같은 두꺼운 영어 소설도 술술 즐기게 됩니다. 3부에서는 완전한 영어 읽기 독립을 위한 단계로서 그래픽 노블 및 영어 소설책 읽기(STEP 5)에 대해 알아보도록 하겠습니다.

3차
영어 읽기 독립

소설책 읽기
_어린이 독서가의 탄생

목표	평균 AR 지수	대표적 책 형태
• 영어책 독서 확장하기	4.0~5.0 이상	소설

STEP 5는 영어 읽기 독립 로드맵의 마지막 단계입니다.

이 단계에서는 영어책 독서의 범위를 확장하는 것이 핵심입니다.

즉, 탄탄하게 다져진 영어로 듣고 말하고 읽고 쓰는 능력을 바탕으로

그래픽 노블을 비롯해 뉴베리 상 수상작 등 소설 읽기에 도전함으로써

원어민 못지않은 영어책 읽기 수준에 도달하는 단계입니다.

STEP 5의 목표

- 유창하게 영어 문장을 읽을 수 있다(150WPM 이상의 속도).
- 문자 해독이 자동화되는 단계이므로 의미 파악에 초점을 맞춰 읽을 수 있다.
- 문장을 읽는 동시에 글의 내용을 파악할 수 있다.
- 한글책 읽기 수준도 함께 올려서 추론과 비판적 읽기 능력을 키운다.
- 지식책 읽기로 학과 지식과 배경지식을 함께 쌓는다.
- 뉴베리 상 수상작 등 영어 소설책을 편하게 즐기며 읽을 수 있다.
- 자신의 생각을 조리 있게 영어로 말할 수 있으며 에세이 쓰기도 할 수 있다.

영어 소설 읽기로 영어 실력과 사고력 동시에 키우기

    2차 영어 읽기 독립 과정을 통해 챕터북의 매력에 푹 빠져서 다양한 작가들의 챕터북 시리즈를 읽은 아이들이라면 이제 뉴베리 상 수상작 등 단행본 영어 소설을 읽으며 어린이 독서가로 성장할 수 있는 수준에 다다랐다고 볼 수 있습니다.

    영어 소설을 처음 접하는 아이들은 리더스나 챕터북에 비해 글자 크기도 작고 그림도 거의 없기 때문에 영어 소설을 낯설어하고 부담스러워하기도 합니다. 하지만 영어로부터 자유로운 아이로 성장하려면 영어 소설 읽기는 꼭 넘어야 하는 산입니다. 한글책 읽기도 처음에는 그림책 읽기부터 시작해 글밥이 적은 동화책 읽기, 소설이나 문고판 읽기 순으로 읽기의 수준을 올려갑니다. 이는 영어책 읽기도 마찬가지입니다.

영어 소설을
꼭 읽어야 하는 이유

영어 소설을 꼭 읽어야 하는 이유는 나이 수준에 맞는 영어로 된 글을 읽음으로써 아이들의 지적 성장을 촉진시키고 생각의 힘을 키울 수 있기 때문입니다. 초등 고학년이 되어서도 계속 초급 수준의 리더스만 읽는다면 아이들이 영어에 흥미를 잃을 수도 있습니다. 아이의 인지능력에 비해 너무 쉬운 인풋은 오히려 영어책 읽기에 대한 동기를 떨어뜨립니다. 영어 소설을 읽어야 하는 또 다른 이유는 영어 노출량을 획기적으로 늘릴 수 있기 때문입니다. 같은 시간을 투자했을 경우, 리더스를 읽었을 때와 영어 소설을 읽었을 때의 인풋 양을 비교해 보면 엄청난 차이가 납니다.

영어 소설을 읽을 수 있는 수준이 되면 이때부터는 더 이상 어휘력이 영어책 읽기에서 큰 문제가 되지 않습니다. AR 지수 등으로 책을 나누는 이유는 책을 읽을 때 모르는 단어가 너무 많으면 원활하게 내용을 이해할 수 없을 뿐만 아니라 아이가 책 읽는 재미를 느낄 수 없기 때문에 아이의 읽기 수준에 맞는 책을 선택할 수 있도록 레벨을 나누는 것입니다.

그런데 AR 5점대의 영어 소설을 읽을 수 있는 수준에 도달하면 그때부터는 어휘력보다는 문해력이 더욱 중요해집니다. 문해력이 떨어지면 문장 안에 모르는 단어가 없어도 전체적인 뜻을 이해할 수 없기 때문입니다. 독해력이 단순히 글의 의미를 파악할 수 있는 능력을 가리킨다면, 문해력은 작가의 숨겨진 의도를 파악하는 능력뿐만 아니라 비평적인 시각으로 읽을 수 있는 능력까지도 아우릅니다.

원어민이 아닌 이상 영어책 읽기만으로는 이와 같은 문해력을 키우기가 쉽지 않으므로 한글책 읽기를 병행하는 것도 꼭 필요합니다. 영어책을 처음 읽기 시작할 때도 한국어 능력이 어느 정도 뒷받침되어야 이후 영어책 읽기에서 탄력을 받을 수 있었던 것처럼 이 단계에서도 한글책 문해력이 뒷받침되어야만 영어 소설을 비롯해 논픽션 등의 내용도 수월하게 이해할 수 있습니다. 그뿐만 아니라 자신의 생각을 주체적으로 쓰고 말할 수 있습니다. 문해력에 대해서는 잠시 뒤에 더 자세히 다루도록 하겠습니다.

"모든 독서가가 지도자는 아니지만, 모든 지도자는 독서가다."

비록 간접 경험이기는 하지만 아이들은 책을 읽음으로써 뜻하지 않은 문제나 역경을 만났을 때 적극적이고 긍정적인 태도로 고난을 극복해가는 삶의 태도와 자세를 배웁니다. 특히 다양한 성향과 기질을 가진 캐릭터들이 등장하는 소설은 아이들로 하여금 다른 사람의 감정에 공감할 줄 아는 능력을 키워줍니다. 연구에 따르면 소설 읽기를 좋아하는 사람은 그렇지 않은 사람에 비해 공감 능력이 더 크다고 합니다.

가령, 뉴베리 아너상을 수상한 소설『Stone Fox』는 농장을 빼앗길 위기에 처한 주인 할아버지를 돕기 위해 처절한 사투를 벌이는 윌의 이야기를 다룬 책인데, 어른인 제가 읽어도 눈물을 흘리게 될 만큼 감동적인 내용입니다. 이 책의 주인공인 윌은 할아버지의 농장을 되찾기 위해 개썰매 대회에 참가하는데 그 과정에서 윌이 보여주는 결단력과 할아버지에 대한 사랑을 통해 아이들은 숭고한 삶의 가치에 대해 배우게 됩니다.

역시 또 다른 반려견이 주인공인 소설이자 뉴베리 아너상 수상작인『Because of Winn-Dixie』도『Stone Fox』만큼이나 감동적인 소설입니다. 주인공 오팔과 유기견 윈딕시와의 우정을 그린 이 소설을 통해 아이들은 세상을 바라보는 따뜻한 마음을 가질 수 있습니다.

미국 제33대 대통령 해리 트루먼Harry Truman은 다음과 같이 이야기한 바 있습니다. "Not all readers are leaders, but all leaders are readers."(모든 독서가가 지도자는 아니지만, 모든 지도자는 독서가다.) 이처럼 사람의 마음을 읽어주는 심도 있는 독서는 단순히 언어능력을 키워주는 것을 넘어서서 아이들에게 미래에 대한 비전을 심어줄 뿐 아니라 삶의 의미에 대해 깊게 생각해보도록 이끌어줍니다. 영어 소설 외에도 지식책, 위인전, 에세이 등으로 독서의 영역을 확장해가면 아이들은 사회문제를 비롯해 역사와 문화 등으로도 자신의 관심사를 더욱 넓혀나가게 됩니다. 그 과정에서 아이의 마음속에 성장 마인드셋이 길러짐은 물론입니다.

지금까지 영어 읽기 독립 로드맵의 과정을 착실히 잘 따라온 아이라면 마지막 관문인 영어 소설 읽기를 통해 진정한 영어 읽기 독립을 달성할 수 있는 것은 물론이고, 주체적이고 능동적으로 자신의 삶을 이끌어나갈 수 있는 사고력과 지혜를 가진 아이로 성장하리라고 여겨집니다. 그것이 바로 영어책 읽기의 힘입니다.

영어 소설 읽기를
수월하게 시작하는 방법

앞에서 영어 소설 읽기의 중요성에 대해 이야기를 드리기는 했지만, 처음부터 해리포터나 나니아 연대기 같은 두꺼운 영어 소설을 아이에게 바로 들이밀면 챕터북을 무난하게 잘 읽는 아이라고 해도 부담감을 느끼기 쉽습니다. 따라서 아이가 현재 챕터북을 크게 어려워하지 않으며 읽는 중이고 영어 소설 읽기에 도전하는 것은 처음이라면 챕터북과 읽기 레벨이 크게 차이나지 않는 영어 소설부터 읽는 것을 추천합니다.

오디오북을 활용하면
영어 소설 읽기가 한결 쉬워진다

　동빈이의 경우에는 영국 소설가 로알드 달Roald Dahl이 쓴 책들로 영어 소설 읽기를 시작했습니다. 기발한 상상력으로 아이들의 마음을 사로잡는 로알드 달의 책들은 AR 3점대의 비교적 쉬운 수준부터 AR 4점대까지 읽기 수준이 다양하기 때문에 뉴베리 상 수상작을 읽기 전에 읽히면 좋습니다. 저는 동빈이에게 로알드 달의 책들을 읽힐 때 챕터북을 읽힐 때처럼 우선 재미있는 오디오북으로 미끼를 던졌습니다. 흥미진진하고 맛깔나게 문장을 읽어주는 전문 성우의 마법 같은 낭독 덕분에 동빈이는 『The Magic Finger』(AR 3.1, 64쪽), 『The Enormous Crocodile』(AR 4.0, 32쪽), 『Fantastic Mr. Fox』(AR 4.1, 96쪽)를 차례대로 읽을 수 있었습니다.

　영어 소설의 오디오북을 들을 때는 챕터북 때와는 달리 집중듣기는 하지 않았고, 식사 시간 등을 활용해서 흘려듣기로 우선 전체적인 내용을 파악하게 하는 데 중점을 두었습니다. 이후 동빈이의 책상에 오디오북으로 들은 소설 원서를 살포시 올려두기만 했지요. 로알드 달의 소설은 챕터북과 비교했을 때 읽기 레벨이 그리 높지 않은 데다가 이미 오디오북을 들어서 내용을 어느 정도 알고 있었기 때문인지 동빈이가 부담 없이 책을 읽어나가는 모습을 볼 수 있었습니다.

동빈이가 그다음으로 읽은 로알드 달의 소설은 『Charlie and Chocolate Factory』(AR 4.8, 160쪽)였습니다. 분량이 전에 읽었던 로알드 달의 소설들에 비해 2~3배 정도였지만 이미 영화를 통해서 봤던 내용이라 역시 재미있게 읽더라고요. 영화에서는 볼 수 없었던 등장인물에 대한 자세한 묘사와 에피소드 때문에 영화보다 책이 더 재미있다는 말도 여러 번 했습니다. 이때도 틈틈이 오디오북을 들려주는 것을 빼먹지 않았습니다. 짬짬이 시간을 활용하니 『Charlie and the Chocolate Factory』는 오디오북으로만 해도 서너 번은 들었던 것 같습니다.

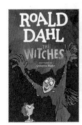  

당시 영어책을 빌려오던 동네 도서관에는 로알드 달의 소설이 거의 다 구비되어 있어서 『The Witches』(AR 4.7, 192쪽), 『James and The

Giant Peach』(AR 4.8, 113쪽), 『The BFG』(AR 4.8, 176쪽) 등 AR 지수가 비교적 높은 책들까지도 모두 재미있게 읽을 수 있었습니다.

로알드 달의 소설 외에 뉴베리 상 수상작 중에도 챕터북만큼 쉬운 소설들이 제법 있습니다. 그중 제가 추천하는 책은 『Sarah, Plain and Tall』(AR 3.4, 58쪽)입니다. 이 책의 한국어판 제목은 '엄마라고 불러도 될까요?'인데 번역서의 제목처럼 엄마를 여읜 아이들이 새엄마 사라를 만나며 겪게 되는 이야기입니다. 가족의 소중함을 일깨워주는 따뜻한 이야기인 데다가 어휘도 비교적 쉬운 편이라 챕터북을 읽을 수 있는 아이들이라면 이 책도 쉽게 읽을 수 있습니다.

그 밖에 챕터북처럼 부담 없이 읽기에 도전해볼 만한 소설에는 『Cliffhanger』(AR 3.3, 96쪽), 『Waiting for the Magic』(AR 3.0, 143쪽), 『Mark Spark in the Dark』(AR 3.8, 96쪽), 『Charlotte's Web』(AR 4.4, 184

쪽) 등이 있습니다. 이 책들 역시 내용이 감동적이면서도 챕터북에서 소설책으로 넘어갈 때 읽기 부담을 덜어줄 수 있는 좋은 책들입니다.

영어 소설 읽기의 꽃, 뉴베리 상 수상작

뉴베리 상Newbery Medal은 칼데콧 상Caldecott Medal과 함께 미국 아동문학에 수여되는 최고의 상으로 흔히 '아동문학계의 노벨상'으로 불립니다. 1921년 6월 21일 미국도서관협회ALA 아동문학분과회의에서 프레데릭 멜처Frederic Melcher가 처음 제안하였고, 이듬해부터 시상하기 시작했습니다. 칼데콧 상이 그림이 아름답고 뛰어난 그림책 삽화가에게 수여하는 상이라면, 뉴베리 상은 그림보다는 작품의 문학성에 비중을 두고 수상작을 선정합니다.

뉴베리 아너Newbery Honor 상은 뉴베리 대상을 받은 작품 외에 주목할 만한 작품에 수여되는 상인데, 뉴베리 대상이 한 해에 딱 한 작품만 선정되는 데 반해, 뉴베리 아너 상은 선정되는 작품이 없는 해도 있고, 한 해에 다수의 작품이 선정되는 경우도 있습니다.

뉴베리 상은 매해 미국 아동문학 발전에 가장 크게 이바지한 작품(작가)을 선정해 메달이 주어지는데, 역대 수상작들 중에는 인종 문제, 빈부 격차 문제, 남녀평등 문제 등 미국 사회의 문화와 역사가 반영된 작품들이 많기 때문에 비원어민 독자들에게는 그 내용이 다소 어렵게 느껴질 수도 있습니다. 하지만 이를 반대로 생각해본다면 우리 아이들이 뉴베리 상 수상작을 읽게 되면 미국 문화를 비롯해 서양 문화를 훨씬 더 깊게 이해하고 관련된 배경지식을 넓히는 기회가 될 수도 있습니다.

다만 주의할 점은 아무리 좋은 약도 몸에 맞아야 이롭듯이 초등 저학년에게 뉴베리 상 수상작 읽기를 권하는 것은 다소 시기상조입니다. 영어 읽기 수준이 높은 아이라고 할지라도 논쟁적인 사회문제가 주제로 많이 등장하는 뉴베리 상 수상작의 내용을 어린아이들이 제대로 이해하는 것은 어렵습니다. 아이들에게 책을 권할 때는 단순히 언어 수준만 생각할 것이 아니라 해당 연령대의 보편적인 정서나 인지능력도 고려해야 합니다. 좋다는 말만 듣고 정서적으로나 인지적으로 소화하기 어려운 책을 아이들에게 이르게 읽히면 막상 그 책들을 읽어야 하는 적절한 시기에 좋지 않은 기억들로 인해 영어책 읽기를 즐길 수 없게 됩니다. 이런 점에 유의해서 아이에게 권한다면 뉴베리 상 수상작만큼 영어 소설 읽기의 즐거움을 깨닫게 해주는 책도 없습니다.

이 책의 부록에는 1922년부터 지금까지 역대 뉴베리 상 수상작 목록을 정리해두었으니 참고하시기를 바랍니다. 국내에서 번역, 출간된 책들은 한국 제목을 함께 소개했으며, 저자들이 추천하는 뉴베리 상 수상작에는 강조 표시를 해두었습니다. 뉴베리 상 제정 후 100주년이 되는 해(2022년)의 수상작이자 1994년 뉴베리 대상작 『Giver』(『기억전달자』)를 잇는 SF 명작인 『The Last Cuentista』(『마지막 이야기 전달자』), 개인적으로 너무 재미있어서 3번이나 읽었던 1999년 대상작 『Holes』

(『구덩이』), 그리고 1978년 뉴베리 대상작으로 지금까지도 많은 사랑을 받고 있는 성장 소설 『Bridge to Terabithia』(『비밀의 숲 테라비시아』) 등은 아이들의 영어 실력뿐만 아니라 마음의 근육도 함께 키워주는 주옥같은 작품들입니다.

혹시 아이들에게 뉴베리 상 수상작들을 읽히고 싶은데 무엇을 읽혀야 할지 막막하다면 롱테일북스에서 출간된 뉴베리 컬렉션을 추천합니다. 영어 원서와 함께 워크북, 단어장, 오디오북도 포함되어 있어서 편리합니다. 뉴베리 대상작 외에 『Mr. Popper's Penguins』(『파퍼 씨의 펭귄들』), 『Hatchet』(『손도끼』)처럼 오랫동안 사랑을 받아온 뉴베리 아너 상 수상작도 컬렉션에 포함되어 있으니 참고하세요.

뉴베리 상 수상작들은 아동문학의 범주에 포함되지만 어른이 읽기에도 손색없는 훌륭한 작품들입니다. 번역서로 출간되어 있는 책들을 먼저 읽어보신 후 아이가 좋아할 만한 뉴베리 상 수상작 원서를 권하시는 것도 좋은 방법입니다. 아이들의 시선에서 쓰인 문학작품들을 읽으면서 자녀와 한층 더 가까워질 수 있으리라고 생각됩니다. 거기에 더해 책의 주제와 주인공, 책을 읽고 느낀 점 등에 대해서 아이와 함께 이야기를 나누는 활동까지 한다면 아이의 생각머리를 키워줄 멋진 가족 독서 토론회가 될 것이라 확신합니다.

그래픽 노블,
챕터북과 소설책의 징검다리

앞에서 제시했던 커리큘럼에 따르면 파닉스를 배웠지만 바로 리더스를 읽기 힘든 아이들에게는 파닉스 리더스를 먼저 읽혔습니다. 또한, 챕터북 읽기로 바로 넘어가기 힘든 아이들에게는 얼리 챕터북이 도움이 된다고 말씀드렸습니다. 같은 맥락에서 챕터북에서 영어 소설 읽기로 바로 넘어가기 전에 징검다리가 되어줄 만한 책이 또 있습니다. 바로 그래픽 노블Graphic Novel입니다.

그래픽 노블은 이름 그대로 만화와 소설의 중간 형태로 줄글만 있는 일반 책보다 읽기 부담이 적어 영어 소설을 읽기 위한 마중물로 활용하기에 매우 적합합니다. 만화 형태를 취하지만 소설처럼 잘 짜인 플롯을 가지고 있을 뿐만 아니라 고학년을 위한 그래픽 노블의 경우에는 문학적 감동 같은 예술성을 추구하는 경우도 많아서 일반적인 만화와는 조금 다른 지점이 있습니다. 글의 난이도도 일반 영어책에 비하면 낮은 편이라 챕터북과 영어 소설 읽기가 아직은 부담스러운 우리나라 초등 고학년이나 중학생이 읽기에 좋습니다.

그래픽 노블의 장점

요즘 아이들은 시각적인 자극에 예민하게 반응합니다. 그런데 아무래도 책은 영상에 비해 시각적으로 덜 화려하고, 독서는 영상 시청에 비해 다소 정적인 활동이기 때문에 미디어에 일찍 노출된 아이들은 책 읽기에 재미를 느끼기가 쉽지 않습니다. 이런 아이들을 책 읽기의 즐거움에 빠지게 하려면 시각적인 효과가 극대화된 책을 제공해주는 것도 좋은 방법입니다. 그래픽 노블을 읽으면서 영어 실력과 영어 읽기 능력이 향상되면 다른 영어책을 읽을 수 있는 자신감이 향상됩니다.

그래픽 노블은 만화체의 재미있는 그림 덕분에 아이들이 읽기 부담을 덜 느낍니다. 만화체의 그림이 그려져 있어 얼핏 보면 만화책 Comic Book처럼 보이기도 하지만, 그래픽 노블은 보통의 소설처럼 탄탄하고 복잡한 스토리 라인을 가지고 있습니다. 2016년에는 그래픽 노블 『Roller Girl』이 뉴베리 아너 상 수상작으로 선정되었고, 2020년에는 『New kid』가 뉴베리 100년 역사상 최초로 뉴베리 대상을 수상했을 정도로 그래픽 노블 중에도 문학성이 뛰어난 작품들이 많습니다. 또한, 그래픽 노블 중에는 원작 소설이 있는 경우가 많습니다. 따라서 챕터북에서 영어 소설 읽기로 바로 넘어가는 것을 아이가 부담스러워한다면 그래픽 노블 형태로 먼저 해당 소설의 스토리를 익히고 원작 소설로 넘어가는 것도 좋습니다.

앞에서도 잠깐 언급했지만 동빈이의 경우 그래픽 노블 중에서도 Captain Underpants 시리즈와 Dog Man 시리즈를 무척 좋아했는데요. 특히, 강아지가 경찰이 되어 활약하는 내용을 담은 Dog Man 시리즈는 책장을 앞뒤로 빠르게 흔들면 마치 움직이는 그림처럼 보이는 페이지를 곳곳에 넣어 놓아서 아이들이 재밌게 책을 읽을 수 있습니다. 이를 '플립오라마FLIP-O-RAMA'라고 하는데, 동빈이가 Dog Man 시리즈에 한참 빠져서 읽을 무렵에 플립오라마 하는 방법을 보여주며 영어로 설명하는 영상을 올리기도 했습니다.

 ● 플립오라마 하는 법이 담긴 영상

그래픽 노블과 같은 만화체 그림이 곁들여진 책이 과연 읽기 능력 향상에 도움이 될까 하고 의구심을 가지는 분들도 많은데요. 저는 개인적으로 도움이 된다고 생각합니다. 세계적인 언어학자인 스티븐 크라센 박사도『읽기 혁명』에서 연구 자료를 통해 만화책이 책 읽기 습관과 읽기 능력 향상에 큰 도움이 된다고 밝히고 있습니다. 그에 따르면 한 잡지의 편집장이 초등학교 1학년 때 단어 철자를 맞추는 게임에서 'Bouillabaisse'(부야베스, 생선수프의 일종)라는 어려운 단어를 맞춰서 상을 받았는데, 이 단어를 다름 아닌 만화책 『Donald Duck』에서 배웠다는 일화를 소개하며 만화책 읽기는 아이들이 읽고 쓰는 능력을 키우는 데 가장 효과적인 방법인 '자발적 읽기'를 촉진시켜준다고 강조했습니다.

『하루 15분 책 읽어주기의 힘』의 저자인 짐 트렐리즈Jim Trelease도 비슷한 경험을 이야기한 바 있습니다. 그는 초등학교 2학년 때 읽기 점수가 좋지 않았는데 아버지가 만화책 읽기를 권하셨고 이후 곧바로 영어 실력이 향상되었다고 합니다. 짐 트렐리즈는 자신이 어렸을 때 동네에서 가장 많은 만화책을 가지고 있었다고도 말했습니다.

하지만 영상 시청이 영어 듣기에 도움이 된다고 해서 매일 아이에게 동영상만 보여줄 수는 없는 노릇입니다. 이처럼 학습에 도움이 되는 만화책이라고 할지라도 일반 책과 적절한 비율을 유지해서 보여주는 균형적인 태도가 중요함을 잊지 말아야 합니다. 책을 좋아하고 이미지가 없이 충분히 글만으로도 자발적 책 읽기가 가능한 아이들은 그래픽 노블을 굳이 권하지 않으셔도 됩니다.

아이들이 좋아하는
그래픽 노블

그래픽 노블 중 대표적인 것으로는 Scholastic 출판사의 'graphix(그래픽스)'라는 이름의 그래픽 노블 라인입니다. 판타지, 모험, 미스터리, 가족, 인간관계 등 다채로운 이야기를 담고 있는데, 예스24나 알라딘 등의 온라인 서점에서도 구입이 가능합니다. Scholastic 출판사에서 운영 중인 graphix 홈페이지를 방문하시면 마치 영화 트레일러처럼 만든, 최근에 가장 인기 있는 그래픽 노블의 소개 영상을 보실 수 있습니다. 아이들이 책을 당장이라도 집어 들고 싶게 만드는 영상이라 한 번쯤 보시는 것을 추천합니다.

● graphix 홈페이지

더욱 다양한 그래픽 노블을 보고 싶다면 영어책 전문 온라인 서점 웬디북 홈페이지에서 '영어만화' 카테고리를 클릭하시면 1,000권이 넘는 다양한 그래픽 노블을 만날 수 있습니다. 연령에 맞게 분류되어 있어서 아이에게 맞는 레벨의 책을 찾기에 편리합니다.

그래픽 노블 중에는 책 읽기에 어려움을 겪고 있는 원어민 아이들에게 책에 대한 관심과 흥미를 북돋워주기 위해 쓰인 것들이 많습니다. 영어책 읽기를 늦게 시작한 국내 초등 고학년이나 중학생 아이들의 경우 자칫 자신의 읽기 수준에 맞는 책들의 내용을 유치하다고 느낄 수도 있는데, 이런 아이들에게 일정 수준 이상의 스토리를 갖췄으되 사용되는 단어 수준은 비교적 쉬운 그래픽 노블이 좋은 대안이 될 수 있습니다. 하지만 그래픽 노블이라고 해서 무조건 글밥이 적고 어휘 수준이 낮은 것은 아닙니다. 다만 그림의 비중이 일반적인 영어 소설보다 훨씬 많기 때문에 아이들의 읽기 부담이 덜하고, 더 재미있게 읽을 수 있는 것이지요.

영어 소설을 읽기 전에 미리 읽으면 좋은 그래픽 노블들은 정말 많은데요. 그중에서 저는 『The City of Ember』(AR 2.4, 144쪽)와 『Wings of Fire』(AR 2.7점대, 224쪽)는 꼭 읽혀보시라고 추천하고 싶습니다.

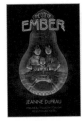

그래픽 노블 『The City of Ember』는 동명의 영화로도 만들어진 인기 소설이 원작입니다. 원작 소설을 바로 읽을 수 있다면 더 좋겠지만, 아이가 어려움을 느낀다면 그래픽 노블로 먼저 읽히고 나중에 원작을 읽게 하면 많은 도움이 됩니다. 핵전쟁 이후에 살아남은 사람들이 지하 도시 엠버에서 새로운 삶의 터전을 찾아나서는 이야기로 원작 소설은 총 4편으로 이루어져 있는데 그중 첫 번째 에피소드를 그래픽 노블 버전으로 담았습니다. 중학생이 되면서 픽션에는 그리 관심을 보이지 않던 동빈이도 그래픽 노블 『The City of Ember』를 읽고 다음 내용을 궁금해해서 총 4권으로 구성된 원작도 샀췄던 기억이 납니다.

그래픽 노블 『Wings of Fire』는 아기 용 클레이가 산속에서 평화로운 일상을 보내다가 네 명의 다른 아기 용들과 함께 예언에 따라서 피리아 왕국의 전쟁을 끝내야 하는 임무를 맡게 되고 운명에 따라 익숙했던 산속을 떠나서 모험을 하는 이야기입니다. 원작은 1,400만 부 이상 판매되었으며 122주 이상 〈뉴욕 타임스〉 베스트셀러 목록에 오르기도 했습니다.

그 밖에도 『Percy Jackson』(AR 3.1, 128쪽), 『The Graveyard Book』(AR 3.9, 368쪽), 『The Giver』(AR 4.2, 192쪽), 『Redwall』(AR 2.8, 148쪽) 등도 초등 고학년이나 중학생들이 좋아할 만한 흥미진진한 스토리를 담고 있어서 추천합니다.

그래픽 노블은 꼭 챕터북에서 영어 소설 읽기로 넘어가는 단계에서만 읽히면 좋은 장르가 아닙니다. 최근에는 유아에서부터 초등 저

학년을 대상으로 한 그래픽 노블도 많이 출간되어서 선택의 폭이 넓어지고 있는 중입니다. 덕분에 미국의 반스앤노블Barnes&Noble 같은 대형서점과 도서관에는 그래픽 노블 코너가 따로 있을 정도입니다. 다음은 아이의 리딩 레벨에 따라 읽히면 좋을 만한 대표적인 그래픽 노블을 정리한 목록입니다.

(1) 영어 그림책 또는 초급 리더스 수준

- Elephant & Piggie 시리즈
- The Pigeon 시리즈
- Benny and Penny in Just Pretend 시리즈

위의 책 모두 본문이 말풍선으로 나오고 짧은 대화체로 이루어져 있어서 영어책 읽기를 이제 막 시작하는 유아나 초등 저학년 아이들이 읽기에 적합합니다. 부모와 아이가 함께 각자 좋아하는 캐릭터의 역할을 맡아서 번갈아 읽거나 혼자서 낭독 연습을 하기에 좋습니다. 회화체 영어를 배울 수 있기 때문에 영어 말하기 실력 향상에도 도움이 됩니다. 초등 고학년이나 중학생 중에서 원서 읽기의 시작이 어려

운 아이들이나 책 읽기에 대한 관심이 적은 아이들도 낭독을 시키면서 읽히면 아주 좋은 책들이라 추천합니다.

(2) 중급 리더스 수준

- Flying Beaver Brothers 시리즈
- Baloney and Friends 시리즈
- Noodlehead 시리즈
- Catwad 시리즈
- Babymouse 시리즈
- Squish 시리즈

AR 2점대 수준의 책들로 글밥도 적고 만화 형식이라 부담 없이 도전할 수 있습니다. 그리고 유머 코드가 많아서 아이들이 재미있게 읽

을 수 있습니다. 리딩 레벨을 높인다기보다는 다양한 장르의 책을 접하면서 영어에 대한 흥미를 돋워준다는 마음으로 읽히기에 적합한 책들입니다.

(3) 얼리 챕터북 수준

- Mr. Wolf's Class 시리즈
- Super Diaper Baby 시리즈
- The Bad Guys 시리즈
- Bird &Squirrel 시리즈
- Narwhal and Jelly Book 시리즈
- Mighty Robot 시리즈

이 중 Narwhal and Jelly Book 시리즈는 앞에서 그래픽이 화려한

얼리 챕터북 중의 하나로 소개해드린 바 있습니다. 외뿔고래와 해파리가 주인공인데 사랑스럽고 귀여운 캐릭터 그림으로 많은 사랑을 받고 있는 시리즈입니다. The Bad Guys 시리즈는 원작의 커다란 인기 덕에 영화로도 만들어졌는데, 재밌는 그림과 스토리 라인으로 아이들이 깔깔대며 읽을 수 있는 책입니다.

아이들이 챕터북을 음원 없이 혼자 묵독으로 읽는 과정으로 넘어갈 때, 리더스나 저학년 챕터북 수준의 그래픽 노블이 큰 도움이 될 수 있습니다. 책의 특성상 음원을 구하기 쉽지 않을뿐더러 다음 내용이 궁금해서 눈으로 빨리빨리 읽는 것이 낫기 때문입니다. 이렇게 내용도 흥미진진하면서 단어도 이해할 만하고 거기에 화려한 그림까지 더해지니 아이들 입장에서는 그래픽 노블을 읽다 보면 영어책 읽기의 자신감이 높아질 수밖에 없습니다. 입맛이 없을 때 부담 없고 맛있는 간식을 먹으면 입맛이 돌듯이 적절한 타이밍에 그래픽 노블을 함께 읽히면 아이들이 영어책 읽기를 더욱 즐거운 활동이라고 생각하게 될 것입니다.

(4) 챕터북 수준

- CatStronauts 시리즈
- HiLo 시리즈
- Dog Man 시리즈
- Investigators 시리즈
- Lunch Lady 시리즈

- Bad Kitty 시리즈

- 13 Story Tree House 시리즈

- Big Nate 시리즈

- 『El Deafo』

초등 고학년이나 중학생이 되어 영어책 읽기를 본격적으로 시작할 경우, 초등 2~3학년이 주인공인 챕터북을 읽게 되면 책 내용이 자칫 유치하다고 느낄 우려가 있습니다. 이때 초등 고학년 이상을 대상으로 하지만 리딩 레벨은 챕터북 수준인 그래픽 노블이 많은 도움이 될

수 있습니다.

동빈이의 경우도 영어 독서를 늦게 시작한 편이라 Big Nate 시리즈를 5학년 때 읽었는데 동빈이의 홈런북 중 하나가 되었습니다. 주인공 네이트는 호기심이 많고, 장난치기를 좋아해서 모범생과는 다소 거리가 먼 캐릭터인데, 초등학교 고학년 남자아이들이라면 누구나 네이트에게 공감하지 않을까 싶습니다. 『El Deafo』 또한 연령을 기준으로 본다면 초등 고학년을 대상으로 하는 작품이지만, AR 2.7 정도의 작품으로 영어 독서에 익숙하지 않은 아이들에게 아주 좋은 디딤돌이 될 수 있는 책입니다. 『El Deafo』는 2015년 뉴베리 아너 상을 수상했을 정도로 작품성도 뛰어납니다.

이렇게 아이의 연령이 해당 도서를 읽히기에는 많은 편이라 내용을 시시하다고 느끼면서도 영어 읽기 능력은 그만큼 따라가지 못할 경우, 그래픽 노블이 좋은 대안이 될 수 있습니다. 다만 앞에서 말씀드린 대로 그래픽 노블이 영어책 읽기의 주식일 수는 없습니다. 줄글로 이어지는 책을 잘 읽는 아이라면 그래픽 노블은 패스하셔도 됩니다. 늘 그렇듯이 영어책 읽기의 대원칙 중 하나는 내 아이의 수준과 흥미에 맞추는 것임을 잊지 마시길 바랍니다.

수능까지 이어지는
영어책 읽기의 효과

2017년부터 수능 영어는 상대평가에서 절대평가 방식으로 바뀌었습니다. 즉, 누구든지 90점 이상만 받으면 모두 1등급을 받을 수 있다는 뜻입니다. 그래서 많은 부모님이 '영어는 이제 너무 힘들게 공부하지 않아도 괜찮겠구나' 하고 생각하기 쉽습니다. 그런데 부모님들이 간과하는 것이 한 가지 있습니다. 사실 수능 영어에서 1등급을 받는 학생들의 비율이 그리 높지 않다는 사실입니다. 언론 보도에 따르면, 2022학년도 대학수학능력시험 영어 영역 1등급 비율은 2021년의 절반가량인 6.25%로 그 수가 크게 감소했습니다. 인원수로 따지면 수능을 치른 학생들 중 1등급을 받은 사람은 전국에서 2만 7,830명에 불과합니다. 2등급은 21.64%(9만 6,441명), 3등급은 25.16%(11만 2,119명)였습니다.

사교육에서부터 엄마표 영어에 이르기까지 영어에 쏟아붓는 노력과 공을 생각해봤을 때, 절대평가임에도 불구하고 수능 영어에서 1등급을 받는 학생이 전체의 6.25%밖에 되지 않는다는 사실은 무척 충격적입니다. 이는 수능 영어의 난이도가 결코 쉽지 않음을 의미합니다. 수능 영어는 총 45문항으로 이 중 듣기평가가 17문항입니다. 총 시험 시간은 70분인데 듣기평가에 할애되는 시간이 약 25분 정도이므로 28문항을 45분 동안 풀어야 합니다. 즉, 한 문제당 거의 1분 30초 만에 해결해야 한다는 뜻입니다. OMR 카드에 답을 옮겨 적는 시간 등까지 고려한다면 거의 한 문제당 1분 내외로 풀어야 하는 수준입니다. 그에 반해 전반적으로 지문의 길이는 늘어났습니다.

고등학교까지의 정규 교육과정에서 배우는 영어 어휘는 대략 5,000개 정도입니다. 하지만 수능 영어를 잘 풀려면 1만 개 이상의 어휘를 알고 있어야 합니다. 어떤 지문의 경우에는 미국 대학 신입생 수준의 독해력을 필요로 하는 문제도 출제됩니다. 즉, 학교 교과서만 가지고 아무리 열심히 공부를 해도 수능 영어에서 1등급을 맞기란 사실상 불가능한 구조입니다.

수능 영어 대비,
영어책 읽기에 답이 있다

수능 영어 지문을 빨리 읽고 정확히 이해하는 능력은 학원에서 문제집을 푼다고 해서 금방 만들어지지 않습니다. 흔히 대학 입학을 위한 영어 공부와 실생활에서 활용되는 영어 공부는 다르다고 생각하는 경향이 많습니다. 시험에 대비하기 위한 영어 공부는 일상에서의 원활한 의사소통을 위한 영어 학습과는 달리 전략적인 부분이 필요한 것도 사실입니다. 가령, 문제를 먼저 읽고 지문에서 그에 해당하는 내용을 찾아내는 식으로 문제풀이 시간을 단축하는 기술 등도 필요합니다. 하지만 이는 어디까지나 지엽적인 기술일 뿐입니다. 근본적으로는 영어 문해력을 갖춰야만 수능 영어에서 좋은 점수를 얻을 수 있습니다. 그리고 영어 문해력을 갖추는 가장 좋은 방법은 지금까지 보신 대로 영어책을 꾸준히 읽는 것입니다. 그렇다면 구체적으로 수능 영어 대비에 있어서 영어책 읽기의 효용을 알아보겠습니다.

첫째, 어릴 때부터 영어책 읽기를 꾸준히 하면 맥락 속에서 어휘를 자연스럽게 익힐 수 있을 뿐 아니라 다양한 배경지식이 쌓이게 됩니다. 특히 픽션 외에 논픽션 읽기도 게을리하지 않았다면 영미권 문화와 역사, 과학기술 등에 대한 지식도 머릿속에 많이 축적됩니다. 덕분에 빠른 속도로 지문을 읽을 수 있고 출제자의 의도에 맞는 정답도 금방 찾아낼 수 있게 됩니다. 또한, 아무리 영어책을 많이 읽고 영어 공부를 많이 해왔다고 해도 시험 지문에는 뜻을 모르는 어휘가 나오기 마련입니다. 이때 다독의 힘이 발휘됩니다. 정확한 의미는 모르더라도 평소 영어책 읽기를 하면서 익힌 전략대로 단어의 의미를 문맥 속에서 유추해낼 수 있기 때문입니다.

둘째, 영어책 읽기를 꾸준히 해서 영어 문해력이 생기면 소위 '킬러 문항'이라고 불리는, 난이도 높은 문제를 잘 풀 수 있습니다. 1등급을 받기 위해서는 배점이 높은 고난이도 문제를 잘 풀어야 합니다. 그리고 3점이 배점되는 고난이도 문제들은 문맥상 낱말의 쓰임이 옳은지 여부를 묻거나 글의 주제 등을 묻는 등 행간의 숨겨진 의미와 글쓴이의 의도를 정확히 파악해야만 답을 맞힐 수 있는 문제입니다. 이처럼 문장과 단어의 의미를 추론하거나 유추해야 풀 수 있는 문제는 한글로 된 지문이더라도 문제를 풀기가 절대 쉽지 않습니다. 하물며 외국어인 영어는 그 어려움이 더할 테지요. 하지만 평소에 영어책 읽기를 꾸준히 해왔다면, 특히 챕터북 수준 이상의 영어책도 읽어왔다면 독해력 이상의 문해력을 자연스럽게 갖추게 되기 때문에 수능 지문도 어렵지 않게 소화할 수 있습니다.

논픽션과 지식책, 영자신문 읽기도 꼼꼼히 잘 챙기자

앞에서 제시한 영어 읽기 독립 로드맵에서 늘 빼놓지 않고 드렸던 이야기 중 하나는 논픽션 읽기를 소홀히 하지 마시라는 것이었습니다. 초등학교 때 읽는 영어 원서의 대부분은 픽션이기 때문에 영어 논픽션이나 지식책도 균형적으로 읽혀서 아이들이 배경지식이나 어휘력을 확장할 수 있도록 도와줘야 한다고 말씀드렸습니다. 또한, 리딩 교재 등을 통해 논픽션 지문에 익숙해질 수 있도록 해주는 것도 적극

권했었지요.

이와 같이 영어 논픽션이나 지식책을 잘 읽어두는 것은 수능 영어에서 좋은 점수를 받을 수 있는 것과 연결이 됩니다. 수능 영어의 지문에서 논설문이나 설명문 등 비문학(논픽션)이 차지하는 비중은 생각보다 큽니다. 따라서 어릴 때부터 영어로 쓰인, 논지가 분명한 글이나 특정한 정보를 전달하는 글들을 많이 읽고 접하면 수능 영어의 비문학 지문들을 빠르게 읽고 정확한 정답을 찾는 데 큰 도움이 됩니다. 이와 더불어 북리포트와 일기, 에세이 쓰기 활동까지 병행해서 평소에 생각하는 힘을 키우고 핵심 문장과 핵심 단어를 찾는 방법과 요약하는 연습을 해온 아이들은 글의 연결성을 묻는 문제나 주제문 찾기, 추론하고 유추하는 문제를 어렵지 않게 해결할 수 있습니다. 동빈이의 경우도 고등학교 입학 후 수능과 같은 형식으로 치러지는 전국 모의고사에서 전국 상위 1% 안에 드는 성적으로 넉넉하게 영어 1등급을 받았습니다.

아이가 어느 정도 영어책 읽기에 자신감이 생겼다면, 영자신문을 챙겨 보는 것도 무척 좋은 활동입니다. 영자신문은 앞장에서 설명을 드렸던 것처럼 아이의 리딩 레벨에 맞추어 종이신문을 구독해서 볼 수도 있고, 영자신문 매체들의 홈페이지에 들어가면 무료로 콘텐츠를 제공하는 곳도 많으니 각 가정과 아이의 상황에 맞게 활용하면 됩니다. EBS English 홈페이지에 들어가서 '자기주도학습' 탭을 클릭한 뒤 '온라인 콘텐츠'로 들어가면 다양한 버전의 영자신문을 제공하고 있으니 이를 활용하는 것도 좋은 방법입니다.

● EBSe 무료 영자신문

이곳에서는 중·고등학생 대상의 영자신문 외에도 어린이용 영자신문 기사를 'National News', 'Culture', 'Science' 등으로 항목을 분류해서 제공하고 있습니다. 우리말로 번역된 내용도 볼 수 있을 뿐만 아니라 오디오 음원이 있어서 기사를 귀로 들을 수 있는 것도 장점입니다. 기사에 나온 단어를 출력할 수 있어서 어휘 복습도 가능합니다.

이외에도 Time for Kids, CNN Students News, Breaking News English, BBC Learning English 등 외국 뉴스 채널들을 활용하는 것도 추천합니다. 영자신문의 경우 모든 내용을 다 읽기보다는 아이가 관심 있는 분야의 기사를 읽고 틈틈이 스크랩도 하고 자신의 생각을 영어 문장으로 써보거나 기억에 남는 문장을 뽑아서 그 이유에 대해 이야기하는 등의 활동을 덧붙이면 더할 나위 없이 좋은 영어 공부가 됩니다. 영어 실력이 성장할 뿐만 아니라 사고력과 논리력, 요약하는 습관까지 더불어 성장시킬 수 있음은 물론입니다.

STEP 5
실전 커리큘럼&팁

이 단계는 영어 읽기 독립 로드맵의 마지막 단계로 그동안 탄탄하게 다진 영어 실력을 바탕으로 뉴베리 상 수상작을 비롯해 다양한 영어 소설 읽기에도 도전하는 시기입니다. 또한, 읽기와 듣기 외에 자신의 생각을 조리 있게 영어로 표현하고 에세이로도 쓸 수 있는 등 의사소통의 4가지 영역인 듣기, 말하기, 읽기, 쓰기를 영어로 자유롭게 수행할 수 있습니다. 다음은 STEP 5 단계의 아이에게 읽히면 좋은 추천 커리큘럼과 리딩 팁입니다.

① 정독 교재

- 『Because of Winn-Dixie』
- 『Charlie and the Chocolate Factory』
- 『Coraline』
- 『Holes』
- 『Matilda』
- 『Mr. Popper's Penguin』
- 『My Father's Dragon』
- 『Number the Stars』
- 『Sarah, Plain and Tall』
- 『Stone Fox』
- 『The Boy in the Striped Pajamas』
- 『The Giver』
- 『The Lemonade War』
- 『The Miraculous Journey of Edward Tulane』
- 『The Tiger Rising』
- 『There's a Boy in the Girls' Bathroom』
- 『Wayside School』
- 『When You Reach Me』
- 『Where the Mountain Meets the Moon』
- 『Wonder』

- Andrew Clements 시리즈

- Ramona 시리즈

- Roald Dahl 단편소설 시리즈

| ② 다독 교재

- 『Animal Farm』

- 『Anne of the Green Gables』

- 『Bridge to Terabithia』

- 『Crispin』

- 『Hatchet』

- 『Hoot』

- 『Julie of the Wolves』

- 『Life of Pi』

- 『The Adventures of Huckleberry Finn』

- 『The Book Thief』

- 『The Great Gilly Hopkins』

- 『The Hobbit』

- 『The Kite Runner』

- 『The Sign of the Beaver』

- 『The Tale of Despereaux』

- 『The Thief Lord』
- 『Tuck Everlasting』
- 『Tuesday With Morrie』
- 『Where the Red Fern Grows』
- A Series of Unfortunate Events 시리즈
- A Wrinkle in Time 시리즈
- Andrew Clements 시리즈
- Artemis Fowl 시리즈
- Captain Underpants 시리즈
- Diary of a Wimpy Kid 시리즈
- Dork Diaries 시리즈
- Harry Potter 시리즈
- How to Train Your Dragon 시리즈
- I Survived 시리즈
- Inkspell 시리즈
- Jacqueline Wilson 시리즈
- Mysterious Benedict Society 시리즈
- Percy Jackson and the Olympians 시리즈
- Ready Freddy 시리즈
- The 39 Clues 시리즈
- The Cat and the King 시리즈
- The Chronicles of Narnia 시리즈

- The Heroes of Olympus 시리즈
- The Lord of the Rings 시리즈
- Warriors 시리즈
- Who Was 시리즈

| 리딩팁

(1) 책의 내용이 밀도 있어지고 글자 수가 많아지는 만큼 낭독보다 청독이나 묵독으로 책을 읽습니다.

(2) 다독보다 1주일에 1권 정도의 책을 집중해서 정독합니다.

(3) 전체 스토리의 흐름을 이해하고 저자의 의도와 책의 핵심을 파악하는 데 주력합니다.

(4) 책 내용을 요약하고 다른 사람들 앞에서 전달하는 프레젠테이션 훈련을 계속합니다.

(5) 어휘 관리를 위해 어근 중심의 단어 책 읽기를 병행합니다.

(6) 영자신문과 영어 잡지들을 읽으며 다양한 분야의 지문을 폭넓게 읽습니다.

(7) 작품을 원작으로 한 영화를 시청합니다.

(8) CNN을 비롯한 뉴스나 다큐멘터리 채널, Ted-Ed, Khan Academy, TED×Youth, Crash Course, Ted Student Talks 등을 통해 본인의 관심 분야를 영어로 듣습니다.

(9) 특정 주제에 대해 자료를 찾고 토론하고 발표하는 훈련을 합니다.

(10) Ted-Ed 같은 강연을 보며 내용을 요약하고 발표하는 훈련을 합니다.

STEP 5, 이것만은
꼭 기억하고 실천해주세요!

(1) 나이와 아이 관심사에 맞는 책 선정하기

앞에서도 여러 차례 강조했지만 아이의 연령과 관심사에 맞는 적절한 영어책을 선택해서 권해주는 것은 매우 중요합니다. 영어책은 탁월한 영어 학습 도구일 뿐만 아니라, 새로운 지식을 습득하고 상상력과 창의력을 키우는 데도 도움이 됩니다. 그러므로 아이들의 성장과 발달에 맞게 적절한 영어책을 골라주는 것은 엄마표 영어를 선택하신 부모님들이 해야 하는 중요한 역할 중 하나입니다.

영어 소설을 읽는 수준에 이른 아이라고 해도 여전히 부모님이 적절한 책을 골라 권해주는 것이 필요합니다. 이 정도 수준에 이른 아이들의 경우, 좋아하는 작가나 장르가 확실한 경우가 많습니다. 하지만 영어 소설은 초등 3학년 수준에서부터 중·고등학생, 대학생, 그리고 성인 수준에 이르기까지 그 내용과 난이도에 따라 다양한 수준의 책들이 있습니다. 책의 종류도 챕터북 같은 가벼운 책부터 수백 쪽에 달하는 고전까지 그 스펙트럼이 다채롭습니다.

취향이 어느 정도 확고해졌다고 해도 아무래도 아이들은 어른에 비해 좋은 책을 선택할 수 있는 안목이 부족할 확률이 높습니다. 따라서 이 단계에서도 아이의 읽기 수준, 연령대, 인지능력 등 다양한 요소를 고려해서 아이에게 딱 맞춤한 영어 소설을 선정하고 권해주는 것이 중요합니다. 하지만 부모의 역할은 여기까지입니다. 선택지를 제시해주되 마지막으로 읽을 책을 결정하는 권한은 아이에게 온전히 맡기시는 편이 더 바람직합니다. 자신의 의지로 선택한 책이어야만 아이가 보다 즐겁게 몰입하며 영어책 읽기에 빠져들 수 있기 때문입니다.

(2) 중간에 포기하면 후회해요! 영어 소설 읽기까지 꼭 도전하기

아이가 초등학생 때 챕터북 수준까지만 읽어도 사실 대단히 칭찬해줄 일입니다. 그런데 여기에서 영어책 읽기를 중단한다면 그동안의 노력과 시간이 너무 아깝습니다. 아이가 챕터북을 읽을 정도의 실력을 갖춘 상태라면 부모님이 조금만 더 신경 쓸 경우 영어 소설까지 읽어나갈 수 있습니다. 이때 앞에서 소개해드린 챕터북 수준의 영어 소설이나 다양한 장르의 그래픽 노블을 활용하면 좋습니다.

학령기 자녀를 둔 대한민국 부모님의 최종적인 관심사는 어쩔 수 없이 대입임을 이해합니다. 하지만 뉴베리 상 수상작을 재미있게 읽을 정도의 수준이면 단순히 영어 실력이 좋은 것뿐만 아니라 수능 영어를 풀기에 충분한 기본 역량을 갖춰나가는 중이니 챕터북 수준에서 영어책 읽기를 끝내지 마시고 조금 더 힘내시기를 응원합니다. 중학교 진학 후에도 계속 영어책 읽기를 해나감으로써 독서 수준을 한 층 더 높인다면, 수능을 넘어 토익, 텝스, 토플과 같은 공인영어시험에서도 고득점을 받을 수 있는 실력을 갖출 수 있습니다. 동빈이의 경우 중학교 때 영어 소설 외에도 『How Languages are Learned』와 같은 지식책들도 즐겨 읽었는데, 그랬던 덕분인지 주니어 토익 리딩에서 만점을 받기도 했습니다.

수능 고득점자들에게 공부 비결을 들어보면 대부분 공통적으로 꼽는 내용이 바로 '꾸준한 독서'입니다. 독서를 통해 문해력을 높인 것이 공부의 기초 체력을 다져준 것이지요. 이 책에서도 영어 읽기 독립 로드맵의 완성을 영어 소설을 읽을 수 있는 수준으로 설정한 이유입니다. 영어 소설뿐만 아니라 지식책과 위인전, 에세이 등으로 독서의 영역을 확장해가면 아이의 미래는 분명 달라집니다. 영어책 읽기의 궁극적인 목적은 책 자체가 주는 선물을 얻기 위함입니다. 영어라는 외국어로 쓰인 책을 활용한다는 것만 다를 뿐, 궁극적으로는 독서 활동이 주는 유익함을 통해 우리 아이들을 멋진 지식인으로 성장시키는 것이 영어책 읽기의 최종 목표입니다.

STEP 5
아웃풋 체크 타임

영어책 읽기 단계	추천 아웃풋(말하기&쓰기) 활동
STEP 5 소설	• 소설책 일부(인상 깊었던 부분) 낭독&녹음하기 • 화상 영어(디베이트 수업) • 매일 1분 자유 주제 말하기 녹음하기 • 프레젠테이션 연습 및 발표하기 • 구글 스피커폰을 이용해 말하기 연습하기(AI와 대화하기, 수수께끼 내기 등) • 에세이 쓰고 발표하기 • 문법 교재를 활용해 영작 연습하기(『Grammar In Use』 Intermediate 등) • 그동안 읽은 소설과 관련된 자료를 인터넷에서 찾아서 북리포트에 정리하고 자기 생각 적기(가령, 『Because of Winn-Dixie』를 읽고 Civil War에 대해서 조사하기 등) • 쓰기 교재 활용하기(『Writing Framework: Essay Writing 1,2,3』 등) • 〈Time for Kids〉 등 영자신문 읽고 단어 정리, 기사 요약, 자신의 생각 적기 • 비디오 로그 활동(매주 한 번 영어로 된 동영상 보고 요약 및 자기 생각 적기) • 챗GPT를 활용해 AI와 영어로 채팅하기

STEP 5의 아웃풋 활동으로는 STEP 4에서 기초적인 수준으로 시도했던 프레젠테이션 하기와 에세이 쓰기를 더욱 발전된 형태로 해보는 것에 큰 비중을 두어 구성해보았습니다. 또한, 화상 영어를 비롯해 영어로 말하고 녹음하는 활동도 자유롭게 주제를 정한 뒤 그에 대한 자신의 생각을 논리적으로 설명하거나 토론하는 방식으로 확장시켰습니다. 그동안 영어 읽기 독립 로드맵을 차근차근 잘 따라오면서 영어 소설까지 너끈히 읽을 정도의 실력이 되었다면, 이제 유창해진 읽기 실력을 토대로 자신의 생각을 막힘없이 영어로 표현할 수 있는 아이로 성장했으리라 믿습니다.

① TED 강연 따라 하기
& 암기해서 프레젠테이션 하기

TED(테드)는 전 세계적으로 유명한 강연 플랫폼으로 과학, 경제, 인문, 사회, 자기계발 등 다양한 분야에서 활동 중인 전문가들의 강연을 무료로 들을 수 있습니다. 그런데 대체로 성인을 위한 주제를 다루고 있어서 아이들이 보기에는 너무 어렵습니다. 하지만 초등 고학년 정도라면 Ted×Youth나 Ted ED 영상은 충분히 볼 만합니다. TED 강연에는 아이들의 마음에 배움을 향한 강한 동기와 열정을 불러일으키는 내용들이 많아서 꼭 보여주는 것을 강력히 추천합니다.

이 책의 공저자이신 강은미 작가님께서 운영하시는 영어 도서관에서는 방학 동안 전직 구글 컴퓨터 과학자였던 맷 커츠Matt Cutts의 '30 DAYS CHALLENGE'를 외워서 말하는 프로그램을 진행했다고 합니다. 놀랍게도 이 활동을 한 뒤 아이들 모두가 30일 동안 새로운 좋은 일에 도전해보고 싶은 의욕을 갖게 되었다고 이구동성으로 말했다고 합니다. 좋은 스피치를 따라서 외우다 보면 고급스러운 어휘와 표현을 익힐 수 있는 것은 물론이고, 마인드 트레이닝까지 함께할 수 있습니다.

강연 대본만 주고 외우라고 하면 자칫 아이들이 힘들어할 수 있는데요. 이럴 때는 구글 플레이 스토어에서 Ted Me 애플리케이션을 다운로드 해 사용하면 매우 유용합니다. 구간별로 끊어 읽기도 가능할 뿐만 아니라 한글 해석도 제공하기 때문에 스피치를 암기하기가 훨씬 쉬워집니다. 암기한 내용을 마치 실제 TED 발표자처럼 흉내 내어서 영상을 찍는 활동을 하면 아이들이 무척 재미있어 합니다. 이렇게 촬영한 영상을 유튜브나 네이버 카페 등에 올린다고 하면 마음에 들 때까지 연습을 하고 싶어 하기도 하는데요. 이런 과정 자체가 자기 주도적인 영어 말하기 활동입니다.

② 에세이 쓰기

에세이 쓰기는 지금까지 아이들이 열심히 영어책 읽기를 하면서 갈고닦은 실력을 발휘해야 하는 아웃풋 활동의 종착역이자 '끝판왕'입니다. 에세이에는 아이가 그동안 영어책을 읽으면서 쌓아온 배경지식과 어휘력, 논리력, 사고력 등이 고스란히 나타납니다. 그렇기 때문에 미국을 비롯해 외국 대학교에서는 신입생을 선발할 때 가장 중요하게 생각하는 평가 영역이 바로 에세이 쓰기입니다. 우리나라에서도 교육부가 2028학년도부터 논·서술형 수능을 검토하겠다고 발표한 것도 이런 시대적 흐름을 반영한 것이 아닐까 합니다. 그래서인지 요즘 초등학생 자녀를 둔 학부모님들의 글쓰기 교육에 대한 걱정과 관심이 점점 높아지는 듯합니다.

초등학생을 대상으로 한 에세이의 주제는 무거운 주제보다는 대부분 일상생활처럼 가벼운 주제를 다룹니다. 따라서 영어 문장을 어느 정도 문법에 맞추어 쓸 수 있는 아이라면 충분히 영어 에세이 쓰기에 도전할 수 있습니다. 다만 우리말로 한 편의 글을 쓸 때도 한글책 독서를 충분히 하면서 책 내용에 대해서도 깊게 생각하는 친구들이 좋은 글을 쓸 수 있듯이 영어 에세이 쓰기도 마찬가지입니다. 평소에 많은 영어책을 읽고 좋은 글은 필사도 해보고 책 내용에 대해 깊게 생각해보는 습관이 있는 아이가 당연히 더 좋은 영어 에세이를 쓸 수 있습니다. 다음은 보다 수월하게 에세이를 쓸 수 있는 방법들을 순서대로 정리한 것입니다. 처음부터 일필휘지로 에세이를 쓰려고 하면 막막합니다. 하지만 글감을 모으고 개요를 짜는 등 일련의 구조화된 방법을 따라가다 보면 한 편의 멋진 에세이를 완성할 수 있습니다.

(1) 아이디어 수집(브레인스토밍)

쓰고 싶은 글의 주제를 선택한 후, 노트나 종이에 관련된 아이디어와 생각을 적습니다. 핵심 주제어와 관련된 마인드맵을 그려보는 것도 도움이 됩니다. 이 단계에서는 자신의 생각과 경험을 바탕으로 내용을 구성합니다.

(2) 아우트라인 작성

아이디어를 수집한 후, 이를 기반으로 아우트라인을 작성합니다. 아우트라인은 크게 서론, 본론, 결론으로 이루어집니다.

● 서론 작성

서론은 에세이를 시작하는 부분입니다. 이 부분에서는 주제를 소개하고, 독자의 관심을 끌어야 합니다. 글에 대한 소개를 하며 주제와 관련된 정보나 배경을 제공합니다. 이를 보통 글의 요지Main Idea라고 하는데, 영미 문화권에서는 글을 쓸 때 말하고자 하는 바를 서두에서 분명히 밝히는 것이 일반적입니다.

● 본론 작성

본론은 서론에서 소개한 주제에 대해 자세히 설명하는 부분입니다. 본론은 여러 단락으로 이루어져 있으며, 각 단락은 특정 주제나 강조하고 싶은 포인트를 다룹니다. 기본적으로 서론에서 쓴 글의 요지를 뒷받침하는 단락이 최소 3개 이상 되어야 하고, 각 단락은 구체적인 사례나 이야기로 구성되어야 합니다.

● 결론 작성

결론은 에세이를 마무리하는 부분입니다. 이 부분에서는 에세이에서 다룬 내용을 간략하게 요약하고, 자신의 생각과 주장을 정리하며 독자에게 더 생각해볼 만한 이야기를 제공합니다.

(3) 검토하기

에세이 작성을 끝낸 후에는 문법, 맞춤법, 논리성, 일관성 등을 검토합니다. 다른 사람에게 검토를 해달라고 요청하는 것도 좋고, 자신이 작성한 내용을 소리 내어 다시 읽어보는 것도 좋은 검토 방법입니다.

그런데 사실 한글로 쓴 작문도 봐주기가 쉽지 않은 것이 현실이지요. 하물며 아이가 쓴 영어 에세이를 집에서 봐주는 일은 더욱 쉽지 않습니다. 특히 교정 부분에서 그렇습니다. 그래서 아이가 에세이를 쓸 정도가 되면, 유료 첨삭 서비스를 이용하는 방법도 있습니다. 일부 화상 영어 회사 중에는 회원들에게 무료로 첨삭 서비스를 제공하는 경우도 있으므로 이를 적극 활용하면 영어 타자 치기 연습도 되고, 에세이를 쓸 때 문법적인 오류를 줄이고 정확성을 기르는 데 큰 도움이 됩니다. 요즘은 기술이 워낙 발달해서 잘 찾아보면 에세이 교정 및 첨삭을 무료로 해주는 사이트도 적지 않습니다. 동빈이의 경우에는 Grammarly라는 무료 첨삭 사이트를 자주 사용합니다.

● 무료 첨삭 사이트 Grammarly

발달된 인공지능 기술을 활용하는 것도 좋은 방법입니다. 특히 최근 장안의 화제인 챗GPT를 적극적으로 활용해보시기를 권합니다. 챗GPT(무료 버전을 이용함)로 과연 첨삭이 가능할까 싶어 일부러 틀린 문장을 적어보았더니 놀랍게도 인공지능이 바로 수정을 해주더군요. 가령, 'I want go home'이라는, 문법적으로 오류가 있는 문장을 쓰면 바로 'I want to go home'이라고 문법적으로 바른 문장으로 수정해줍니다.

심지어 문법적 오류만 잡아주는 것이 아니라 문장 단위로도 첨삭 교정을 받는 것이 가능해서 무척 놀랐습니다. 일부러 틀린 비문을 적어 넣었는데, 오류를 교정해주는 것은 물론이고 어떤 부분을 수정했는지도 자세히 설명해주었습니다.

우리 아이들이 살아갈 미래는 인공지능이 보편화된 세상일 것입니다. 따라서 영어 학습에 있어서도 챗GPT와 같은 인공지능의 힘을 부분적으로 빌려 활용하는 것도 지혜라고 생각합니다.

(4) 발표하기

에세이 검토까지 다 마무리했다면 이제 가족들 앞에서 발표를 해봅니다. 발표를 통해 자신의 생각을 표현하는 능력을 향상시킬 수 있습니다. 앞에서 TED 강연 내용을 외워서 발표한 것에서 한 발 더 나아가 자신이 쓴 에세이 내용을 프레젠테이션 하는 연습을 한다면 더욱더 영어에 대한 자신감이 올라가리라 생각됩니다.

Q. 큰아이가 영어 학원을 다니면서 영어에 흥미를 잃게 되었습니다. 하루에 단어를 80개씩 외우고 시험을 보는 것이 결정적인 사건이었어요. 그래서 작은아이는 사교육의 도움 없이 엄마표 영어를 해보고 싶은데, 집에서 어휘력을 높일 수 있는 좋은 방법이 있을까요?

A. 맹목적인 단어 암기는 아이에게 영어에 대한 안 좋은 감정을 갖게 만들 수 있으므로 주의해야 합니다. 어휘는 외국어 학습에 있어서 매우 중요합니다. 그렇기 때문에 최대한 재미있고 유의미한 방법으로 학습하는 것이 바람직합니다.

보통 학원 등 사교육 기관에서는 어휘 학습을 어휘 교재를 사용해서 가르치곤 하는데, 어휘 교재로 단어 공부를 할 때는 주의를 해야할 부분이 있습니다. 아이가 최소한 교재 내용의 70~80% 정도는 알고 있어야 부담 없이 어휘를 공부해나갈 수 있습니다. 하지만 학원에서는 정해진 프로그램에 맞춰 진도를 나가야 하다 보니 아이의 현재 수준에 비해 너무 어려운 교재를 사용하게 되는 경우가 많습니다. 이러한 상황 속에서 영어에 대한 흥미가 떨어질 수 있는 것이지요.

또한, 영어책을 읽으면서 자연스럽게 습득한 어휘와 달리 어휘 교재로 공부한 단어는 돌아서면 잊어버리게 될 확률이 높습니다. 아무래도 책을 읽으면서 습득한 어휘에 비해 맥락에 대한 이해 없이 단순하게 단어의 뜻만 외우게 되기 때문입니다.

그러므로 가정에서 어휘 교재를 활용해 아이의 어휘력을 높여주고 싶다면 아이가 '이 정도는 할 만하겠는데?' 싶은 생각이 드는 만만한 교재 한 권을 정해서 여러 번 반복해서 보는 편이 효과적입니다. 요즘 어휘 교재들은 QR 코드를 스캔하면 바로 음원을 들을 수 있도록 편집해둔 교재들이 많습니다. 이러한 장치들을 십분 활용해서 반드시 단어의 발음을 확인하고 예문과 함께 어휘를 학습하도록 하는 것이 중요합니다. 이런 식으로 어휘 학습을 해야 단어의 소리와 쓰임새를 이해하게 되어 궁극적으로 장기기억이 됩니다.

아이가 현재 챕터북과 영어 소설을 읽는 수준이라면, 중학생용 어휘 교재도 그리 어렵지 않게 볼 수 있습니다. 능률출판사 등에서 출간된 중학생용 어휘 교재를 기본부터 심화까지 공부하면 아이들의 영어 어휘력에 대한 자신감을 키워줄 수 있습니다.

물론 가장 훌륭한 어휘 교재는 영어책입니다. 하나의 단어를 완전히 자기 것으로 만들기 위해서는 그 단어를 10번 이상 마주쳐야 한다고 합니다. 영어책을 읽다 보면 예전에 봤던 단어가 계속 반복해서 등장합니다. 현실적으로 세상에 존재하는 영어 어휘를 모두 다 외울 수는 없는 노릇입니다. 암기만으로는 어휘력을 확장시키는 데 부족함이 있다는 뜻입니다. 문맥을 통해서 단어의 뜻을 유추하면서 읽어나가는 힘을 키우는 것이 어휘력을 기르는 가장 좋은 방법이라는 맥락에서 영어책 읽기야말로 어휘력을 키우는 가장 탁월한 방법입니다. 다음은 초등학생들의 영어 단어 학습을 위해 추천하는 방법들입니다.

● 단어장 만들기

영어책을 읽거나 어휘 교재로 공부하면서 새로운 단어를 만났을 때마다 단어장이나 단어 애플리케이션을 활용해 정리하고 기록하는 것이 습관이 되도록 도와주세요. 이때 단어의 뜻과 예문을 함께 적으면서 외우는 것이 좋습니다. 스마트폰이나 태블릿에 단어 애플리케이션을 다운로드 해 단어를 정리해두면 언제든지 정확한 발음을 들으면서 복습이 가능합니다.

● 라이트너 박스 만들기

라이트너 박스는 독일의 라이트너 박사가 개발한 단어 암기 박스로 단어를 효율적으로 암기하는 방법으로 유명합니다. 라이트너 박스를 만드는 방법은 QR 코드를 스캔해 영상을 시청하시면 자세히 알 수 있습니다. 다음은 라이트너 박스를 활용하는 방법입니다.

(1) 아이와 함께 외워야 하는 단어를 카드로 만든다. (앞면에는 영어 단

어를 뒷면에는 한글 뜻을 적는 식으로 카드를 만든다.)

(2) 첫 번째 칸에서 단어 카드를 고른다. 뜻이 바로 떠오르면 두 번째 칸으로 옮긴다. 뜻이 생각나지 않으면 그대로 첫 번째 칸에 둔다.

(3) 두 번째 칸이 단어 카드로 채워지면 (2)번 방식으로 단어를 소리 내어 읽으며 공부한다. 외우지 못한 단어는 첫 번째 칸으로 이동 시킨다.

(4) 첫 번째 칸이 비면 새로운 단어 카드로 채운다.

(5) 단어 카드가 많이 이동되어진 칸의 단어를 같은 방식으로 계속 암기한다. 생각나지 않는 단어는 무조건 첫 번째 칸으로 이동시 킨다. 이 과정을 반복하다 보면 외우고자 했던 단어 카드의 단어 를 모두 외울 수 있게 된다.

Q. 초등 고학년인데 이제 슬슬 영어 학원을 보내야 할까요, 아니면 영어책 읽기를 계속 해야 할까요?

A. 이는 전적으로 아이와 부모님의 선택에 달려 있습니다. 지금까 지 집에서 영어책 읽기를 꾸준히 잘해왔고, 읽기뿐만 아니라 영어의 다른 영역들도 함께 발달시켜왔다면 굳이 학원에 보낼 필요는 없습 니다. 하지만 아이의 영어 능력이 읽기에만 집중되어 있고 말하기나 쓰기 같은 표현 영어 영역이나, 문법이나 어휘 같은 영역에 관심을

쏟지 않았다면 학원을 통해 중학교 내신을 위한 준비를 하고 적응력을 기르는 것이 필요합니다.

Q. 초등학생 때 영어책을 읽는 것만으로도 중학교 시험 성적에서 좋은 결과를 받을 수 있을까요?

A. 『공부머리 독서법』의 저자 최승필 선생님께서 강조하신 것처럼 중학교 진학 후에 국어를 비롯해 기타 과목에서 좋은 성적을 받으려면 독서를 통해 기른 문해력이 반드시 필요합니다. 그런데 한글책을 잘 읽어도 국어 시험에서 다 100점을 맞는 것은 아니듯이, 영어도 시험을 잘 보기 위해서는 또 다른 노력이 필요합니다. 가령, 중학교 영어 시험에서 좋은 성적을 받으려면 교과서 내용을 암기하는 것은 기본이고 기출문제도 풀어보는 것이 좋습니다. 또한, 각 단원에서 제시되는 문법 관련 용어를 정확히 익히고(보통 한 과당 2개 정도의 새로운 문법이 소개됩니다) 자습서와 문제집을 구입해서 응용 문제도 풀어보는 것이 좋습니다. 내신 경쟁이 치열한 학교를 다닌다면, '족보닷컴'이나 '이그잼포유'처럼 기출문제를 제공하는 유료 사이트에서 자료를 다운로드 해서 풀어보면 출제 경향을 익히는 데 도움이 됩니다.

교과서에 나오지 않는 영어 단어들을 별도의 프린트로 만들어 학생들에게 나눠줘서 외우게 하고 시험에 출제하는 학교도 간혹 있는

데, 다독을 통해 이미 많은 단어를 알고 있다면 이와 같은 단어 시험에 대비하는 것은 아무 문제가 없습니다. 영어 독서와 영어 듣기를 열심히 해온 아이들은 대체로 영어 기본기가 탄탄하기 때문에 학교 시험 정도는 그리 어렵지 않게 풀 수 있으리라고 생각합니다. 또한, 이 책에서 안내해드린 대로 아웃풋 연습도 함께 열심히 해온 아이라면 영어 말하기 수행평가나 쓰기 수행평가에서도 그 진가를 드러내게 될 것입니다.

3차 영어 읽기 독립 핵심 포인트

❶ **영어 소설을 편안히 읽을 수 있는 수준이 되기 위한 사전 준비로 AR 3점대의 부담 없는 챕터북들을 충분히 읽혀주세요.** 읽을 수 있는 영어책 수준을 높이기 위해서는 몰입하면서 영어책을 읽은 경험과 임계량을 채우기 위한 절대적인 분량의 영어책 읽기가 반드시 필요합니다. 쉽게 말해 '많이' 읽고 '깊게' 읽은 경험이 바탕으로 깔려야 읽기 수준을 끌어올릴 수 있습니다. STEP 5까지 진입한 아이라면 영어책 읽기 수준이 이제 상당하다고 볼 수 있을 텐데요. 이런 경우에도 막바로 영어 소설 읽기에 도전하는 것은 부담스러워할 가능성이 큽니다. 이럴 때는 아이가 편안하게 읽을 수 있는 챕터북들을 더욱 충분히 읽힌 뒤, 비교적 쉬운 영어 소설인 로알드 달의 소설이나 그래픽 노블 등을 통해 영어 소설에 대한 진입 장벽을 낮춰주는 것이 큰 도움이 됩니다.

❷ **픽션 말고도 다양한 장르의 논픽션을 균형 있게 읽혀야 합니다.** 읽기 수준을 높이기 위해서는 어휘력과 배경지식을 확장시키는 것이 필수입니다. 그런데 영어책 읽기 초반에 보는 책들은 주로 픽션에 치중되는 경향이 큽니다. 따라서 분야의 편식을 막고 균형 잡힌 인풋을 위해서는 픽션과 더불어 논픽션 읽기에도 신경을 써줘야 합니다. 특히 영어 소설을 읽을 정도의 수준에 이르면 대체로 초등 고학년이거나 중학생인 경

우가 많은데 대학 입시와 수능이라는 현실적인 상황을 고려한다면 수능 문항에서 출제 비중이 높은 비문학 지문에 익숙해져야 합니다. 영어 논픽션, 영자신문, 리딩 교재에 나오는 비문학 지문 등을 적절히 활용한다면 어휘력과 배경지식을 확장시킬 수 있을 뿐만 아니라 수능 영어에도 효과적으로 대비할 수 있습니다.

❸ **정독하기와 북리포트 쓰기 습관을 들이면 좋습니다.** 읽었던 모든 책들을 대상으로 하지 않더라도 일주일 또는 2주에 한 권 정도는 정독을 하고, 북리포트를 쓰는 습관을 들이면 영어 실력을 높이고 유지하는 데 도움이 됩니다. 여기에 더해 영어책을 정독하며 자신이 생각한 바를 말로 표현하게 하는 서머리(리텔링)까지 습관화한다면 영어 말하기 실력 향상에도 도움이 됩니다.

❹ **한글책 독서를 반드시 병행해야 합니다.** 읽어야 하는 책의 수준이 올라갈수록 독해력을 넘어서서 문해력이 중요해집니다. 즉, 영어 문장을 있는 그대로 읽고 해석하는 수준을 넘어서서 저자의 의도를 파악하고 행간의 의미를 추론해내는 능력이 있어야만 책의 내용을 제대로 이해할 수 있기 때문입니다. 이를 위해서는 반드시 양질의 한글책 독서를 병행해야 합니다. 영어책만으로는 얻기 힘든 다양한 배경지식과 상식을 모국어로 된 책을 읽으면서 배울 수 있기 때문입니다.

영어책 읽기는 영어를 잘하는
'최선의 방법'이 아닌 '유일한 방법'입니다

'아무리 좋은 구슬이라도 꿰어야 보배'라는 말이 있습니다. 영어 학습에 있어 책 읽기가 가장 효과적이라는 사실에 아무리 깊이 공감한다 해도 실천하지 않으면 아무 소용이 없습니다. 아이들의 영어책 읽기에서 가장 중요한 것은 부모님의 교육 철학입니다. '하나의 외국어를 익힌다'는 것은 생각보다 많은 시간과 노력이 요구되는 긴 여정입니다. 따라서 '그 많은 영어 학습법 가운데 왜 굳이 영어책 읽기로 아이들을 양육하고자 하는가?'라고 스스로에게 질문하고 그 이유부터 분명하게 정립해야 합니다. '왜'에 대한 자기만의 답이 분명하지 않으면 영어책 읽기로 엄마표 영어를 시작도 할 수 없을 뿐만 아니라, 설령 시작은 했을지라도 원하는 목표 지점까지 도달하는 것은 더더욱 힘든 일이 되고 말 것입니다.

세상에는 다양한 종류의 영어 학습법이 존재합니다. 그럼에도 불구하고 굳이 영어책 읽기로 아이의 영어 공부를 시작하라고 말씀드리는 이유는 영어책이 가진 장점 때문입니다. 책은 영어라는 언어를 총체적으로 배우기에 가장 좋은 도구입니다. 여기서 총체적이라 함은 '듣고' '말하고' '읽고' '쓰는' 언어의 4가지 영역을 의미합니다. 책 한 권 안에는 언어의 4가지 영역을 향상시킬 수 있는 모든 비결이 다 들어 있습니다. 그뿐만이 아닙니다. 책을 읽다 보면 단지 '영어'라는 언어를 잘 구사할 수 있는 능력만 향상되는 것이 아니라 아이 인생에 가장 필요한 '생각하는 힘'과 공감 능력, 인성과 가치관까지 함께 성장하는 효과를 거둘 수 있습니다.

지금 자라고 있는 세대들에게 영어는 더 이상 선택이 아닙니다. 이미 온 세상은 영어라는 언어를 중심으로 하나의 세계로 연결되어 있습니다. 이처럼 글로벌화가 빠르게 진행될수록 영어 사용은 피할 수 없는 현실입니다. 세상의 거의 모든 정보가 영어로 되어 있다고 해도 과언이 아닐 정도로 영어가 이 세계의 핵심 언어로 자리 잡고 있습니다. 이러한 상황들로 인해 어차피 배워야 할 영어라면 아이들이 최대한 즐겁고 효과적으로 배울 수 있도록 이끌어주는 것이 가르치는 이들의 책임이라고 믿습니다.

저는 두 아이의 초등학교 시절부터 독서가 가진 커다란 힘을 깨달았습니다. 언어를 배우기에 다소 늦은 나이에 미국이라는 낯선 땅에 갔지만 낙심하지 않았습니다. 독서가 가진 힘을 믿고 있었기에 사교육 대신 도서관 바닥에 앉아 영어책을 읽어주며 두 아이를 키웠습니다. 책을 통해 영어와 친해진 덕분에 아이들은 짧은 시간 안에 미국 학교에 적응할 수 있었고, 영어가 모국어인 미국인들도 부러워할 만큼의 좋은 열매들을 거둘 수 있었습니다. 유학한 지 4년 만에 미국 고등학교를 수석 졸업한 일이나 3억 원이 넘는 대학 장학금을 획득할 수 있었던 것도 모두 책의 힘을 믿고 독서에 몰입한 결과였습니다.

단지 저의 두 아이뿐만 아니라 주변에 있던 조기 유학생들을 지도하면서도 동일한 결과를 얻었습니다. 부모를 떠나 이국에서 자칫 빗나가기 쉬운 아이들에게 책 읽기를 통해 영어를 가르친 결과, 이 아이들은 미국 학교에서도 두각을 나타내게 되었고, 20년이 지난 지금은 글로벌 인재가 되어 세계 각지를 누비고 있습니다.

귀국 후에는 미국에서 얻은 이런 깨달음을 바탕으로 초등학생들을 위한 영어 도서관을 운영하게 되었습니다. 알파벳도 모르던 아이들이 영어책을 만나면서 영어를 좋아하게 되고, 어느덧 미국 아이들 수준의 영어책을 읽는 아이들로 성장하고 있는 중입니다. 책을 통해 즐겁게 영어를 배웠을 뿐인데, '미국에서 살다 왔냐?'는 평가를 받을 정도로 듣기와 말하기 실력도 좋아졌습니다. 벌써 여러 권의 영어책을 쓴 아이들도 숱하게 나오고 있습니다. 또한, 대한민국 학생 말하기 대회나 각종 영어 능력 인증시험에서도 해외 유학파 못지않은 우수한 결과를 거두고 있습니다. 영어책만 꾸준히 읽었을 뿐인데 전국 규모 영어 시험에서 만점을 받는 아이도 나오게 되었습니다. 문제를 풀고 답하는 식의 영어 공부가 아니라 책을 읽고, 느끼고, 생각하는 힘을 기르다 보니 가능한 일이라 믿습니다.

외국인을 만나도 도망가지 않고 적극적으로 대화를 즐기는 아이들을 보며, 저는 '영어책 읽기의 힘'을 매일 경험하고 있습니다. 영어 실력뿐만 아니라 서로 아끼고 사랑하고 배려하고 존중하는 인성이 함께 자라는 것을 보며 '역시 영어책으로 키우길 잘했다'는 확신을 더 강하게 갖게 되었음은 물론입니다. '영어책 읽기만으로 과연 이런 일이 가능할까?' 질문하는 분들에게 이 책은 대답이 될 것이라 믿습니다.

단언컨대 유·초등 아이들에게 영어책 읽기를 통한 영어 학습법은 '최선의 방법'이 아닌 '유일한 방법'입니다. 이 책을 통해 이 땅의 많은 부모님과 아이들이 영어책 읽기의 힘과 즐거움을 경험하고, 다음 세대 아이들이 세계를 무대로 활동하는 글로벌 인재로 성장하기를 소망합니다. 이 책이 나오기까지 아낌없는 응원과 격려를 보내주신 카시오페아 출판사 민혜영 대표님, 폭발적인 무더위 속에서도 마지막까지 혼신의 힘을 다해 집필에 임해주신 공저자 황현민 작가님께 머리 숙여 감사드립니다.

영어책 1천여 권 추천 목록

No.	시리즈명	도서명
		STEP 1
1	Scholastic Decodable Readers Level A~D	
2	Scholastic Sight Words	
3	Sight Word Readers	
4	Fox 시리즈	『Fox at Night』
5		『Fox Is Late』
6		『Fox versus Winter』
7		『Fox the Tiger』
8	A Frog and Dog Book 시리즈 (Acorn Level A)	『Frog Meets Dog』
9		『Goat in a Boat』
10		『Hog on a Log』
11	Fox Tails 시리즈 (Acorn Level A)	『The Great Bunk Bed Battle』
12		『The Biggest Roller Coaster』
13		『The Giant Ice Cream Mess』
14	Bumble and Bee 시리즈 (Acorn Level A)	『Don't Worry, BEE Happy』
15		『Let's Play Make BEE-lieve』
16		『Let's BEE Thankful』
17	Hello, Hedgehog! 시리즈 (Acorn Level A)	『Do You Like My Bike?』
18		『Let's Have a Sleepover!』
19		『Who Needs a Checkup?』
20		『Let's Go Swimming!』
21	A Crabby Book 시리즈 (Acorn Level A)	『Hello, Crabby!』
22		『Let's Play, Crabby!』
23		『Wake Up, Crabby!』
24	Princess Truly 시리즈 (Acorn Level A)	『I Am a Super Girl!』
25		『Off I Go!』
26		『I Can Build It!』
27		『I Am a Good Friend!』
28	Chris Haughton 그림책 시리즈	『A Bit Lost』
29		『Don't Worry, Little Crab』
30		『Goodnight Everyone』

31	Chris Haughton 그림책 시리즈	『Maybe…』
32		『Oh No, George!』
33		『Shh! We Have a Plan』
34	Jan Thomas 그림책 시리즈	『Can You Make a Scary Face?』
35		『Here Comes the Big, Mean Dust Bunny!』
36		『Is Everyone Ready for Fun?』
37		『Is That Wise, Pig?』
38		『Let's Sing a Lullaby with the Brave Cowboy』
39		『Pumpkin Trouble』
40		『Rhyming Dust Bunnies』
41		『The Chicken Who Couldn't』
42		『The Easter Bunny's Assistant』
43	A Cat the Cat Mini 시리즈	『Who Flies, CAT the CAT?』
44		『Who Is That, Cat the Cat?』
45		『Who Says That, Cat the Cat?』
46		『Who Sleeps, Cat the Cat?』
47	Anthony Browne 그림책 시리즈	『My Dad』
48		『My Mom』
49		『What If…?』
50		『Willy and Hugh』
51		『Look What I've Got!』
52		『Willy the Champ』
53		『Me and You』
54		『Changes』
55		『Through the Magic Mirror』
56		『Bear Hunt』
57		『Bear's Maic Pencil』
58		『A Bear-y Tale』
59		『Frida and Bear』
60		『Willy the Dreamer』
61		『The Little Bear Book』
62		『Little Beauty』
63	No, David 시리즈	『No, David!』
64		『David Gets in Trouble』
65		『David Goes to School』
66		『Grow Up, David!』
67	Elephant & Piggie 시리즈	『The Thank You Book』
68		『I Really Like Slop!』
69		『I Will Take a Nap!』
70		『Waiting Is Not Easy!』

71		『My New Friend Is So Fun!』
72		『I'm a Frog!』
73		『Let's Go for a Drive!』
74		『A Big Guy Took My Ball!』
75		『I Love My New Toy!』
76		『There Is a Bird On Your Head!』
77		『Watch Me Throw the Ball!』
78		『I Am Invited to a Party!』
79		『Today I Will Fly!』
80		『I Broke My Trunk!』
81	Elephant & Piggie 시리즈	『Should I Share My Ice Cream?』
82		『Happy Pig Day!』
83		『Listen to My Trumpet!』
84		『We Are in a Book!』
85		『I Am Going!』
86		『Can I Play Too?』
87		『Are You Ready to Play Outside?』
88		『My Friend is Sad』
89		『Elephants Cannot Dance!』
90		『Pigs Make Me Sneeze!』
91		『I Will Surprise My Friend!』
92		『The Duckling Gets a Cookie!?』
93		『The Pigeon Finds a Hot Dog!』
94		『The Pigeon HAS to Go to School!』
95	The Pigeon 시리즈	『The Pigeon Needs a Bath』
96		『The Pigeon Wants a Puppy!』
97		『Don't Let the Pigeon Drive the Bus』
98		『Don't Let the Pigeon Stay Up Late!』
99		『Harold & Hog Pretend For Real!』
100		『I'm on It!』
101		『It's Shoe Time!』
102	Elephant & Piggie Like Reading!	『The Cookie Fiasco』
103		『The Good for Nothing Button』
104		『The Itchy Book!』
105		『We Are Growing!』
106		『What About Worms!?』
107		『It's a Sign!』
108		『Good Night Owl』
109	가이젤 상(닥터 수스 상) 수상작	『Snail & Worm Again』
110		『A Watermelon Seed』

111	가이젤 상(닥터 수스 상) 수상작	『Waiting』
112		『Nothing Fits a Dinosaur』
113		『The Book Hog』
114		『The Party and Other Stories(Fox & Chick)』
115		『Smell My Foot!(Chick and Brain)』
116		『A Splendid Friend Indeed』
117		『See the Cat: The Stories About a Dog』
118		『Where's Baby?』
119		『I Want My Hat Back』
120		『Supertruck』
121		『Tales for Very Picky Eaters』
122		『My Kite is Stuck! And Other Stories』
123		『King & Kayla and the Case of the Missing Dog Treat』
124		『One Funny Day(Pearl and Wagner)』
125		『Stop! Bot!』
126		『Hello, Bumblebee Bat』
127		『Move Over, Rover!』
128		『Beak & Ally #1: Unlikely Friends』
129		『Benny and Penny in the Big No-No!』
130		『Stinky』
131		『Flubby Is Not a Good Pet!』
132		『Charlie & Mouse』
133		『See Me Run』
134		『Tiger vs. Nightmare』
135		『Rabbit and Robbot: The Sleepover』
136		『Noodleheads See the Future』
137		『Bink and Gollie』
138		『Amanda Pig and the Really Hot Day』
139		『Cowgirl Kate and Cocoa』
140		『I See a Cat』
141		『Ling & Ting: Not Exactly the Same!』
142		『Fish and Wave』
143		『A Pig, A Fox, and A Box』
144		『Mouse and Mole, Fine Feathered Friends』
145		『Chicken Said, 'Cluck!'』
STEP 2		
146	Biscuit 시리즈	『Biscuit』
147		『Biscuit Plays Ball』

148		『Biscuit Goes Camping』
149		『Biscuit Feeds the Pets』
150		『Biscuit Loves the Library』
151		『Biscuit Loves the Park』
152		『Biscuit and the Little Llamas』
153		『Biscuit's Snow Day Race』
154		『Biscuit and the Big Parade!』
155		『Biscuit Flies a Kite』
156		『Biscuit in the Garden』
157		『Biscuit and the Lost Teddy Bear』
158		『Biscuit Meets the Class Pet』
159	Biscuit 시리즈	『Biscuit Takes a Walk』
160		『Biscuit's Day at the Farm』
161		『Biscuit Visits the Big City』
162		『Biscuit and the Little Pup』
163		『Bathtime for Biscuit』
164		『Biscuit Wants to Play』
165		『Biscuit and the Baby』
166		『Biscuit's New Trick』
167		『Biscuit's Big Friend』
168		『Biscuit Goes to School』
169		『Biscuit Finds a Friend』
170		『Biscuit Wins a Prize』
171		『Eloise's Pirate Adventure』
172		『Eloise Visits the Zoo』
173		『Eloise Throws a Party!』
174		『Eloise's Summer Vacation』
175		『Eloise and the Very Secret Room』
176		『Eloise at the Wedding』
177		『Eloise And the Dinosaurs』
178	Eloise 시리즈	『Eloise Skates!』
179		『Eloise at the Ball Game』
180		『Eloise's New Bonnet』
181		『Eloise Breaks Some Eggs』
182		『Eloise Has a Lesson』
183		『Eloise's Mother's Day Surprise』
184		『Eloise Decorates for Christmas』
185		『Eloise and the Snowman』
186		『Eloise and the Big Parade』
187	Oxford Reading Tree 1~3단계	『At the Park』

188		『Fancy Dress』
189		『Good Old Mum』
190		『The Headache』
191		『The Pet Shop』
192		『Push』
193		『What a Mess』
194		『Who Did That』
195		『Goal』
196		『The Journey』
197		『Making Faces』
198		『Shopping』
199		『Hide and Seek』
200		『Reds and Blues』
201		『Big Feet』
202		『Look at Me』
203		『Go Away Floppy』
204		『Kipper's Diary』
205		『Go Away Cat』
206		『Go On Mum』
207	Oxford Reading Tree 1~3단계	『Look After Me』
208		『Presents for Dad』
209		『Top Dog』
210		『What Dogs Like』
211		『The Box of Treasure』
212		『Chip's Robot』
213		『Floppy's Bone』
214		『Hook a Duck』
215		『One Wheel』
216		『The Sandcastle』
217		『Can You see Me』
218		『Good Dog』
219		『The Ice Cream』
220		『The Mud Pie』
221		『See Me Skip』
222		『What a DIN』
223		『Hop Hop Hop』
224		『Catkin the Kitten』
225		『In the Trolley』
226		『The Caterpillar』
227		『The Enormous Crab』

228		『The Trampoline』
229		『The Picture Book Man』
230		『In the Tent』
231		『The Bag in the Bin』
232		『Stuck!』
233		『The Big Red Bus』
234		『The Sock』
235		『The Lemon Pip』
236		『The Picnic on the Hill』
237		『The Tin Can Man』
238		『Hit and Miss』
239		『Too Hot』
240		『The Big, Bad Snake』
241		『The Go-kart』
242		『A New Dog』
243		『New Trainers』
244		『The Dream』
245		『The Toys Party』
246		『What a Bad Dog』
247	Oxford Reading Tree 1~3단계	『The Baby Sitter』
248		『Floppy's Bath』
249		『Kipper's Balloon』
250		『Kipper's Birthday』
251		『Spots』
252		『The Water Fight』
253		『Biff's Aeroplane』
254		『The Chase』
255		『Floppy the Hero』
256		『The Foggy Day』
257		『Kipper's Laces』
258		『The Wobbly Tooth』
259		『Creepy-crawly』
260		『Hey Presto』
261		『Monkey Tricks』
262		『Naughty Children』
263		『A Sinking Feeling』
264		『It's the Weather』
265		『The Little Dragon』
266		『New Trees』
267		『The Band』

268		「The Lost Puppy」
269		「Up and Down」
270		「What is it」
271		「The Hole in the Sand」
272		「In a Bit」
273		「Poor Floppy」
274		「A Present for Mum」
275		「Put it Back」
276		「The Big Egg」
277		「Fire」
278		「The Gulls Picnic」
279		「Out」
280		「Red Noses」
281		「The Ball Pit」
282		「The Odd Egg」
283		「A Big Bunch of Flowers」
284		「Got a Job?」
285		「Catch It!」
286		「Gorilla on the Run!」
287	Oxford Reading Tree 1~3단계	「The New Gingerbread Man」
288		「Hiccups」
289		「Hush!」
290		「Quick Pedal!」
291		「Comic Fun」
292		「The Falcon」
293		「The Wishing Well」
294		「King and Queen」
295		「A Cat in the Tree」
296		「Nobody wanted to Play」
297		「On the Sand」
298		「The Rope Swing」
299		「The Egg Hunt」
300		「By the Stream」
301		「At the Seaside」
302		「The Jumble Sale」
303		「Kipper the Clown」
304		「Kipper's Idea」
305		「The Snowman」
306		「Strawberry Jam」
307		「At the Pool」

308		『The Barbecue』
309		『Book Week』
310		『Bull's-eye』
311		『The Carnival』
312		『The Cold Day』
313		『The Duck Race』
314		『The Ice Rink』
315		『The Mud Bath』
316		『Pond Dipping』
317		『Sniff』
318		『The Steel Band』
319	Oxford Reading Tree 1~3단계	『Dragons』
320		『Helicopter Rescue』
321		『Monkeys on the Car』
322		『The Enormous Picture』
323		『Floppy and the Puppets』
324		『Gran and the Go-karts』
325		『Mister Haggis』
326		『Green Sheets』
327		『Road Burner』
328		『King of the Castle』
329		『A Walk in the Sun』
330		『Bug Hunt』
331		『Pete the Cat and the Bad Banana』
332		『Pete the Cat: Pete's Train Trip』
333		『Pete the Cat: Scuba-Cat』
334		『Pete the Cat and the Surprise Teacher』
335		『Pete the Cat's Groovy Bake Sale』
336		『Pete the Cat: Too Cool for School』
337		『Pete the Cat: Play Ball!』
338		『Pete the Cat: Pete at the Beach』
339	Pete the Cat 시리즈	『Pete the Cat: Pete's Big Lunch』
340		『Pete the Cat: A Pet for Pete』
341		『Pete the Cat Saves Up』
342		『Pete the Cat and the Cool Caterpillar』
343		『Pete the Cat Goes Camping』
344		『Pete the Cat's Not So Groovy Day』
345		『Pete the Cat's Trip to the Supermarket』
346		『Pete the Cat: Rocking Field Day』
347		『Pete the Cat: Super Pete』

348		『Pete the Cat's Family Road Trip』
349		『Pete the Cat and the Lost Tooth』
350	Pete the Cat 시리즈	『Pete the Cat and the Tip—Top Tree House』
351		『Pete the Cat Sir Pete the Brave』
352		『Pete the Cat: Snow Daze』
353		『Penny and Her Doll』
354	Penny and… 시리즈	『Penny and Her Song』
355		『Penny and Her Marble』
356		『Penny and Her Sled』
357		『All by Myself』
358		『Just for You』
359		『Just Go to Bed』
360		『Just Grandma and Me』
361		『Just Grandpa and Me』
362		『Just Me and My Babysitter』
363		『Just Me and My Dad』
364	Little Critter Storybook 시리즈	『Just Me and My Little Brother』
365		『Just Me and My Mom』
366		『Just Me and My Puppy』
367		『Just My Friend and Me』
368		『Just Shopping with Mom』
369		『Me Too!』
370		『Merry Christmas Mom and Dad』
371		『The New Baby』
372		『The New Potty』
373		『Hi! Fly Guy』
374		『Super Fly Guy!』
375		『Shoo, Fly Guy!』
376		『There Was An Old Lady Who Swallowed Fly Guy』
377		『Fly High, Fly Guy!』
378		『Hooray for Fly Guy!』
379	Fly Guy 시리즈	『I Spy Fly Guy!』
380		『Fly Guy Meets Fly Girl』
381		『Buzz Boy And Fly Guy』
382		『Fly Guy vs. the Flyswatter!』
383		『Ride, Fly Guy, Ride!』
384		『There's a Fly Guy in My Soup』
385		『Fly Guy and the Frankenfly』
386		『Fly Guy's Amazing Tricks』

387	Fly Guy 시리즈	「Prince Fly Guy」
388		「Class Picture Day」
389		「Dad Goes to School」
390		「First-Grade Bunny」
391		「The First Day of School」
392		「He Playground Problem」
393		「Wash Your Hands!」
394		「Pajama Day!」
395		「We Are Thankful」
396		「Butterfly Garden」
397		「Class Mom」
398		「Earth Day」
399		「Election Day」
400		「Fall Leaf Project」
401	Robin Hills School 시리즈	「Groundhog Day」
402		「Halloween Fun」
403		「Happy Graduation!」
404		「Martin Luther King Jr. Day」
405		「One Hundred Days(Plus One)」
406		「Picking Apples」
407		「Presidents' Day」
408		「Secret Santa」
409		「Snow Day」
410		「Summer Treasure」
411		「The Counting Race」
412		「The Garden Project」
413		「The Luck of the Irish」
414		「The Pumpkin Patch」
415		「Too Many Valentines」
416		「Danny and the Dinosaur Go to Camp」
417		「Danny and the Dinosaur: Too Tall」
418		「Happy Birthday, Danny and the Dinosaur!」
419	Danny and the Dinosaur 시리즈	「Danny and the Dinosaur and the New Puppy」
420		「Danny and the Dinosaur」
421		「Danny and the Dinosaur: The Big Sneeze」
422		「Danny and the Dinosaur in the Big City」
423		「Danny and the Dinosaur Mind Their Manners」
424		「Splat the Cat and the Duck with No Quack」
425	Splat the Cat 시리즈	「Splat the Cat Sings Flat」
426		「Splat the Cat Takes the Cake」

427		「Splat the Cat: Good Night, Sleep Tight」
428		「Splat the Cat: The Name of the Game」
429		「Splat the Cat Gets a Job!」
430		「Splat the Cat and the Obstacle Course」
431		「Splat the Cat and the Cat in the Moon」
432		「Splat the Cat and the Lemonade Stand」
433		「Splat the Cat and the Quick Chicks」
434	Splat the Cat 시리즈	「Splat the Cat: Twice the Mice」
435		「Splat the Cat and the Hotshot」
436		「Splat the Cat: Up in the Air at the Fair」
437		「Splat the Cat: Makes Dad Glad」
438		「Splat the Cat: Blow, Snow, Blow」
439		「Splat the Cat: A Whale of a Tale」
440		「Splat the Cat with a Bang and a Clang」
441		「Splat the Cat: The Rain Is a Pain」
442		「The Berenstain Bears' Sleepover」
443		「The Berenstain Bears' New Pup」
444		「The Berenstain Bears Out West」
445		「The Berenstain Bears at the Aquarium」
446		「The Berenstain Bears and the Shaggy Little Pony」
447		「Berenstain Bears and Mama for Mayor!」
448		「The Berenstain Bears All Aboard!」
449		「The Berenstain Bears and the Baby Chipmunk」
450		「The Berenstain Bears and the Wishing Star」
451		「The Berenstain Bears Are Superbears!」
452	The Berenstein Bears 시리즈	「The Berenstain Bears Clean House」
453		「The Berenstain Bears Down on the Farm」
454		「The Berenstain Bears Help the Homeless」
455		「The Berenstain Bears Play T-Ball」
456		「The Berenstain Bears' Class Trip」
457		「The Berenstain Bears' Family Reunion」
458		「The Berenstain Bears' Lemonade Stand」
459		「The Berenstain Bears' New Kitten」
460		「The Berenstain Bears' Seashore Treasure」
461		「The Berenstain Bears, Do Not Fear, God Is Near」
462		「The Berenstain Bears, God Made the Seasons」

1차 영어 읽기 독립 완성

STEP 3

499		『Henry and Mudge and Annie's Perfect Pet』
500		『Henry and Mudge and Mrs. Hopper's House』
501		『Henry and Mudge and The Bedtime Thumps』
502		『Henry and Mudge and The Best Day Of All』
503		『Henry and Mudge and the Big Sleepover』
504		『Henry and Mudge and The Careful Cousin』
505		『Henry and Mudge and The Forever Sea』
506		『Henry and Mudge and the Great Grandpas』
507		『Henry and Mudge and The Happy Cat』
508		『Henry and Mudge and The Long Weekend』
509		『Henry and Mudge and The Sneaky Crackers』
510		『Henry and Mudge and the Snowman Plan』
511		『Henry and Mudge and the Starry Night』
512	Henry and Mudge 시리즈	『Henry and Mudge and The Tall Tree House』
513		『Henry and Mudge and the Tumbling Trip』
514		『Henry and Mudge and The Wild Goose Chase』
515		『Henry and Mudge and The Wild Wind』
516		『Henry and Mudge the First Book』
517		『Henry and Mudge Get The Cold Shivers』
518		『Henry and Mudge In Puddle Trouble』
519		『Henry and Mudge In The Family Trees』
520		『Henry and Mudge In The Green Time』
521		『Henry and Mudge In The Sparkle Days』
522		『Henry and Mudge Take The Big Test』
523		『Henry and Mudge Under the Yellow Moon』
524		『Henry and Mudge and The Funny Lunch』
525		『Annie and Snowball and the Wedding Day』
526		『Annie and Snowball and the Thankful Friends』
527		『Annie and Snowball and the Surprise Day』
528		『Annie and Snowball and the Dress-up Birthday』
529	Annie and Snowball 시리즈	『Annie and Snowball and the Grandmother Night』
530		『Annie and Snowball and the Teacup Club』
531		『Annie and Snowball and the Pink Surprise』
532		『Annie and Snowball and the Cozy Nest』
533		『Annie and Snowball and the Prettiest House』
534		『Annie and Snowball and the Magical House』
535		『Annie and Snowball and the Shining Star』

536	Annie and Snowball 시리즈	『Annie and Snowball and the Wintry Freeze』
537		『Annie and Snowball and the Book Bugs Club』
538	Arthur Starter 시리즈	『Arthur's Birthday Surprise』
539		『Arthur's Heart Mix-up』
540		『Arthur's Mystery Babysitter』
541		『Arthur's Jelly Beans』
542		『Arthur's Off to School』
543		『Arthur and the Big Snow』
544		『Arthur Tells a Story』
545		『Arthur to the Rescue』
546		『Arthur and the Dog Show』
547		『Arthur Jumps into Fall』
548		『Arthur's Homework』
549		『Arthur's Tree House』
550		『D.W.'s Perfect Present』
551		『D.W. The Big Boss』
552		『Good Night, D.W.』
553	There Was an Old Lady 시리즈	『There Was a Cold Lady Who Swallowed Some Snow!』
554		『There Was an Old Lady Who Swallowed a Bat!』
555		『There Was an Old Lady Who Swallowed A Bell!』
556		『There Was an Old Lady Who Swallowed A Chick!』
557		『There Was an Old Lady Who Swallowed a Clover!』
558		『There Was an Old Lady Who Swallowed a Fly!』
559		『There Was an Old Lady Who Swallowed a Frog!』
560		『There Was an Old Lady Who Swallowed a Rose!』
561		『There Was an Old Lady Who Swallowed a Shell!』
562		『There Was an Old Lady Who Swallowed a Turkey!』
563		『There Was an Old Lady Who Swallowed Some Books!』
564		『There Was an Old Lady Who Swallowed Some Leaves!』

565		「House for Sale」
566		「The New House」
567		「Come In」
568		「The Secret Room」
569		「The Play」
570		「The Storm」
571		「Nobody got Wet」
572		「Poor Old Mum」
573		「The Balloon」
574		「The Camcorder」
575		「The Weather Vane」
576		「The Wedding」
577		「The Dragon Dance」
578		「Everyone Got Wet」
579		「The Flying Elephant」
580		「Swap」
581		「The Scarf」
582		「Wet Paint」
583		「Dad's Jacket」
584	Oxford Reading Tree 4~6단계	「An Important Case」
585		「Look Smart」
586		「Stuck in the Mud」
587		「The Den」
588		「Tug of War」
589		「The Stars」
590		「Long Legs」
591		「The Seal Pup」
592		「Floppy and the Skateboard」
593		「Gran's New Glasses」
594		「The Birthday Candle」
595		「Top of the Mountain」
596		「The Minibeast Zoo」
597		「Finger Snapper」
598		「The Good Luck Stone」
599		「Kid Rocket」
600		「The Bowling Trip」
601		「The Magic Key」
602		「Private Adventure」
603		「The Dragon Tree」
604		「Gran」

605		「Castle Adventure」
606		「Village in the Snow」
607		「It's Not Fair」
608		「A Monster Mistake」
609		「The Great Race」
610		「The Whatsit」
611		「Underground Adventure」
612		「Vanishing Cream」
613		「Camping Adventure」
614		「Mum to the Rescue」
615		「A New Classroom」
616		「Noah's Ark Adventure」
617		「Scarecrows」
618		「The New Baby」
619		「The Adventure Park」
620		「Dad's Run」
621		「Drawing Adventure」
622		「Kipper and the Trolls」
623		「Safari Adventure」
624	Oxford Reading Tree 4~6단계	「Sleeping Beauty」
625		「The Orchid Thief」
626		「Rats」
627		「Bush Fire」
628		「Highland Games」
629		「Bessie's Flying Circus」
630		「A Pet called Cucumber」
631		「Crab Island」
632		「Queen of the Waves」
633		「In the Dark」
634		「Gotcha!」
635		「The Frog's Tale」
636		「Where Next?」
637		「In the Garden」
638		「Kipper and the Giant」
639		「The Outing」
640		「Land of the Dinosaurs」
641		「Robin Hood」
642		「The Treasure Chest」
643		「A Fright in the Night」
644		「The Go Kart Race」

645	Oxford Reading Tree 4~6단계	『The Laughing Princess』
646		『Rotten Apples』
647		『The Shiny Key』
648		『Christmas Adventure』
649		『Paris Adventure』
650		『Homework』
651		『Olympic Adventure』
652		『Ship in Trouble』
653		『The Stolen Crown Part 1』
654		『The Stolen Crown Part 2』
655	Arthur Adventure 시리즈	『Arthur and the Baby』
656		『Arthur and the True Francine』
657		『Arthur Goes to Camp』
658		『Arthur Meets the President』
659		『Arthur Turns Green』
660		『Arthur Writes a Story』
661		『Arthur's April Fool』
662		『Arthur's Birthday』
663		『Arthur's Chicken Pox』
664		『Arthur's Christmas』
665		『Arthur's Eyes』
666		『Arthur's Family Vacation』
667		『Arthur's Halloween』
668		『Arthur's New Puppy』
669		『Arthur's Pet Business』
670		『Arthur's Teacher Trouble』
671		『Arthur's Thanksgiving』
672		『Arthur's Tooth』
673		『Arthur's TV Trouble』
674		『Arthur's Underwear』
675		『Arthur's Valentine』
676	Charlie and Lola 시리즈	『But Excuse Me That Is My Book』
677		『But I Am an Alligator』
678		『Charlie Is Broken!』
679		『Help! I Really Mean It!』
680		『I Am Going to Save a Panda!』
681		『I Am Really, Really Concentrating』
682		『I Can Do Anything That's Everything All On My Own』
683		『I Can't Stop Hiccuping!』

684		「I Completely Know About Guinea Pigs」
685		「I Slightly Want to Go Home」
686		「I Want to Be Much More Bigger Like You」
687		「I Will Be Especially Very Careful」
688		「I Would Like to Actually Keep It」
689		「You Can Be My Friend」
690		「I'm Really Ever So Not Well」
691	Charlie and Lola 시리즈	「Look After Your Planet」
692		「Snow is My Favourite and My Best」
693		「This is Actually My Party」
694		「I am Not Sleepy and I Will Not Go to Bed」
695		「I Will Not Ever Never Eat a Tomato(I Will Never Not Ever Eat a Tomato)」
696		「I've Won, No I've Won, No I've Won」
697		「My Wobbly Tooth Must Not Ever Never Fall Out」
698		「Frog and Toad Are Friends」
699		「Frog and Toad Together」
700		「Days with Frog and Toad」
701		「Frog and Toad All Year」
702	Arnold Lobel 작품 시리즈	「Owl at Home」
703		「Mouse Tales」
704		「Mouse Soup」
705		「Grasshopper on the Road」
706		「Poppleton」
707		「Poppleton and Friends」
708	Poppleton 시리즈	「Poppleton Every Day」
709		「Poppleton in Fall」
710		「Poppleton at Christmas」
711		「Mercy Watson to the Rescue」
712		「Mercy Watson Goes for a Ride」
713	Mercy Watson 시리즈	「Mercy Watson Fights Crime」
714		「Mercy Watson Princess in Disguise」
715		「Mercy Watson Thinks Like a Pig」
716		「Amelia Bedelia and the Baby」
717		「Amelia Bedelia and the Cat」
718		「Amelia Bedelia Bakes Off」
719	Amelia Bedelia 시리즈	「Amelia Bedelia Helps Out」
720		「Amelia Bedelia Talks Turkey」
721		「Amelia Bedelia Under Construction」

722	Amelia Bedelia 시리즈	『Amelia Bedelia's Family Album』
723		『Amelia Bedelia's Masterpiece』
724		『Amelia Bedelia, Bookworm』
725		『Amelia Bedelia, Cub Reporter』
726		『Bravo, Amelia Bedelia!』
727		『Calling Doctor Amelia Bedelia』
728		『Go West, Amelia Bedelia!』
729		『Good Work, Amelia Bedelia』
730		『Happy Haunting』
731		『Merry Christmas, Amelia Bedelia』
732	Flat Stanley 시리즈	『Flat Stanley and the Lost Treasure』
733		『Flat Stanley and the Bees』
734		『Flat Stanley and the Firehouse』
735		『Flat Stanley and the Haunted House』
736		『Flat Stanley and the Missing Pumpkins』
737		『Flat Stanley at Bat』
738		『Flat Stanley Goes Camping』
739		『Flat Stanley and the Very Big Cookie』
740		『Flat Stanley On Ice』
741		『Flat Stanley: Show-and-Tell, Flat Stanley!』
742	Dog Man 시리즈	『Dog Man』
743		『Dog Man Unleashed』
744		『A Tale of Two Kitties』
745		『Dog Man and Cat Kid』
746		『Lord of the Fleas』
747		『Brawl of the Wild』
748		『For Whom the Ball Rolls』
749		『Fetch-22』
750		『Grime and Punishment』
751		『Mothering Heights』
752	The Bad Guys 시리즈	『The Bad Guys』
753		『The Bad Guys in Mission Unpluckable』
754		『The Bad Guys in The Furball Strikes Back』
755		『The Bad Guys in Attack of the Zittens』
756		『The Bad Guys in Intergalactic Gas』
757		『Alien vs Bad Guys』
758		『The Bad Guys in Do-You-Think-He-Saurus?!』
759		『Superbad』
760		『The Bad Guys in The Big Bad Wolf』

761	The Bad Guys 시리즈	「The Bad Guys in the Baddest Day Ever」
762		「The Bad Guys in the Dawn of the Underlord」
763		「The Bad Guys in One?!」
764		「The Bad Guys in Cut to the Chase」
765	Oxford Reading Tree 7~9단계	「The Broken Roof」
766		「Lost in the Jungle」
767		「Red Planet」
768		「Submarine Adventure」
769		「The Lost Key」
770		「The Willow Pattern Plot」
771		「Chinese Adventure」
772		「The Hunt for Gold」
773		「The Jigsaw Puzzle」
774		「The Motorway」
775		「Roman Adventure」
776		「The Bully」
777		「Australian Adventure」
778		「The Big Breakfast」
779		「The Power Cut」
780		「The Riddle Stone(Part 1)」
781		「The Riddle Stone(Part 2)」
782		「A Sea Mystery」
783		「The Portrait Problem」
784		「A Tail Tale」
785		「Detective Adventure」
786		「The Time Capsule」
787		「Holiday in Japan」
788		「Magic Tricks」
789		「A Day in London」
790		「The Flying Carpet」
791		「The Rainbow Machine」
792		「The Kidnappers」
793		「Victorian Adventure」
794		「Viking Adventure」
795		「Egyptian Adventure」
796		「The Evil Genie」
797		「Flood」
798		「Pocket Money」
799		「Save Floppy」
800		「What Was It Like」

801	Oxford Reading Tree 7~9단계	『Green Island』
802		『The Litter Queen』
803		『Storm Castle』
804		『Superdog』
805		『Survival Adventure』
806		『The Quest』
807		『Dutch Adventure』
808		『The Finest in the Land』
809		『The Flying Machine』
810		『Key Trouble』
811		『Rescue』
812		『The Blue Eye』

STEP 4

813	Nate the Great 시리즈	『Nate the Great and Me: The Case of the Fleeing Fang』
814		『Nate the Great』
815		『Nate the Great and the Big Sniff』
816		『Nate the Great and the Boring Beach Bag』
817		『Nate the Great and the Crunchy Christmas』
818		『Nate the Great and the Fishy Prize』
819		『Nate the Great and the Halloween Hunt』
820		『Nate the Great and the Hungry Book Club』
821		『Nate the Great and the Lost List』
822		『Nate the Great and the Missing Birthday Snake』
823		『Nate the Great and the Missing Key』
824		『Nate the Great and the Monster Mess』
825		『Nate the Great and the Mushy Valentine』
826		『Nate the Great and the Musical Note』
827		『Nate the Great and the Phony Clue』
828		『Nate the Great and the Pillowcase』
829		『Nate the Great and the Snowy Trail』
830		『Nate the Great and the Sticky Case』
831		『Nate the Great and the Stolen Base』
832		『Nate the Great and the Tardy Tortoise』
833		『Nate the Great Goes Down in the Dumps』
834		『Nate the Great Goes Undercover』
835		『Nate the Great on the Owl Express』
836		『Nate the Great Saves the King of Sweden』
837		『Nate the Great Stalks Stupidweed』

838	Nate the Great 시리즈	『Nate the Great Talks Turkey』
839		『Nate the Great, San Francisco Detective』
840		『Nate the Great, Where Are You?』
841	The Princess in Black 시리즈	『The Princess in Black』
842		『The Princess in Black and the Perfect Princess Party』
843		『The Princess in Black and the Hungry Bunny Horde』
844		『The Princess in Black Takes a Vacation』
845		『The Princess in Black and the Mysterious Playdate』
846		『The Princess in Black and the Science Fair Scare』
847		『The Princess in Black and the Bathtime Battle』
848		『The Princess in Black and the Giant Problem』
849	Owl Diaries 시리즈	『Eva's Treetop Festival』
850		『Eva Sees a Ghost』
851		『A Woodland Wedding』
852		『Eva and the New Owl』
853		『Warm Hearts Day』
854		『Baxter Is Missing』
855		『The Wildwood Bakery』
856		『Eva and the Lost Pony』
857		『Eva's Big Sleepover』
858		『Eva And Baby Mo』
859		『The Trip to the Pumpkin Farm』
860		『Eva's Campfire Adventure』
861		『Eva in the Spotlight』
862		『Eva at the Beach』
863		『Eva's New Pet』
864		『Get Well, Eva』
865	Unicorn Diaries 시리즈	『Bo's Magical New Friend』
866		『Bo and the Dragon-Pup』
867		『Bo the Brave』
868		『The Goblin Princess』
869		『Bo and the Merbaby』
870		『Storm on Snowbelle Mountain』
871	Horrid Henry Early Reader 챕터북 시리즈	『Don't Be Horrid, Henry』
872		『Horrid Henry's Birthday Party』
873		『Horrid Henry's Holiday』

874	Horrid Henry Early Reader 챕터북 시리즈	『Horrid Henry's Underpants』
875		『Horrid Henry Gets Rich Quick』
876		『Horrid Henry and the Football Fiend』
877		『Horrid Henry's Nits』
878		『Horrid Henry and Moody Margaret』
879		『Horrid Henry's Thank You Letter』
880		『Horrid Henry Reads a Book』
881		『Horrid Henry's Car Journey』
882		『Moody Margaret's School』
883		『Horrid Henry's Rainy Day』
884		『Horrid Henry's Author Visit』
885		『Horrid Henry Meets the Queen』
886		『Horrid Henry's Sports Day』
887		『Moody Margaret Casts a Spell』
888		『Horrid Henry's Christmas Presents』
889		『Moody Margaret's Makeover』
890		『Horrid Henry and the Bogey Babysitter』
891		『Horrid Henry's Christmas Play』
892		『Horrid Henry's Sleepover』
893		『Horrid Henry's Wedding』
894		『Horrid Henry's Haunted House』
895		『Horrid Henry's Christmas Lunch』
896	Lunch Lady 시리즈	『Lunch Lady and the Cyborg Substitute』
897		『Lunch Lady and the League of Librarians』
898		『Lunch Lady and the Author Visit Vendetta』
899		『Lunch Lady and the Summer Camp Shakedown』
900		『Lunch Lady and the Bake Sale Bandit』
901		『Lunch Lady and the Field Trip Fiasco』
902		『Lunch Lady and the Mutant Mathletes』
903		『Lunch Lady and the Picture Day Peril』
904		『Lunch Lady and the Video Game Villain』
905		『Lunch Lady and the Schoolwide Scuffle』
906	Junie B. Jones 시리즈	『Junie B. Jones and the Stupid Smelly Bus』
907		『Junie B. Jones and a Little Monkey Business』
908		『Junie B. Jones and her Big Fat Mouth』
909		『Junie B. Jones and some Sneaky Peeky Spying』
910		『Junie B. Jones and the Yucky Blucky Fruitcake』

911		「Junie B. Jones and that Meanie Jim's Birthday」
912		「Junie B. Jones Loves Handsome Warren」
913		「Junie B. Jones Has a Monster Under Her Bed」
914		「Junie B. Jones Is Not a Crook」
915		「Junie B. Jones Is a Party Animal」
916		「Junie B. Jones Is a Beauty Shop Guy」
917		「Junie B. Jones Smells Something Fishy」
918		「Junie B. Jones Is (almost) a Flower Girl」
919		「Junie B. Jones and the Mushy Gushy Valentine」
920		「Junie B. Jones Has a Peep in Her Pocket」
921	Junie B. Jones 시리즈	「Junie B. Jones Is Captain Field Day」
922		「Junie B. Jones Is a Graduation Girl」
923		「Junie B. Jones First Grader(at Last!)」
924		「Junie B. Jones Boss of Lunch」
925		「Junie B. Jones Toothless Wonder」
926		「Junie B. Jones Cheater Pants」
927		「Junie B. Jones One-Man Band」
928		「Junie B. Jones Shipwrecked」
929		「Junie B. Jones Boo and I Mean It!」
930		「Junie B. Jones Jingle Bells, Batman Smells!」
931		「Junie B. Jones Aloha-ha-ha!」
932		「Junie B. Jones Dumb Bunny」
933		「Junie B. Jones Turkeys We Have Loved and Eaten」
934		「Judy Moody Was in a Mood」
935		「Judy Moody Gets Famous!」
936		「Judy Moody Saves the World!」
937		「Judy Moody Predicts the Future」
938		「The Doctor Is In!」
939		「Judy Moody Declares Independence」
940		「Judy Moody Around the World in 8 1/2 Days」
941	Judy Moody 시리즈	「Judy Moody Goes to College」
942		「Judy Moody Girl Detective」
943		「Judy Moody and the NOT Bummer Summer」
944		「Judy Moody and the Bad Luck Charm」
945		「Judy Moody, Mood Martian」
946		「Judy Moody and the Bucket List」
947		「Judy Moody and the Right Royal Tea Party」

948	Judy Moody 시리즈	『Book Quiz Whiz』
949		『In a Monday Mood』
950	Dragon Masters 시리즈	『Rise of the Earth Dragon』
951		『Saving the Sun Dragon』
952		『Secret of the Water Dragon』
953		『Power of the Fire Dragon』
954		『Song of the Poison Dragon』
955		『Flight of the Moon Dragon』
956		『Search for the Lightning Dragon』
957		『Roar of the Thunder Dragon』
958		『Chill of the Ice Dragon』
959		『Waking the Rainbow Dragon』
960		『Shine of the Silver Dragon』
961		『Treasure Of The Gold Dragon』
962		『Eye of the Earthquake Dragon』
963		『The Land of the Spring Dragon』
964		『Future of the Time Dragon』
965		『Call of the Sound Dragon』
966		『Fortress of the Stone Dragon』
967		『Heat of the Lava Dragon』
968		『Wave of the Sea Dragon』
969		『Howl of the Wind Dragon』
970	Press Start 시리즈	『Game Over, Super Rabbit Boy!』
971		『Super Rabbit Boy Powers Up!』
972		『Super Rabbit Racers!』
973		『Super Rabbit Boy vs. Super Rabbit Boss!』
974		『Super Rabbit Boy Blasts Off!』
975		『The Super Side-Quest Test!』
976		『Robo-Rabbit Boy, Go!』
977		『Super Rabbit All-Stars!』
978		『Super Rabbit Boy's Time Jump!』
979		『Super Rabbit Boy's Team-up Trouble!』
980		『Super Cheat Codes and Secret Modes!』
981	Ricky Ricotta's Mighty Robot 시리즈	『Ricky Ricotta's Mighty Robot』
982		『Ricky Ricotta's Mighty Robot vs. the Mutant Mosquitoes from Mercury』
983		『Ricky Ricotta's Mighty Robot vs. the Voodoo Vultures from Venus』
984		『Ricky Ricotta's Mighty Robot vs. the Mecha-Monkeys from Mars』

985	Ricky Ricotta's Mighty Robot 시리즈	『Ricky Ricotta's Mighty Robot vs. the Jurassic Jackrabbits from Jupiter』
986		『Ricky Ricotta's Mighty Robot vs. The Stupid Stinkbugs from Saturn』
987		『Ricky Ricotta's Mighty Robot vs. The Uranium Unicorns From Uranus』
988		『Ricky Ricotta's Mighty Robot vs. The Naughty Nightcrawlers From Neptune』
989		『Ricky Ricotta's Mighty Robot vs. The Unpleasant Penguins From Pluto』
990	Magic Tree House 시리즈	『Dinosaurs Before Dark』
991		『The Knight at Dawn』
992		『Mummies in the Morning』
993		『Pirates Past Noon』
994		『Night of the Ninjas』
995		『Afternoon on the Amazon』
996		『Sunset of the Sabertooth』
997		『Midnight on the Moon』
998		『Dolphins at Daybreak』
999		『Ghost Town at Sundown』
1000		『Lions at Lunchtime』
1001		『Polar Bears Past Bedtime』
1002		『Vacation Under the Volcano』
1003		『Day of the Dragon King』
1004		『Viking Ships at Sunrise』
1005		『Hour of the Olympics』
1006		『Tonight on the Titanic』
1007		『Buffalo Before Breakfast』
1008		『Tigers at Twilight』
1009		『Dingoes at Dinnertime』
1010		『Civil War on Sunday』
1011		『Revolutionary War on Wednesday』
1012		『Twister on Tuesday』
1013		『Earthquake in the Early Morning』
1014		『Stage Fright on a Summer Night』
1015		『Good Morning, Gorillas』
1016		『Thanksgiving on Thursday』
1017		『High Tide in Hawaii』
1018		『A Big Day for Baseball』
1019	Cam Jansen 시리즈	『The Mystery of the Stolen Diamonds』

1020		『The Mystery of the UFO』
1021		『The Mystery of the Dinosaur Bones』
1022		『The Mystery of the Television Dog』
1023		『The the Mystery of the Gold Coins』
1024		『The the Mystery of the Babe Ruth Baseball』
1025		『The the Mystery of the Circus Clown』
1026		『The Mystery of the Monster Movie』
1027		『The Mystery of the Carnival Prize』
1028		『The Mystery at Monkey House』
1029		『The Mystery of the Stolen Corn Popper』
1030		『The Mystery of Flight 54』
1031		『The Mystery at the Haunted House』
1032		『The Chocolate Fudge Mystery』
1033		『The Triceratops Pops Mystery』
1034		『The Ghostly Mystery』
1035		『The Scary Snake Mystery』
1036		『The Catnapping Mystery』
1037	Cam Jansen 시리즈	『The Barking Treasure Mystery』
1038		『The Birthday Mystery』
1039		『The School Play Mystery』
1040		『The First Day of School Mystery』
1041		『The Tennis Trophy Mystery』
1042		『The Snowy Day Mystery』
1043		『The Valentine Baby Mystery』
1044		『The Secret Service Mystery』
1045		『The Mystery Writer Mystery』
1046		『The Green School Mystery』
1047		『The Basketball Mystery』
1048		『Cam Jansen and the Wedding Cake Mystery』
1049		『The Graduation Day Mystery』
1050		『Cam Jansen and the Millionaire Mystery』
1051		『Cam Jansen and the Spaghetti Max Mystery』
1052		『Cam Jansen and the Joke House Mystery』
1053		『Cam Jansen and the Sports Day Mysteries: A Super Special』
1054		『The Class Trip From The Black Lagoon』
1055		『The Talent Show from the Black Lagoon』
1056	Black Lagoon 시리즈	『The Class Election From The Black Lagoon』
1057		『The Science Fair From The Black Lagoon』
1058		『The Halloween Party From The Black Lagoon』

1059		「The Field Day From The Black Lagoon」
1060		「The School Carnival From The Black Lagoon」
1061		「The Valentine's Day From The Black Lagoon」
1062		「The Christmas Party from the Black Lagoon」
1063		「The Little League Team From The Black Lagoon」
1064		「The Snow Day from the Black Lagoon」
1065		「April Fools' Day from the Black Lagoon」
1066		「Back-to-School Fright from the Black Lagoon」
1067		「The New Year's Eve Sleepover From the Black Lagoon」
1068		「The Spring Dance From the Black Lagoon」
1069	Black Lagoon 시리즈	「The Thanksgiving From the Black Lagoon」
1070		「The Summer Vacation from the Black Lagoon」
1071		「The Author Visit from the Black Lagoon」
1072		「St. Patrick's Day from the Black Lagoon」
1073		「The School Play From The Black Lagoon」
1074		「100th Day of School」
1075		「Class Picture Day」
1076		「Earth Day」
1077		「Summer Camp」
1078		「Friday the 13th」
1079		「Big Game」
1080		「Amusement Park」
1081		「Secret Santa」
1082		「Groundhog Day」
1083		「Reading Challenge」
1084		「Kidnapped at Birth?」
1085		「Why Pick on Me?」
1086		「Is He a Girl?」
1087	Marvin Redpost 시리즈	「Alone in His Teacher's House」
1088		「Class President」
1089		「A Flying Birthday Cake?」
1090		「Super Fast, Out of Control!」
1091		「A Magic Crystal?」
1092		「Miss Daisy Is Crazy!」
1093	My Weird School	「Mr. Klutz Is Nuts!」
1094	챕터북 시리즈	「Mrs. Roopy Is Loopy!」
1095		「Ms. Hannah Is Bananas!」

1096		『Miss Small Is off the Wall!』
1097		『Mr. Hynde Is Out of His Mind!』
1098		『Mrs. Cooney Is Loony!』
1099		『Ms. LaGrange Is Strange!』
1100		『Miss Lazar Is Bizarre!』
1101		『Mr. Docker Is Off His Rocker!』
1102		『Mrs. Kormel Is Not Normal!』
1103	My Weird School 챕터북 시리즈	『Ms. Todd Is Odd!』
1104		『Mrs. Patty Is Batty!』
1105		『Miss Holly Is Too Jolly!』
1106		『Mr. Macky Is Wacky!』
1107		『Ms. Coco Is Loco!』
1108		『Miss Suki Is Kooky!』
1109		『Mrs. Yonkers Is Bonkers!』
1110		『Dr. Carbles Is Losing His Marbles!』
1111		『Mr. Louie Is Screwy!』
1112		『Ms. Krup Cracks Me Up!』
1113	Seriously Silly Stories 시리즈	『The Rather Small Turnip』
1114		『The Fried Piper of Hamstring』
1115		『Little Red Riding Wolf』
1116		『Rumply Crumply Stinky Pin』
1117		『Snow White and the Seven Aliens』
1118		『Shampoozel』
1119		『Billy Beast』
1120	The Zack Files 시리즈	『Great-grandpa's in the Litter Box』
1121		『Through the Medicine Cabinet』
1122		『A Ghost Named Wanda』
1123		『Zap! I'm a Mind Reader』
1124		『Dr. Jekyll, Orthodontist』
1125		『I'm out of My Body… Please Leave a Message』
1126		『Never Trust a Cat Who Wears Earrings』
1127		『My Son, the Time Traveler』
1128		『The Volcano Goddess Will See You Now』
1129		『Bozo the Clone』
1130		『How to Speak to Dolphins in Three Easy Lessons』
1131		『Now You See Me… Now You Don't』
1132		『The Misfortune Cookie』
1133		『Elvis, the Turnip, and Me』

1134		「Hang a Left at Venus」
1135		「Evil Queen Tut and the Great Ant Pyramids」
1136		「Yikes! Grandma's a Teenager」
1137		「How I Fixed the Year 1000 Problem」
1138		「The Boy Who Cried Bigfoot」
1139		「How I Went from Bad to Verse」
1140		「Don't Count on Dracula」
1141	The Zack Files 시리즈	「This Body's Not Big Enough for Both of Us」
1142		「Greenish Eggs and Dinosaurs」
1143		「My Grandma, Major League Slugger」
1144		「Trapped in the Museum of Unnatural History」
1145		「Me and My Mummy」
1146		「My Teacher Ate My Homework」
1147		「Tell a Lie and Your Butt Will Grow」
1148		「Just Add Water and… Scream!」
1149		「It's Itchcraft!: Super-Special」
1150		「Christmas in Camelot」
1151		「Haunted Castle on Hallows Eve」
1152		「Summer of the Sea Serpent」
1153		「Winter of the Ice Wizard」
1154		「Carnival at Candlelight」
1155		「Season of the Sandstorms」
1156		「Night of the New Magicians」
1157		「Blizzard of the Blue Moon」
1158		「Dragon of the Red Dawn」
1159		「Monday with a Mad Genius」
1160		「Dark Day in the Deep Sea」
1161	Magic Tree House	「Eve of the Emperor Penguin」
1162	Merlin Missions 시리즈	「Moonlight on the Magic Flute」
1163		「A Good Night for Ghosts」
1164		「Leprechaun in Late Winter」
1165		「A Ghost Tale for Christmas Time」
1166		「A Crazy Day with Cobras」
1167		「Dogs in the Dead of Night」
1168		「Abe Lincoln at Last!」
1169		「A Perfect Time for Pandas」
1170		「Stallion by Starlight」
1171		「Hurry Up, Houdini!」
1172		「High Time for Heroes」
1173		「Soccer on Sunday」

1174	Magic Tree House Merlin Missions 시리즈	『Shadow of the Shark』
1175		『Balto of the Blue Dawn』
1176		『Night of the Ninth Dragon』
1177	Magic Tree House Fact Tracker 시리즈	『Dinosaurs』
1178		『Knights And Castles』
1179		『Mummies & Pyramids』
1180		『Pirates』
1181		『Rain Forests』
1182		『Space』
1183		『Titanic』
1184		『Twisters and Other Terrible Storms』
1185		『Dolphins and Sharks』
1186		『Ancient Greece and the Olympics』
1187	Geronimo Stilton 시리즈	『Lost Treasure of the Emerald Eye』
1188		『The Curse Of the Cheese Pyramid』
1189		『Cat and Mouse in a Haunted House』
1190		『I'm Too Fond of My Fur!』
1191		『Four Mice Deep in the Jungle』
1192		『Paws Off, Cheddarface!』
1193		『Red Pizzas for a Blue Count』
1194		『Attack of the Bandit Cats』
1195		『A Fabumouse Vacation for Geronimo』
1196		『All Because of a Cup of Coffee』
1197		『It's Halloween, You 'Fraidy Mouse!』
1198		『Merry Christmas, Geronimo!』
1199		『The Phantom of the Subway』
1200		『The Temple of the Ruby of Fire』
1201		『The Mona Mousa Code』
1202		『A Cheese-Colored Camper』
1203		『Watch Your Whiskers, Stilton!』
1204		『Shipwreck on The Pirate Islands』
1205		『My Name is Stilton, Geronimo Stilton』
1206		『Surf's Up, Geronimo!』
1207	A to Z Mysteries 시리즈	『The Absent Author』
1208		『The Bald Bandit』
1209		『The Canary Caper』
1210		『The Deadly dungeon』
1211		『The Empty Envelope』
1212		『The Falcon's Feathers』
1213		『The Goose's Gold』

1214		『The Haunted Hotel』
1215		『The Invisible Island』
1216		『The Jaguar's Jewel』
1217		『The Kidnapped King』
1218		『The Lucky Lottery』
1219		『The Missing Mummy』
1220		『The Ninth Nugget』
1221		『The Orange Outlaw』
1222		『The Panda Puzzle』
1223	A to Z Mysteries 시리즈	『The Quicksand Question』
1224		『The Runaway Racehorse』
1225		『The School Skeleton』
1226		『The Talking T. Rex』
1227		『The Unwilling Umpire』
1228		『The Vampire's Vacation』
1229		『The White Wolf』
1230		『The X'ed—Out X—Ray』
1231		『The Yellow Yacht』
1232		『The Zombie Zone』
1233		『Isadora Moon Gets in Trouble』
1234		『Isadora Moon Goes Camping』
1235		『Isadora Moon Goes on a School Trip』
1236		『Isadora Moon Goes on Holiday』
1237		『Isadora Moon Goes to a Wedding』
1238		『Isadora Moon Goes to School』
1239	Isadora Moon 시리즈	『Isadora Moon Goes to the Ballet』
1240		『Isadora Moon Goes to the Fair』
1241		『Isadora Moon Has a Birthday』
1242		『Isadora Moon Has a Sleepoverv』
1243		『Isadora Moon Makes Winter Magic』
1244		『Isadora Moon meets the Tooth Fairy』
1245		『Isadora Moon Puts on a Show』

2차 영어 읽기 독립 완성

STEP 5

1246		『Diary Of A Wimpy Kid』
1247	Diary of a Wimpy Kid 시리즈	『Rodrick Rules』
1248		『The Last Straw』
1249		『Dog Days』

1250	Diary of a Wimpy Kid 시리즈	「The Ugly Truth」
1251		「Cabin Fever」
1252		「The Third Wheel」
1253		「Hard Luck」
1254		「The Long Haul」
1255		「Old School」
1256		「Double Down」
1257		「The Getaway」
1258		「The Meltdown」
1259		「Wrecking Ball」
1260		「Do-It-Yourself Book」
1261	Captain Underpants 시리즈	「The Adventures of Captain Underpants」
1262		「Captain Underpants and the Attack of the Talking Toilets」
1263		「Captain Underpants and the Invasion of the Incredibly Naughty Cafeteria Ladies from Outer Space」
1264		「Captain Underpants and the Perilous Plot of Professor Poopypants」
1265		「Captain Underpants and the Wrath of the Wicked Wedgie Woman」
1266		「Captain Underpants and the Big, Bad Battle of the Bionic Booger Boy, Part 1: The Night of the Nasty Nostril Nuggets」
1267		「Captain Underpants and the Big, Bad Battle of the Bionic Booger Boy, Part 2: The Revenge of the Ridiculous Robo-Boogers」
1268		「Captain Underpants And the Preposterous Plight of the Purple Potty People」
1269		「Captain Underpants and the Terrifying Return of Tippy Tinkletrousers」
1270		「Captain Underpants and the Revolting Revenge of the Radioactive Robo-Boxers」
1271		「Captain Underpants and the Tyrannical Retaliation of the Turbo Toilet 2000」
1272		「Captain Underpants and the Sensational Saga of Sir Stinks-A-Lot」

1273	Dork Diaries 시리즈	『Dork Diaries』
1274		『Party Time』
1275		『Pop Star』
1276		『Skating Sensation』
1277		『Dear Dork』
1278		『Holiday Heartbreak』
1279		『TV Star』
1280		『Once Upon a Dork』
1281		『Drama Queen』
1282		『Puppy Love』
1283		『Frenemies Forever』
1284		『Crush Catastrophe』
1285	Raina Telgemeier 컬렉션	『Smile』
1286		『Sisters』
1287		『Ghosts』
1288		『Drama』
1289		『Guts』
1290	Baby-Sitters Little Sister Graphix Novel	『Karen's Witch』
1291		『Karen's Roller Skates』
1292		『Karen's Worst Day』
1293		『Karen's Kittycat Club』
1294		『Karen's School Picture』
1295	Roald Dahl 컬렉션	『Fantastic Mr. Fox』
1296		『Charlie and the Great Glass Elevato』
1297		『George's Marvellous Medicine』
1298		『The Giraffe and the Pelly and Me』
1299		『Matilda』
1300		『The Twits』
1301		『James and the Giant Peach』
1302		『The Magic Finger』
1303		『The Enormous Crocodile』
1304		『Going Solo』
1305		『Danny the Champion of the World』
1306		『The BFG』
1307		『The Witches』

1308	Roald Dahl 컬렉션	『Esio Trot』
1309		『Sarah, Plain and Tall』
1310		『There's A Boy in the Girls' Bathroom』
1311		『The Hundred Dresses』
1312		『The Miraculous Journey of Edward Tulane』
1313		『Coraline』
1314		『Mr. Popper's Penguin』
1315		『Number the Stars』
1316		『The Tiger Rising』
1317		『Holes』
1318		『The Giver』
1319		『The Boy Who Lost His Face』
1320		『The Tale of Despereaux』
1321		『The Dragons of Blueland』
1322	청소년 소설	『Elmer and the Dragon』
1323		『My Father's Dragon』
1324		『Stone Fox』
1325		『Chocolate Fever』
1326		『Chocolate Touch』
1327		『Frindle』
1328		『No Talking』
1329		『Lost and Found』
1330		『Charlotte's Web』
1331		『Where the Mountain Meets the Moon』
1332		『Gangsta Granny』
1333		『When You Reach Me』
1334		『Hoot』
1335		『Bud, Not Buddy』
1336		『Where the Red Fern Grows』
1337		『Who Is Barack Obama?』
1338		『Who Is Neil Armstrong?』
1339	Who Was 시리즈	『Who Was Albert Einstein?』
1340		『Who Was Amelia Earhart?』
1341		『Who Was Anne Frank?』
1342		『Who Was Annie Oakley?』

1343	Who Was 시리즈	「Who Was Babe Ruth?」
1344		「Who Was Ben Franklin?」
1345		「Who Was Charles Darwin?」
1346		「Who Was Claude Monet?」
1347	Harry Potter 시리즈	「Harry Potter and the Chamber of Secrets」
1348		「Harry Potter and the Sorcerer's Stone」
1349		「Harry Potter and the Prisoner of Azkaban」
1350		「Harry Potter and the Order of the pPhoenix」
1351		「Harry Potter and the Goblet of Fire」
1352		「Harry Potter and the Half-Blood Prince」
1353		「Harry Potter and the Deathly Hallows」

3차 영어 읽기 독립 완성

역대 뉴베리 상 수상작 목록

* 국내에 번역, 출간된 도서는 괄호에 한국어 제목을 병기했습니다.

* 꼭 읽어봄직한 작품의 경우에는 ★ 표시로 강조했습니다.

추천	연도	도서명 및 저자
★	2022	『The Last Cuentista』(마지막 이야기 전달자) by Donna Barba Higuera
★	2021	『When You Trap a Tiger』(호랑이를 덫에 가두면) by Tae Keller (*한국인 수상)
★	2020	『New Kid』(뉴 키드) by Jerry Craft (*그래픽 노블)
★	2019	『Merci Suárez Changes Gears』(머시 수아레스, 기어를 바꾸다) by Meg Medina
★	2018	『Hello, Universe』(안녕, 우주) by Erin Entrada Kelly
	2017	『The Girl Who Drank the Moon』(달빛 마신 소녀) by Kelly Barnhill
★	2016	『Last Stop on Market Street』(행복을 나르는 버스) by Matt de la Peña (*칼데콧 명예상 동시 수상)
	2015	『The Crossover』 by Kwame Alexander
★	2014	『Flora & Ulysses: The Illuminated Adventures』(초능력 다람쥐 율리시스) by Kate DiCamillo
★	2013	『The One and Only Ivan』(세상에 단 하나뿐인 아이반) by Katherine Applegate
	2012	『Dead End in Norvelt』(노벨트에서 평범한 건 없어) by Jack Gantos
	2011	『Moon over Manifest』(매니페스트의 푸른 달빛) by Clare Vanderpool
	2010	『When You Reach Me』(어느 날 미란다에게 생긴 일) by Rebecca Stead
	2009	『The Graveyard Book』(그레이브야드 북) by written Neil Gaiman, illustrated by Dave McKean
	2008	『Good Masters! Sweet Ladies! Voices from a Medieval Village』(존경하는 신사 숙녀 여러분) by Laura Amy Schlitz
★	2007	『The Higher Power of Lucky』(희망을 찾는 아이, 러키) written by Susan Patron, illustrated by Matt Phelan
	2006	『Criss Cross』 written by Lynne Rae Perkins
	2005	『Kira-Kira』(키라 키라) by Cynthia Kadohata
★	2004	『The Tale of Despereaux』(생쥐기사 데스페로) by Kate DiCamillo
	2003	『Crispin: The Cross of Lead』(크리스핀의 모험) by Avi Wortis
	2002	『A Single Shard』(사금파리 한 조각) by Linda Sue Park (*한국계 작가)
	2001	『A Year Down Yonder』(시카고에서 온 메리 앨리스) by Richard Peck
★	2000	『Bud, Not Buddy』(난 버디가 아니라 버드야!) by Christopher Paul Curtis

★	1999	『Holes』(구덩이) by Louis Sachar
	1998	『Out of the Dust』(모래 폭풍이 지날 때) by Karen Hesse
	1997	『The View from Saturday』(퀴즈 왕들의 비밀) by E. L. Konigsburg
	1996	『The Midwife's Apprentice』(너는 쓸모가 없어) by Karen Cushman
	1995	『Walk Two Moons』(두 개의 달 위를 걷다) by Sharon Creech
★	1994	『The Giver』(기억 전달자) by Lois Lowry
	1993	『Missing May』(그리운 메이 아줌마) by Cynthia Rylant
	1992	『Shiloh』(샤일로) by Phyllis Reynolds Naylor
	1991	『Maniac Magee』(하늘을 달리는 아이) by Jerry Spinelli
★	1990	『Number the Stars』(별을 헤아리며) by Lois Lowry
	1989	『Joyful Noise: Poems for Two Voices』 by Paul Fleischman
	1988	『Lincoln: A Photobiography』(대통령이 된 통나무집 소년) by Russell Freedman
	1987	『The Whipping Boy』(왕자와 매맞는 아이) by Sid Fleischman
★	1986	『Sarah, Plain and Tall』(엄마라고 불러도 될까요?) by Patricia MacLachlan
	1985	『The Hero and the Crown』 by Robin McKinley
★	1984	『Dear Mr. Henshaw』(헨쇼 선생님께) by Beverly Cleary
	1983	『Dicey's Song』(디시가 부르는 노래) by Cynthia Voigt
	1982	『A Visit to William Blake's Inn: Poems for Innocent and Experienced Travelers』 by Nancy Willard
	1981	『Jacob Have I Loved』(내가 사랑한 야곱) by Katherine Paterson
	1980	『A Gathering of Days: A New England Girl's Journal, 1830~1832』 by Joan W. Blos
	1979	『The Westing Game(웨스팅 게임) by Ellen Raskin
★	1978	『Bridge to Terabithia(비밀의 숲 테라비시아) by Katherine Paterson
	1977	『Roll of Thunder, Hear My Cry(천둥아, 내 외침을 들어라!) by Mildred D. Taylor
	1976	『The Grey King』(그레이 킹) by Susan Cooper
	1975	『M. C. Higgins, the Great』 by Virginia Hamilton
	1974	『The Slave Dancer』(춤추는 노예들) by Paula Fox
★	1973	『Julie of the Wolves』(줄리와 늑대) by Jean Craighead George
	1972	『Mrs. Frisby and the Rats of NIMH』(니임의 비밀) by Robert C. O'Brien
	1971	『Summer of the Swans』(열네 살의 여름) by Betsy Byars
	1970	『Sounder』(아버지의 남포등) by William H. Armstrong
	1969	『The High King』 by Lloyd Alexander
★	1968	『From the Mixed-Up Files of Mrs. Basil E. Frankweiler』(클로디아의 비밀) by E. L. Konigsburg
	1967	『Up a Road Slowly』(라즈베리 소네트) by Irene Hunt
	1966	『I, Juan de Pareja』(나, 후안 데 파레하) by Elizabeth Borton de Trevino
	1965	『Shadow of a Bull』 by Maia Wojciechowska

	1964	『It's Like This, Cat』(냥이를 위해 건배!) by Emily Neville
★	1963	『A Wrinkle in Time』(시간의 주름) by Madeleine L'Engle
	1962	『The Bronze Bow』(청동 활) by Elizabeth George Speare
	1961	『Island of the Blue Dolphins』(푸른 돌고래 섬) by Scott O'Dell
	1960	『Onion John』 by Joseph Krumgold
	1959	『The Witch of Blackbird Pond』(검정새 연못의 마녀) by Elizabeth George Speare
	1958	『Rifles for Watie』 by Harold Keith
★	1957	『Miracles on Maple Hill』(봄 여름 가을 겨울) by Virginia Sorensen
	1956	『Carry On, Mr. Bowditch』 by Jean Lee Latham
	1955	『The Wheel on the School』(지붕 위의 수레바퀴) by Meindert DeJong
	1954	『And Now Miguel』 by Joseph Krumgold
	1953	『Secret of the Andes』(안데스의 비밀) by Ann Nolan Clark
	1952	『Ginger Pye』(진저 파이) by Eleanor Estes
	1951	『Amos Fortune, Free Man』(자유인 아모스) by Elizabeth Yates
	1950	『The Door in the Wall』 by Marguerite de Angeli
	1949	『King of the Wind』(바람의 왕, 고돌핀 안드리아) by Marguerite Henry
	1948	『The Twenty-One Balloons』 by William Pène du Bois
★	1947	『Miss Hickory』(미스 히코리와 친구들) by Carolyn Sherwin Bailey
	1946	『Strawberry Girl』 by Lois Lenski
	1945	『Rabbit Hill』(꼬마 토끼 조지의 언덕) by Robert Lawson
	1944	『Johnny Tremain』 by Esther Forbes
	1943	『Adam of the Road』 by Elizabeth Janet Gray
	1942	『The Matchlock Gun』 by Walter Edmonds
	1941	『Call It Courage』(용기는 파도를 넘어) by Armstrong Sperry
	1940	『Daniel Boone』 by James Daugherty
	1939	『Thimble Summer』(마법 골무가 가져온 여름 이야기) by Elizabeth Enright
	1938	『The White Stag』 by Kate Seredy
	1937	『Roller Skates』(롤러스케이트 타는 소녀) by Ruth Sawyer
	1936	『Caddie Woodlawn』(말괄량이 서부 소녀 캐디) by Carol Ryrie Brink
	1935	『Dobry』 by Monica Shannon
	1934	『Invincible Louisa: The Story of the Author of Little Women』 by Cornelia Meigs
	1933	『Young Fu of the Upper Yangtze』(세상을 두드리는 소년) by Elizabeth Lewis
	1932	『Waterless Mountain』 by Laura Adams Armer
	1931	『The Cat Who Went to Heaven』(하늘로 올라간 고양이) by Elizabeth Coatsworth
	1930	『Hitty, Her First Hundred Years』(나무 인형 히티의 백 년 모험) by Rachel Field
	1929	『The Trumpeter of Krakow』(크라쿠프의 나팔수) by Eric P. Kelly

	1928	『Gay Neck, the Story of a Pigeon』(비둘기 전사 게이넥) by Dhan Gopal Mukerji
	1927	『Smoky, the Cowhorse』 by Will James
	1926	『Shen of the Sea』 by Arthur Bowie Chrisman
	1925	『Tales from Silver Lands』 by Charles Finger
	1924	『The Dark Frigate』 by Charles Hawes
★	1923	『The Voyages of Doctor Dolittle』(둘리틀 선생의 바다 여행) by Hugh Lofting
	1922	『The Story of Mankind』(인류 이야기) by Hendrik Willem van Loon

딱 3년, '헬로'밖에 모르던 아이가
해리포터를 원서로 읽기까지

영어책 1천 권으로 끝내는 영어 읽기 독립

초판 1쇄 발행 2023년 11월 10일

지은이 황현민·강은미
펴낸이 민혜영
펴낸곳 (주)카시오페아 출판사
주소 서울시 마포구 월드컵북로 402, 906호(상암동 KGIT센터)
전화 02-303-5580 | **팩스** 02-2179-8768
홈페이지 www.cassiopeiabook.com | **전자우편** editor@cassiopeiabook.com
출판등록 2012년 12월 27일 제2014-000277호

- 잘못된 책은 구입하신 곳에서 바꿔드립니다.
- 책값은 뒤표지에 있습니다.